수학자의 뒷모습 I

태초에 수학이 있었네

그리스 · 중국 · 인도 · 아라비아

| 일러두기 |

1. 인명, 지명, 작품명은 한글 맞춤법 외래어 표기법에 따라 표기했으며, 브리태니커 백과사전을 참조했다. 또한 용어에 대한 원문은 함께 표시하였다.
2. 중요한 내용의 설명은 각주를 따로 표시하였다.
3. 본문에서 사용한 부호와 기호의 뜻은 다음과 같다.
   - 저서, 신문, 잡지 : 《 》
   - 개별작품, 논문, 기사 : 〈 〉
   - 강조와 인용 : ' ', " "

수학자의 뒷모습 I

편저자 허 민
펴낸이 박문규
펴낸곳 경문사
펴낸날 2008년 3월 20일 1판 1쇄
2011년 1월 2일 1판 2쇄
등 록 1979년 11월 9일 제9-9호
주 소 121-818, 서울특별시 마포구 동교동 184-17
전 화 (02)332-2004 **팩스** (02)336-5193
이메일 kyungmoon@kyungmoon.com

값 14,000원

ISBN 978-89-6105-110-1 03410
ISBN 978-89-6105-109-5 (세트)

★ 경문사 홈페이지에 오시면 즐거운 일이 생깁니다.
http://www.kyungmoon.com

한국과학기술출판협회 회원사

수학자의 뒷모습 I

태초에 수학이 있었네

그리스 · 중국 · 인도 · 아라비아

허민

경문사

머리말

수학은 다른 어떠한 과목보다도 더 오래된 학문이며, 수많은 사람들의 피나는 노력으로 누적된 학문이다. 수학의 정의 하나하나 그리고 정리 하나 하나에는 수학자들의 땀과 눈물, 성공과 실패의 경험 등 인간적인 체취가 묻어 있다. 위대한 수학자도 슬퍼하고 기뻐한다. 남을 위해 헌신적으로 희생하기도 하지만 야비하게 남을 속여 고통을 주기도 한다. 어처구니없는 짓으로 비웃음을 사고 모범적인 행동으로 존경을 받기도 한다.

이 책에서는 엄밀하고 체계화된 수학을 만든 수학자들의 바로 이런 '뒷모습'을 그래서 수학의 '야사'를 주로 보여주려고 한다. 그리고 이 책을 참고 자료로도 활용할 수 있도록 각 수학자의 전기를 간략하게 소개했으며, 각 수학자와 밀접하게 관련된 유명한 수학 문제도 간단하게 언급했다.

수학의 모든 주제에는 관련된 수학자가 있다. 수학을 배우고 가르칠 때, 수학자의 전기와 일화는 '양념'과 같은 역할을 해서 수학에 대한 흥미를 더욱 높일 수 있고, 수학자의 회상을 통해 관련된 학습 내용을 기억하는 좋은 기회를 얻을 수 있다. 그리고 불굴의 의지로 모진 역경을 극복한 수학자의 일화는 깊은 감명을 주고, 속세의 어려움에 현명하게 대처하는 수학자로부터 교훈을 얻을 수 있다. 그래서 교과서에서 느낄 수 없는 수학의 전혀 다른 면을 맛볼 수 있다.

그런데 수학자의 일화를 수집하기가 쉽지 않다. 수학 책은 물론이고 수학사 책에서도 찾아보기 어렵다. 다행스럽게도, 이브스가 수학 이야기와 수학자의 일화를 오랫동안 수집해서 출판한 여섯 권의《수학계》가 있고, 수학자의 전기가 여러 권 출판되고 있다. 이 책은 이런 문헌에서 수학자와 관련된 일화를 뽑았고 수학자의 전기를 간단하게 정리했다. 수학자의 일화는 대부분 진실이겠지만, 세월이 흐르면서 변색되기도 하고 단순히 꾸며낸 것도 있을 것이다. 사실, 문헌에 따라 서로 상충되는 일화가 등장하기도 한다. 이 책은 정확한 역사의 기록을 목표로 하지 않기 때문에, 여기에서는 미심쩍은 일화도 소개하겠다. 그리고 이 책은 수학자의 사생활을 주로 보여주기 때문에, 수학적 업적보다는 다채로운 삶을 산 수학자를 더 비중 있게 다루었음을 지적한다. 이 책에서는 수학자를 가능한 한 태어난 연도순으로 나열했다.

수학자의 일화가 계속해서 등장하고 있고, 폭발적으로 발전하는 수학은 과거의 수학자가 이룬 업적을 더욱 확대시키고 다시 평가하게 만들고 있기 때문에, 이 책에 실린 내용은 계속해서 보완되고 수정되어야 할 것이다. 아무쪼록, 이 책이 수학을 사랑하는 모든 분께 흥미로운 읽을거리가 되고, 수학을 가르치는 모든 분께 재미있는 이야깃거리가 되기를 기대한다.

2007. 12.

허 민

* 이 저서는 2006년도 광운대학교 연구년에 의하여 발간되었음.

차 례

수학자의 뒷모습 I (그리스, 중국, 인도, 아라비아)

머리말 • iv

수학자란?

수학자란? • 3

그리스

그리스의 수학 • 25
탈레스 • 28
피타고라스 • 36
플라톤 • 59
에우독소스 • 72
유클리드 • 77
아르키메데스 • 88
에라토스테네스 • 99
아폴로니오스 • 103
디오판토스 • 105
파포스 • 110
히파티아 • 115

중국

중국의 수학 • 123
장형 • 131
유휘 • 136
조충지 • 143
왕효통 • 147
이순풍 • 149

심괄 ● 159
이야 ● 163
진구소 ● 169
양휘 ● 183
주세걸 ● 192
정대위 ● 197
서광계 ● 201
강희제 ● 211
이선란 ● 218

인도
인도의 수학 ● 225
아리아바타 ● 232
브라마굽타 ● 236
바스카라 ● 244

아라비아
아라비아의 수학 ● 249
알콰리즈미 ● 252
알하이탐 ● 255
오마르 카얌 ● 259

참고 문헌 ● 262
찾아보기 ● 264

수학자의 뒷모습 II (중세 유럽~18세기)

중세 유럽

중세 유럽의 수학

실베스테르 2세/ 헤르만/ 번역가의 세기/ 피보나치/ 오렘

르네상스

르네상스의 수학

레기오몬타누스/ 파촐리(레오나르도 다 빈치)/ 비트만/ 슈티펠/ 리제/ 타르탈리아와 카르다노/ 레코드/ 레티쿠스/ 비에트/ 스테빈

17세기

17세기의 수학

네이피어와 브리그스(건터)/ 해리엇과 오트레드/ 갈릴레오와 케플러/ 메르센/ 데자르그/ 데카르트/카발리에리/ 페르마(볼프스켈, 와일스)/ 로베르발/ 월리스/메르카토르/ 파스칼/ 배로/ 렌/ 뉴턴/라이프니츠/초기의 미분 적분학(롤)/ 베르누이 가문(반 슈텐, 카시니, 그레고리)/ 핼리

18세기

18세기의 수학

드 무아브르/ 버클리/ 골드바흐/ 매클로린/ 모페르튀이/ 크라머/ 오일러/ 뷔퐁/ 심프슨/ 클레로/ 달랑베르/ 아그네시/ 라그랑주/ 콩도르세/ 몽주/ 라플라스/ 르장드르

수학자의 뒷모습 III (19세기)

19세기의 수학
푸리에/ 나폴레옹/ 제르맹/ 가우스/ 크렐레/ 푸아송/ 퐁슬레/
코시/ 뫼비우스/ 배비지/ 로바체프스키/ 그린/ 아벨/
볼리아이 / 야코비/ 디리클레/ 해밀턴/ 드 모르간/ 리우빌/
퍼스/ 그라스만/ 쿠머/ 갈루아/ 실베스터/ 바이어슈트라스/
불/ 케일리/ 에르미트/ 크로네커/ 리만/ 테이트/ 데데킨트/
푸크스/ 조르당/ 리/ 칸토어/ 클리포드(루이스 캐럴)/
미타그-레플러/ 클라인/ 코발레프스카야/ 푸앵카레/
피카르/ 룽게/ 페아노/ 후르비츠/ 민코프스키

수학자의 뒷모습 IV (20세기)

20세기의 수학
화이트헤드/ 힐베르트/
괴팅겐 대학교 수학과(체르멜로, 카라테오도리, 블루멘탈, 덴, 보른,
바일, 보어, 쿠란트, 지겔, 노이게바우어, 판 데르 베르덴)
시카고 대학교 수학과(엘리아킴 무어, 볼차, 마쉬케)/ 아다마르/
하우스도르프/ 러셀/ 딕슨/ 하디/ 란다우(기브스)/ 아인슈타인/
페예르/ 헝가리 수학자(리츠 형제, 폰 카르만)/ 베블런/
고등학술연구소(알렉산더, 모스)/ 브로우베르/ 뇌터/
로버트 무어/ 벨/ 레프셰츠/ 리틀우드/ 비버바흐/ 폴리아/
라마누잔/ 모델/ 베시코비치/ 바나흐/ 위너/ 버그먼/ 아르틴/
지그문트/ 디랙/ 스톤/ 처치/ 폰 노이만/ 터커/ 괴델/ 베유/
듀돈네/부르바키/ 알포르스/ 울람/ 맥레인/ 가레트 버코프/
에르되시/ 베어스/ 카츠/ 빙/ 노벨상과 필즈상

수학자란?

수학자란?

수학자는 어떤 사람일까? 수학이라는 독특한 학문을 연구하는 수학자는 일반인과는 아주 다를까? 그리고 다른 분야의 학자와도 구별되는 특성을 갖고 있을까? 수학자들의 일화와 전기를 소개하기 전에 수학자 일반에 관한 이야기를 알아본다.

◎ 수학자의 정의

켈빈 남작[1]은 어느 날 강의 중 학생들에게 수학자가 어떤 사람인지 아느냐고 질문했다. 그는 칠판으로 다가가서 다음 관계식을 적었다.

$$\int_{-\infty}^{\infty} e^{-x^2} dx = \sqrt{\pi}$$

그리고 학생들을 돌아보고 자신이 적은 것을 가리키면서 말했다. "2의 두 배가 4라는 사실을 자명하게 생각하듯이, 저 관계식이 자명하다고 생각하는 사람이 바로 수학자다."

[1] Lord Kelvin(1824~1907), 원래의 이름은 윌리엄 톰슨(William Thomson)이고 북아일랜드 벨파스트에서 태어났다. 글래스고 대학과 케임브리지 대학에서 수학과 물리학을 배우고, 1846년부터 53년 동안 글래스고 대학의 자연 철학 교수를 지냈다. 해저 통신의 공로로 1892년 남작의 작위를 받았다. 1848년 열역학 온도 눈금을 제안했고, 그의 이름을 따서 절대 온도의 단위가 '켈빈'으로 정해졌다.

수학자의 표현법

수학자들은 엄밀한 증명이 없으면 어떠한 사실도 받아들이지 않으며, 매사에 빈틈없는 표현을 요구하는 지독히 까다로운 사람들이다. 스튜어트❷의 책《현대 수학의 개념》❸에는 수학자의 이런 성향이 다음과 같이 재미있게 묘사되어 있다❹고 한다.

> 천문학자와 물리학자 및 수학자가 스코틀랜드에서 휴가를 보내고 있었다. 그들은 기차를 타고 여행을 하던 중 들판에서 풀을 뜯고 있는 검은 양 한 마리를 보았다. 그러자 천문학자가 말했다. "그것 참 신기하군. 스코틀랜드 양은 모두 검은 색이잖아." 이 말을 들은 물리학자가 천문학자의 말을 반박했다. "그게 아니야. 스코틀랜드 양 중에서 일부는 검은 색이라고 말해야지." 이들의 말이 한심하다는 듯, 수학자는 하늘을 잠시 쳐다본 뒤 조용히 입을 열었다. "자네들은 너무 성급한 판단을 내린 거야. 스코틀랜드에는 적어도 몸의 한쪽 면 이상의 넓이에 검은 털이 나 있는 양이 적어도 한 마리 이상 방목되고 있는 들판이 적어도 하나 이상 존재한다. 이래야 말이 되는 거라구!"

괴테❺는 다음과 같이 말했다. "수학자는 프랑스 사람과 같다. 수학자에게 어떤 말을 하면, 그는 그것을 자신의 말로 번역해 버린다. 그래서 그것은 즉시 완전히 다른 것이 되어 버린다."

❷ Ian Stewart(1945~), 잉글랜드 출신의 수학자로, 케임브리지의 처칠 대학에서 학사 학위, 워릭(Warwick) 대학에서 박사 학위를 받고 워릭 대학 교수로 있다.

❸ *Concepts of Modern Mathematics*

❹ 사이먼 싱 저/ 박병철 역, 《페르마의 마지막 정리》, 영림카디널, 1998, p. 175.

❺ Johann Wolfgang von Goethe(1749~1832), 독일의 문인 · 철학자.

수학자의 말

수학자가 자주 사용하는 다음과 같은 말의 참뜻은 오른쪽과 같을 수 있다.

1. "자명하다": 이것은 반나절 정도 걸리면 밝힐 수 있다.
2. "명백하다": 이것을 밝히는 데 3쪽 정도 든다.
3. "이것은 어렵지 않다": 이것은 매우 어렵다.
4. "다음은 쉽게 밝힐 수 있다": 증명하기 귀찮거나 증명 방법을 잊었다.
5. "자세한 내용은 생략한다": 저자는 결과를 증명할 수 없었다.
6. "잘 알려진 결과다": 참고 문헌을 알 수 없는 결과다.
7. "일반성을 잃지 않는다": 저자는 가장 쉬운 경우만 증명했다.
8. "마찬가지로": 저자는 이를 밝힐 수 있지만 너무 게으르다.
9. "흥미롭다": 따분하다.
10. "독창적인 증명": 인용은 했지만 이해할 수 없다. 종종 자명하다고 불린다.
11. "바보": 저자보다 수학적으로 덜 영리한 모든 사람.
12. "천재": 저자보다 더 영리한 모든 사람.

수학자의 발표

수학자들의 모임에서 논문을 발표하는 사람의 어느 정도 전형적인 모습은 다음과 같다고 한다. 발표하는 어느 시점에서 수 '5'를 생각하고 있다. 그러나 '4'라고 말하고, 칠판에는 '3'을 쓴다. 그런데 물론 정확한 값은 '6'이다.

수학자의 토론 방법

미국 뉴저지주 프린스턴에 있는 고등 학술 연구소Institute for Advanced Study에서 다음과 같은 일이 있었다고 한다. 두 명의 연구 수학자가 분필을 하나씩 들고 칠판을 응시하고 있었다. 칠판에는 아무것도 쓰여있지 않았다. 한 시간의 침묵이 흐른 뒤, 한 사람이 고개를 들고 승리에 차서 자신의 머리를 세차게 흔들었다. 그러자 다른 사람이 그를 애처롭게 바라보면서 머리를 가로 저었다.

▣ 수학자의 전화 번호 외우기

어떤 수학자는 자기 집 전화 번호인 2592를 외우는 데 큰 어려움을 겪었다. 여러 시간 동안 애쓴 끝에, 드디어 다음 사실을 알아냈다.

수 2592는 서로 다른 자연수 x, y, z에 대한 방정식 $x^y z^x = xyzx$의 유일한 해다. 여기에서 좌변은 거듭제곱의 곱이고 우변은 십진법으로 나타낸 수다.[6]

▣ 수학자의 우월감

수학자 중에는 수학자가 물리학자와 공학자보다 우월하다고 생각하는 사람이 많이 있다. 어떤 수학자는 제자에게 다음과 같이 조언했다고 한다. "어떤 정리를 이해하고 증명할 수 있으면, 그것을 수학 잡지에 발표하라. 그 정리를 이해할 수는 있지만 증명할 수 없으면, 물리학 잡지에 제출하라. 이해할 수도 증명할 수도 없으면, 공학 잡지에 보내라."

▣ 수학자의 자만심

이브스[7]는 오랫동안 수학자 집단 및 식물학자(또는 넓은 의미로 자연 과학자) 집단과 각별한 관계를 유지하면서, 다음과 같은 두 집단 사이의 뚜렷하고

❻ $2^5 \cdot 9^2 = 32 \cdot 81 = 2592$

일반적인 차이를 알아냈으며 세월이 지나면서 그 차이점을 더욱 확신하게 됐다.

> 통상, 식물학자들과 함께 지내는 것은 매우 유쾌하다. 그들은 정중하고 겸손하며 허심탄회하고 다른 사람과 즐겁게 어울리며, 상대방의 연구 결과를 후하게 평가하고 식물학자가 아닌 친구들의 관심을 불러일으킨다. 반면에, 수학자들과 함께 있으면서 아주 불쾌한 경우가 종종 발생한다. 그들은 자주 자만심을 표출하고, 학문적으로 독단적이며, 서로 다투는 경향이 있고, 상대방에게 친절하지 못한 말을 한다. 그리고 다른 사람의 연구 결과에 있는 결함을 찾아내는 데서 거의 환희에 가까운 쾌감을 얻으며, 수학자가 아닌 사람들과의 만남을 매우 지루하게 생각한다.

수학자 집단의 불유쾌한 양상은 수학에서 좀 더 뛰어난 재능을 보이는 일부 중등학교 학생에서도 찾아볼 수 있는데, 대학의 수학과 학생 사이에서는 더욱 깊어지고, 대학의 수학과 교수 사이에서는 가끔 품위를 잃을 지경에 이르기도 한다. 이브스는 역사를 통해 다른 어떠한 학자들의 집단보다 수학자들의 집단에서 몰상식하고 남을 헐뜯는 논쟁이 더 많았다는 사실을 알 수 있다고 주장했다.

이브스는 하버드 대학원 학생이었을 때, 자주 대화하고 산책도 함께 했던 친한 동료가 있었다. 이브스는 산책하다가 그에게 물었다. "수학자들보다 식물학자들과 어울리는 것이 훨씬 더 좋은 이유를 자네는 알고 있나?" 당시 분명한 대답을 들을 수 없었지만, 그들은 헤어진 지 30년이 지나 다시 만났다. 놀랍게도, 그 친구는 그렇게 오래된 이브스의 질문을 기억하고 있었다. 그래

❼ Howard Whitley Eves(1911~2004), 미국 수학자로 오리건 주립 대학교에서 박사 학위를 받았고, 기하학자, 작가, 편집자, 수학사학자 등으로 명성을 얻었으며, 오랫동안 메인(Maine) 대학 교수를 지냈다.

서 이브스는 그가 해답을 구했는지를 물었다. 그의 대답은 다음과 같았다.

> 수학 연구에는 자만심을 갖게 하는 어떤 요소가 내재해 있다. 나를 오해하지 마라. 나는 모든 수학자가 자만하다고 생각하지는 않는다. 내가 말하고 싶은 것은 수학 연구에는, 특히 높은 단계에서는 분석과 추상화를 위한 특수한 재능, 지적인 자기 만족, 완벽한 성취에 대한 가능성, 개념과 체계를 창조하는 창조주와 같은 힘을 강조함으로써, 어쩌면 수학이 인류의 기술 문명을 형성하는 데 발휘한 엄청난 힘을 함께 강조함으로써, 우리 모두가 갖고 태어난 잠재적이며 무의식적인 자만심을 불러일으키는 경향이 어느 정도 존재한다는 사실이다. 이에 비해 식물학자는 복잡하고 불가사의한 자연과 가까이 접함으로써 겸손과 외경, 그리고 표면에 나서지 않으려는 마음을 가지게 하는 것 같다.

외로운 직업

자연 과학자는 자신의 연구 결과를 다른 분야의 사람에게 흥미롭게 이야기해 줄 수 있다. 역사학자, 경제학자, 미술가, 음악가, 철학자, 작가 등도 마찬가지다. 그러나 수학자의 경우 다른 분야의 사람에게 수학에 대해 말하기가 매우 어렵다. 이것이 수학을 외로운 직업으로 만들고 있으며, 수학자들이 대단히 먼 거리를 여행하며 다른 수학자와의 모임에 참여하는 이유를 설명해 준다. 연구하는 수학 주제가 더 전문적일수록 이에 대해 논의할 사람을 찾기가 더욱 어려워진다. 이를테면 한 대학에서 유일한 수리 논리학자라면 수학과 내의 동료들 사이에서도 외로워질 수 있다.

다음과 같은 이야기가 있다. 어떤 위상 수학자가 자신의 연구 결과를 다른 위상 수학자와 만나서 논의하기 위해 4000km를 여행했다. 다른 위상 수학자를 만나자마자 곧바로 자신의 연구 결과를 설명하기 시작했다. 그런데 다른 위상 수학자는 그 말을 전혀 이해하지 못했으며, 결국 다음과 같이 실토했다. "아, 알겠습니다. 당신은 '조합' 위상 수학자이군요. 저는 '미분' 위상 수학자입니다." 그래서 그 두 사람은 더 이상 대화를 나눌 수 없었다.

오랫동안 갈망했던 어떤 정리에 대한 대단히 멋진 증명을 발견한 수학자도 자신의 성과를 알아 줄 사람을 찾을 수 없는 경우가 매우 자주 발생한다.

혐오스런 직업

꽤 유명한 미국 수학자가 한 주 동안 해외 여행을 마치고 귀국해서 공항에서 세관 검사를 받았다. 세관원은 해외에서 무엇을 했는지 물었다. 수학 학술 회의에 참석했다는 답을 들었다. 그러자 세관원은 그를 옆방으로 데리고 가서는 정확하게 어느 곳에 체류했는지, 여행 중에 구체적으로 무엇을 했는지 등과 같은 질문을 계속해서 퍼부으면서 오랫동안 붙들어 두었다. 수학자는 갈아탈 비행기를 놓칠까봐서 초조한 눈초리로 시계를 자꾸 쳐다봤다. 세관원이 드디어 저녁 식사를 함께 한 친구들의 이름을 묻는 지경에 이르렀다. 그러자 수학자는 팔을 내저으며 소리쳤다. "도대체 나에게 왜 이러십니까?" 세관원은 미소지으며 말했다. "아, 이제야 당신은 내가 미분 적분학 과목을 배울 때의 내 심정을 알게 됐습니다."

위험한 직업

다음은 1970년 2월 12일 미국 메인주 포틀랜드Portland에서 발간되는 신문인 《이브닝 익스프레스Evening Express》에 실린 기사다.

필라델피아 UPI - 펜실베이니아 대학 교수들이 자신에게 박사 학위 수여를 거부했다고 확신한 수학과 대학원생이 수요일 강연 중에 지도 교수와 옛 학과장에게 총을 쏘고, 자신의 입 속에도 총을 쏘았다.

경찰은 칸토어(Robert H. Cantor, 33)가 강당 입구에 서서 45구경 자동 권총으로 코펠만(Walterman Koppelman, 40) 박사와 골드만(Oscar Goldman, 45) 박사에게 다섯 발을 발사했다고 말했다.

칸토어는 한 마디 말도 없이 뒤로 돌아 서서 자신의 입 속에 총을 넣고 방아쇠를 당겼다. 그는 수학과 건물인 데이비드 린텐하우스 연구소David Rittenhouse Laboratory의 강당 입구에서 5피트 떨어진 복도에 쓸어졌는데, 많은 피를 흘리고 죽었다.

여섯째 열의 첫째 줄에 앉아 있던 골드만은 오른 손목과 다리 및 왼 팔에 총상을 입고 바닥에 쓸어졌다. 골드만은 펜실베이니아 대학 병원에서 치료를 받고 안정된 상태에 있다.

골드만과 두 자리 건너서 앉아 있던 코펠만은 오른 팔에 총상은 입었고, 그의 가슴에는 총알이 박혔다고 의사가 말했다. 그는 수술을 받기 위해 중환자실에 입원했다.

필라델피아 경찰서의 슈와츠Kenneth Schwartz 경사는 칸토어가 박사 학위를 취득할 수 없었기 때문에 펜실베이니아 대학 수학과의 여러 교수에게 깊은 원한을 품었다고 말했다. 슈와츠가 말했다. "그는 교수들에게 원한을 품고 있었습니다. 그는 박사 학위를 받기 위해 여러 번 논문을 제출했지만 번번이 거절당했습니다."

코펠만은 칸토어의 논문 지도 교수였고, 골드만 교수는 1963년부터 1967년까지 수학과 학과장을 지냈다. 그 강연에 참석했던 템플 대학 교수 그로스월드Emil Grosswald 박사는 펜실베이니아 대학에서 강의할 때 칸토어를 알게 됐는데, "매우 훌륭한 학생이었지만 때로는 별나게 행동했다."고 말했다.

이 사건이 일어난 뒤 골드만 교수는 완쾌했지만, 코펠만 교수는 한 달 뒤에 숨졌다.

경계해야 할 수학자

성 아우구스티누스[8]는 다음과 같이 말했다고 한다. "훌륭한 기독교도는 수학자와 허황된 예언을 하는 모든 사람을 경계해야 한다. 수학자들이 인간의 영혼을 흐리게 하고 인간을 지옥의 굴레에 빠지게 하기 위해 악마와 계약을 체결했을 때부터 이미 위험은 존재했다."

그런데 이에 대해 보애스[9]는 다음과 같이 기록했다.

> 내가 학생이었을 때, 한 신학생 친구는 지옥에 떨어지지 않기 위해서는 수학자를 주의하라는 성 아우구스티누스의 권고의 말을 나에게 알려주면서 매우 즐거워했다. 나는 아주 최근에 이 인용문을 다시 봤다. 수학은 혹평을 받고 있다. 그러나 이렇게 매우 경멸적인 문장은 잘못된 것이다. 성 아우구스티누스가 '수학자'라고 썼을 때, 그는 다른 많은 고전 문학 작가와 같이 '점성가'를 의미했다. 실제의 문장은 다음과 같다. "Bono christiano sive mathematici sive quilibet inpie divinantium, maxime dicentes vera, cavendi sunt, ne consortio daemonicorum animam pacto quodam sociatatis inretiant." 이것은 대체로 다음과 같이 번역할 수 있다. "훌륭한 기독교도는 점성가와 함께 부정한 방법으로 예언하는 점쟁이를 주의해야 하는데, 특히 그 예언이 실현될 것이라고 말할 때 매우 경계해야 한다. 기독교도는 이런 사람들이 악마와 공동으로 기만함으로써 영혼을 함정에 빠뜨리려는 술책에 대항해서 방어해야 한다."

사실, 성 아우구스티누스는 수학에 큰 관심을 가졌으며, 윤리학과 수학이 자신이 생각할 수 있는 가장 완벽한 두 가지라고 지적한 적이 있다.

[8] Saint Augustine(354~430), 고대 로마 말기의 신학자 · 철학자 · 성인

[9] Ralph P. Boas Jr.(1912~1992), 미국의 수학자로 《미국 수학 월간지(American Mathematical Monthly, Feb. 1979)》에 위와 같은 글을 게재했다.

수학자와 보직

종종 대학 교수는 학장과 같은 보직에 임명되어, 더 이상 학문 연구를 못하게 된다. 이런 일은 수학 교수에게도 자주 일어난다. 다음과 같은 출처가 미심쩍은 이야기가 있다.

한 수학 교수가 뇌종양에 걸려서 긴급하게 수술을 받아야 했다. 의사가 교수의 두개골을 분리하고 뇌를 꺼내어 탁자 위에 올려놓았다.

바로 이때, 동료 교수가 뛰어들어와 그가 학장에 임명됐다는 소식을 알려줬다. 그 교수는 기쁨의 환성을 지르면서 수술대에서 뛰어 내렸고 자신의 뇌를 찰싹 때리고는 가장 가까운 출구로 뛰어 나갔다. 의사가 소리쳤다. "기다려요, 당신의 뇌를 다시 집어 넣어야합니다."

그 교수는 어깨 뒤로 고개를 돌려 대답했다. "이제 그것은 필요 없게 됐습니다. 나는 학장입니다."

수학자의 뇌

다음은 언젠가 수학자들의 모임에서 돌았던 이야기다.

한 외과 의사가 사람의 뇌를 제거한 뒤에 환자가 원하는 임의의 종류의 뇌로 바꿀 수 있는 수술 방법을 발견했다. 물론, 뇌의 가격은 종류에 따라 달랐다.

어느 날 환자가 그 의사를 찾아가서 자신의 뇌를 바꾸고 싶다고 말했다. 의사가 말했다. "좋습니다. 어떤 종류의 뇌를 원하십니까? 여러 가지 가격의 뇌가 있습니다. 예를 들면, 변호사의 뇌는 1온스에 10달러이고, 판사의 뇌는 1온스에 50달러입니다."

"아, 저는 그런 종류의 뇌를 원하지 않습니다." 환자가 말했다. "대학 교수의 뇌를 갖고 싶습니다."

"그래요, 당신은 돈이 아주 많이 드는 취향을 갖고 계십니다." 의사가 대답했다. "그렇다면 영어 교수의 뇌는 1온스에 10만 달러이고 역사 교수의 뇌는 20만 달러입니다. 어떤 교수의 뇌를 원하십니까?"

"저는 수학 교수의 뇌를 갖고 싶습니다." 환자가 고집했다.

"당신은 정말 고급스러운 취향을 가지셨습니다." 의사가 대답했다. "수학 교수의 뇌가 가장 비쌉니다. 1온스에 100만 달러입니다."

"믿을 수 없는데요." 환자가 말했다. "수학 교수의 뇌는 왜 그렇게 비싸지요. 변호사의 뇌가 1온스에 10달러이고 판사의 뇌는 1온스에 50달러인데, 수학 교수의 뇌는 왜 1온스에 100만 달러나 됩니까?"

"아, 당신은 이유를 충분히 이해할 수 있으리라고 생각합니다." 의사가 대답했다. "1온스의 뇌를 얻기 위해서는 얼마나 많은 수학자가 필요한지를 상상해 보십시오."

수학의 두개골

독일 물리학자이며 골상학자인 갈[10]은 모든 특수한 지적 재능이 뇌의 어떤 특정한 부분의 발달과 관계가 있고, 이렇게 뇌의 특정한 부분의 두드러진 발달은 두개골의 해당하는 부분을 돌출하게 만든다는 이론을 발표했다. 그래서 머리의 형태를 조사함으로써 지적 특성을 결정할 수 있다고 주장했다. 그렇다면 모든 창조적인 수학자는 두개골의 어떤 적당한 위치에 '수학의 혹'을 갖고 있을 것이다. 그러나 현대의 해부학자와 신경학자의 연구는 갈의 골상학이 생리학적으로 논거가 부족하다는 사실을 증명했다.

⑩ Franz Joseph Gall(1758~1828)

▣ 수학계의 유전 법칙

수학자 중에는 스승의 딸과 결혼하는 경우가 대단히 많았기 때문에, 수학 능력에 관한 특이한 유전 법칙이 공식화됐다. "수학의 재능은 아버지로부터 아들로 유전되는 것이 아니라 장인으로부터 사위로 유전된다."

▣ 수학자 판별법 1 – 시험 문제

어떤 대학의 진로 상담 교수는 학생들의 전공 선택을 도와주기 위해 다음과 같은 문제를 이용했다. "소는 네 개의 다리를 갖고 있다. 만약 꼬리를 다리로 계산한다면, 소는 몇 개의 다리를 갖고 있는가?"

"넷입니다. 꼬리를 다리로 생각할 수는 없습니다."라고 대답한 학생은 현실주의자이므로 자연 과학을 선택하도록 지도한다.

'다섯'이라고 대답한 학생은 상상력이 돋보이므로 수학을 선택하도록 지도한다.

'셋'이라고 대답한 학생은 진실을 왜곡하는 능력이 있으므로 사회 과학을 선택하도록 지도한다.

"참 좋은 질문입니다."라고 대답한 학생은 교육학을 선택하도록 지도한다.

▣ 수학자 판별법 2 – 취직 시험

어떤 기업체는 두 가지 시험 결과에 따라 응시자들을 공학자와 수학자로 분류한다.

첫째 시험에서는 의자, 책상, 난로를 응시자에게 제시한다. 책상 위에는 물이 가득 들어있는 주전자가 놓여 있다. 문제는 물을 끓이라는 것이다. 주전자를 들어 난로 위에 올려놓은 응시자는 첫째 시험을 통과한다.

둘째 시험에서는 똑같은 상황이 제시되는데, 이번에는 주전자가 책상 위가 아니라 의자 위에 놓여 있다. 문제는 또다시 물을 끓이라는 것이다. 주전자를 들어 난로 위에 올려놓은 응시자는 즉시 공학자로 분류한다. 주전자를 의자에서 책상 위에 올려놓고는 "이제는 이미 해결한 첫째 시험과 똑같은 문제가 된다."라고 말하는 응시자는 수학자로 분류한다.

저명한 수학자 100명

일스[11]는 1916년 9월 미국 수학회의 한 모임에서 유명한 수학자 100명을 선정하고 저명도에 따라 순위를 정해서 발표했다.[12]

일스는 이를 위해 인명 사전, 백과 사전, 참고 서적 등에서 각 수학자에 대한 설명이 차지하는 공간을 측정하는 단순한 방법을 사용했는데, 네 권의 수학사 책과 다섯 가지 표준적인 백과 사전을 이용했다.[13]

그의 목록은 1위 뉴턴부터 100위 제논까지 이어지는데, 완전한 목록은 다음과 같다.

1. 뉴턴	2. 라이프니츠	3. 라그랑주
4. 오일러	5. 라플라스	6. 유클리드
7. 가우스	8. 아르키메데스	9. 데카르트

[11] Walter Crosby Eells(1886~1962)

[12] 일스의 발표 내용은 당시 인쇄물로 발표되지는 않았는데, 《수학 교사(The Mathematics Teacher)》의 1962년 11월호(582-588)에 〈One hundred most eminent mathematicians〉라는 제목으로 게재됐다.

[13] Florian Cajori, *History of Mathematics*, New York, 1908; W.W. Rouse Ball, *Short History of Mathematics*, London, 1901; Maximilien Marie, *Histoire des Sciences Mathématiques et Physiques*, Paris, 1883-1888; Moritz Cantor, *Vorlesungen über Geschichte der Mathematik*, I-III, Leipzig, 1894; *New International Encyclopedia*, 제1판(미국); *Encyclopædia Britannica*, 제11판(영국); *Brockhaus' Konversationslexicon*, 제14판(독일); *Larousse's Dictionnaire Universal*(프랑스); *Nuova Enciclopedia Italiana*(이탈리아)

10. 카르다노 11. 르장드르 12. 피타고라스
13. 몽주 14. 달랑베르 15. 코시
16. 푸리에 17. 페르마 18. 네이피어
19. 파스칼 20. 아폴로니오스 21. 피보나치
22. 비에트 23. 프톨레마이오스 24. 호이겐스
25. 레기오몬타누스 26. 디오판토스 27. 매클로린
28. 야곱 베르누이 29. 파포스 30. 카발리에리
31. 야코비 32. 요한 베르누이 33. 윌리스
34. 해밀턴 35. 타르탈리아 36. 헤론
37. 퐁슬레 38. 리만 39. 푸아송
40. 아벨 41. 샬 42. 크레모나
43. 로베르발 44. 보스코비치 45. 갈릴레오
46. 클레로 47. 람베르트 48. 배로
49. 스튀름 50. 스테빈 51. 드 모르간
52. 브룩 테일러 53. 케플러 54. 다니엘 베르누이
55. 데자르그 56. 브리그스 57. 실베스터
58. 카르노 59. 모페르튀이 60. 배비지
61. 에르미트 62. 탈레스 63. 스미스
64. 코발레프스카야 65. 파촐리 66. 히포크라테스
67. 제르베르 도리아크 68. 클레브쉬 69. 플뤼커
70. 그라스만 71. 디리클레 72. 케일리
73. 알콰리즈미 74. 코테스 75. 드 무아브르
76. 불 77. 바이어슈트라스 78. 리
79. 로바체프스키 80. 아메스 81. 보르다

82. 벨트라미 83. 프리시 84. 갈루아
85. 토리첼리 86. 몽투클라 87. 헤세
88. 요르다누스 89. 플라톤 90. 푸앵카레
91. 슈타이너 92. 핼리 93. 앙페르
94. 로피탈 95. 톰슨(켈빈) 96. 보에티우스
97. 치른하우젠 98. 바스카라 99. 에라토스테네스
100. 제논

▣ 신은 수학자

1. 신은 언제나 기하학을 연구한다. – 플라톤
2. 신은 언제나 산술을 연구한다. – 야코비
3. 신은 정수를 만들었고, 나머지 모든 것은 인간의 업적이다. – 크로네커
4. 자연의 거대한 책은 수학적 기호들로 쓰여졌다. – 갈릴레오

▣ 수학자의 분류 1 – 문제 해결가와 이론가

수학자를 두 가지 유형, 즉 문제 해결가와 이론가로 분류할 수 있다. 대부분의 수학자는 이 두 유형의 혼합이지만, 각 유형의 극단적인 예를 쉽게 찾을 수 있다.

문제 해결가는, 가능성이 없다고 포기한 문제의 해결을 수학에서 최상의 업적으로 생각한다. 풀이가 서투른 것은 신경 쓰지 않는다. 중요한 것은 처음이어야 하고 정확해야 한다. 문제 해결가는 풀이를 찾고 나면, 이에 대한 흥미를 잃고 다시는 생각하지 않는다.

이론가에게 수학에서의 최상의 업적은, 이해할 수 없던 어떤 현상을 멋지게 설명하는 이론이다. 수학에서의 성공은 문제 풀이가 아니라 평범하게 만

드는 것이다. 이론가는 과거로부터 전수 받은 수학적 개념들을 (앞으로 발견될) 좀 더 일반적인 개념의 불완전한 형태로 간주한다. 수학적 설명을 수학적 연구보다 더 어려운 작업으로 생각한다.

▣ 수학자의 분류 2 – 연주가와 작곡가

음악가를 연주 전문가와 작곡 전문가로 분류할 수 있는데, 두 부류에 모두 속하는 음악가는 흔치 않다. 이와 마찬가지로, 모든 위대한 수학자를 형식적인 조작 전문가와 이론 창작 전문가로 분류할 수 있는데, 두 부류에 모두 속하는 수학자도 매우 적다. 예를 들면, 오일러[14]는 근본적으로 뛰어난 형식적인 조작자이고 라그랑주[15]는 뛰어난 이론가이며 가우스[16]는 두 분야 모두에서 탁월한 업적을 성취했다. 그래서 오일러는 하이페츠[17]와 같고 라그랑주는 베토벤과 같으며 가우스는 바흐와 같았다.

▣ 현대 수학자의 분류

수학자를 응용 수학에 대한 태도를 기준으로 다음과 같이 세 부류로 나눌 수 있다. (1) 응용 수학과 전혀 관계가 없고 관심도 없으며 이를 열등한 형태의 지적 활동이라고 간주하는 수학자. (2) 응용 수학을 더 잘 알고 싶지만 자신의 주요 관심사가 아닌 이것을 오랫동안 연구할 시간이 없는 수학자. (3) 주요한 관심사가 응용 수학이며 거의 전적으로 응용을 위해 순수 수학을 공부하는 사람.

⑭ Leonhard Euler(1707~1783), 스위스 출신의 수학자, 주로 러시아와 독일에서 활동.
⑮ Joseph Louis Lagrange(1736~1813), 프랑스의 수학자
⑯ Johann Carl Friedrich Gauss(1777~1855), 독일의 수학자
⑰ Jascha Heifetz(1901~1987), 리투아니아(당시 러시아) 출신의 미국 바이올린 연주자

18세기의 수학자는 (3)의 부류였고, 20세기의 수학자는 (1)의 부류다. 19세기는 전이의 세기였다.[18]

▣ 철학자와 수학자

프랜시스 베이컨[19]은 어떤 글에서 철학자를 세 부류, 즉 개미와 거미 및 벌로 나누었다. 개미에 해당하는 사람은 부지런하지만 우둔하고 비체계적으로 통상 사소하고 쓸모 없는 지식을 많이 모은다. 거미에 해당되는 사람은 복잡하고 비현실적인 이론으로 허송 세월을 보낸다. 벌에 해당하는 사람은 소재와 영감을 얻기 위해 자연으로 돌아가서 엄격한 작업을 통해 견실한 이론을 찾아낸다. 그는 이 마지막 부류에 속하는 사람을 참된 철학자라고 불렀다.

위의 글에서 '철학자'를 '수학자'로 바꾸어, 수학과 수학자에 대한 글로 생각할 수 있다.

▣ 수학과 예술의 차이 – 발견과 발명

발견과 발명이라는 말 사이에는 분명한 차이점이 있다. 발견은 이미 존재하고 있었지만 찾아내지 못했던 것과 관련된 개념이고, 발명은 찾아내기 전까지는 결코 존재하지 않았던 것과 관련된 개념이다. 예를 들면, 아메리카 대륙은 콜럼버스[20] 이전에 이미 존재하고 있었기 때문에 콜럼버스는 아메리카 대륙을 발견했다. 한편, 에디슨[21]은 전구를 발명했다. 왜냐하면 에디슨이 이를 만들기 전에 전구는 존재하지 않았기 때문이다.

[18] John Lighton Synge(1897~1995), 아일랜드의 수학자. 《미국 수학 월간지(American Mathematical Monthly)》(1939, p.155, 재게재 vol 99(1992), no 9, p.828)에서 인용.

[19] Francis Bacon(1561~1626), 영국의 수필가, 도덕 실천가, 예언가, 철학자, 정치가로 고전 경험론의 시조.

[20] Christopher Columbus(1446?~1506), 이탈리아 출신의 항해가

[21] Thomas Edison(1847~1931), 미국의 발명가

여기에서 예술과 수학 사이의 큰 차이점을 알 수 있다. 예술가의 활동 결과는 발명이다. 예술가가 작품을 만들기 전에는 그것은 존재할 수 없다. 반면에, 수학자의 연구 결과는 발견이다. 수학자가 그 결과를 알아내기 이전에 이미 그것은 존재하고 있었다. 비록 우리에게 알려지지 않았더라도 수학적 진리는 이미 과거부터 존재하고 있으며, 수학자가 그것을 찾아내려면 어떤 경로를 따라가야만 한다. 이것이 바로 에르미트[22]가 다음과 같이 지적한 근거다. "우리는 수학의 주인이 아니라 하인이다." 반면에 예술가는 하인이라기보다는 주인이다.

▣ 수학과 예술의 또 다른 차이

그림, 조각, 음악 등과 같은 대부분의 예술은 일반 대중에게 감정적으로 호소한다. 우리의 감각 기관을 통해 이런 예술을 경험할 수 있기 때문이다. 수학에 대해 이 말은 참일 수 없다. 수학이라는 학문은 수학자에 의해서만 평가될 수 있으며, 수학자가 되기 위해서는 긴 기간의 집중적인 훈련이 필요하다. 수학자의 사회는 음악 작곡가만으로 이루어진 상상의 사회와 비슷한데, 그런 사회에서 작곡가들의 유일한 즐거움은 자신들이 작곡한 악보의 교환을 통해 얻을 것이다.[23]

▣ 수학과 예술의 공통점 – 수학자의 조건

수학은 과학보다는 예술에 훨씬 더 가깝다고 생각한다. 왜냐하면 끊임없이 창조하는 수학자의 활동은 공상적이 아니라 현실적이라는 점에서 예술가, 특히 화가의 활동과 닮았기 때문이다. 수학자의 엄밀한 연역적 추론은 화가

[22] Charles Hermite(1822~1901), 프랑스의 수학자
[23] 헝가리의 수학자 란크초스(Cornelius Lanczos, 1893~1974)의 말

의 그림 그리는 숙달된 기술에 비유할 수 있다. 일정한 수준의 기술이 없으면 훌륭한 화가가 될 수 없는 것과 마찬가지로, 어느 수준까지 정확하게 추론하는 능력이 없으면 수학자가 될 수 없다. 그러나 이런 재능은 아주 필수적이지만 이름을 남길 만한 화가나 수학자를 만들지 못하며, 사실 가장 중요한 요인은 결코 될 수 없다. 훨씬 더 필요하고 두 분야 모두에서 가장 중요한 요인은 상상력인데, 이것이 훌륭한 화가와 수학자를 만든다.[24]

▣ 수학자의 죽음 1

라그니[25]는 프랑스 수학자로 제곱근을 구하는 방법, 주어진 구와 같은 부피를 가진 정육면체의 작도, 이진법 산술, 문제 풀이 방법 등에 관한 글을 남겼다.

라그니의 죽음에 관한 진기한 이야기가 있다. 모페르튀이[26]는 라그니의 임종을 지켜봤는데, 그가 의식불명인 상태에 있었지만 그에게 12의 제곱근을 질문했다. 그러자 라그니는 자동 인형처럼 병상에서 일어나 그 문제에 대한 답을 말하고는 곧 사망했다.

▣ 수학자의 죽음 2

오일러는 76세였던 1783년 9월 18일 죽는 순간까지도 정력적이었고 온전한 정신을 유지했다. 그날 오전에 손자와 손녀에게 수학을 가르쳤고 오후에도 즐거운 마음으로 풍선의 낙하 법칙을 연구했다. 그리고 다른 가족을 초대해서 저녁 식사를 함께 했고, 당시에 발견된 행성 천왕성의 궤도를 계산한 결

㉔ 미국 수학자 보크너(Maxime Bôcher, 1867~1918)의 말. 《미국 수학 월간지(American Mathematical Monthly)》 vol 100, no 3(1993), p.271에서 인용.

㉕ Thomas-Fantel de Lagny(1660~1734)

㉖ Pierre Louis Moreau de Maupertuis(1698~1759), 프랑스의 수학자 · 천문학자

과에 대해 이야기했다. 잠시 뒤 손자를 들어오게 했다. 아이와 장난치면서 차를 마시던 중 갑자기 발작을 일으켰다. 담뱃대를 손에서 떨어뜨리며 중얼거렸다. "나는 죽는다." 그리고 숨을 멈추었다.

▣ 수학자의 죽음 3

푸비니[27]는 이탈리아의 수학자로 미분 기하학, 복소 함수론, 르베그 적분, 군론 등을 연구했다. 1939년에 미국 고등 학술 연구소의 초청으로 미국으로 가서 여생을 보냈다. 체구는 작았지만 도량이 넓었기 때문에 '작은 거인' 이라는 별명을 얻었다.

푸비니가 가장 큰 가치를 두었던 것은 가족, 수학, 교육 세 가지였다고 한다. 그의 아들 지노Gino는 아버지가 마지막 순간까지도 이 세 가지에 대한 사랑을 보여주었다는 이야기를 들려주었다. 푸비니가 몹시 아팠던 1943년 6월 6일 아침, 지노는 아버지에게 수학 문제 하나를 풀어달라고 부탁했다. 이 '작은 거인'은 곧바로 계산에 몰두했고, 일시적으로 고통을 잊고는 매우 빠르고 대단히 명확하게 그 문제를 풀어 지노에게 주었다. 그리고 잠시 뒤에 죽었다.

[27] Chirin Guido Fubini(1897~1943)

그리스

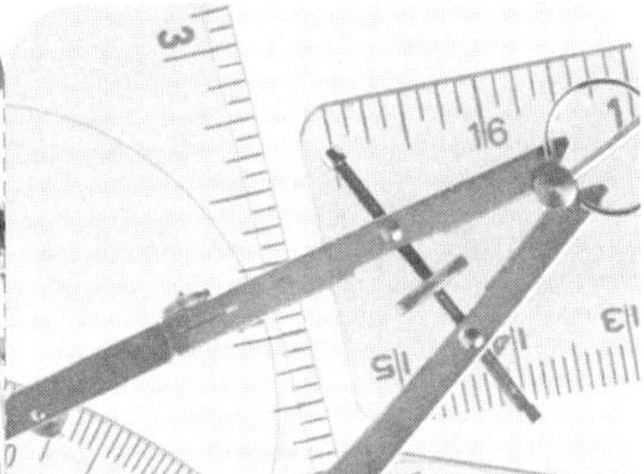

주요 인물

탈레스
피타고라스
플라톤
에우독소스
유클리드
아르키메데스
에라토스테네스
아폴로니오스
디오판토스
파포스
히파티아
테온
프톨레마이오스

그리스의 수학

그리스의 수학은 크게 나누어 헬레니즘 시대가 시작되기 전의 고대 그리스 수학과 그 이후 헬레니즘 시대(기원전 323년부터)의 헬레니즘 수학 또는 후기 그리스 수학으로 분류하는데, 기원전 6세기부터 서기 5세기까지 지중해의 동부 해안에서 발달한 수학을 뜻한다.

그리스 수학의 기원을 기원전 7세기까지 거슬러 올라가서 찾기도 하지만, 입증할 근거를 구하기는 어렵다. 분명히 고대 이집트와 바빌로니아의 수학이 그리스의 수학에 상당히 큰 영향을 미친 것으로 보이며, 페니키아의 영향을 받았을 것으로 보인다. 특히, 기원전 6세기에 탈레스와 피타고라스가 이집트와 바빌로니아 수학을 그리스에 전달한 뒤에 그리스 수학이 제대로 시작된 것으로 보고 있다.

그리스 사람들은 일반적으로 합리적인 것, 이치에 닿는 것, 앞뒤가 들어맞는 것 등에 특별한 관심을 가졌다. 그래서 음악을 좋아했는데, 음악이 엄격한 규칙에 따라 아름다운 선율을 만들어내기 때문이었다. 마찬가지 이유에서 건축을 좋아했고 수학을 좋아했다. 그런데 그리스 사람들은 수를 표기하는 방법이 매우 서툴렀기 때문에 대수학은 싫어했다. 실제로 방정식과 수에 관한 문제를 기술하기가 매우 어려웠다. 이에 따라 기하학에 주력했는데, 현재 우리는 대수학을 이용해서 푸는 문제를 그들은 기하학적 방법을 이용해서 해결했다. 그리스 수학자들은 또한 어떤 수학적 발상이 진실인지를 증명하는

데 관심이 매우 컸다. 그래서 이집트와 바빌로니아 사람들이 이미 오랫동안 진리로 알고 있던 사실일지라도, 그리스 사람들은 기하학을 이용하고 긴 시간을 들여 그런 사실을 증명하려고 노력했다. 합리적인 사고의 기틀을 다지면서 '어떻게'와 마찬가지로 '왜'에 대해 묻기 시작했다.

이에 따라 그리스 시대 이전의 경험적인 수학은 그리스에 들어가서 새로운 수학으로 탈바꿈하기 시작했다. 그리스 수학자들은 논증적인 방법을 적용하기 시작했는데, 그 결과 현대 수학의 본질적인 특성으로 간주되는 연역적 방법이 출현했다. 이렇게 기원전 600년부터 400년 사이의 그리스 사람들은 모든 수학적인 지식은 반드시 연역법에 의해서만 증명되어야 한다고 결정했고, 수학의 황금 시대가 열렸다.

그리스 수학은 헬레니즘 시대에 들어서서 더욱 발전된 단계에 도달했다. 헬레니즘 시대의 그리스 수학은 그리스어로 수학을 기록한 모든 수학자의 수학을 말한다. 헬레니즘 세계는 지중해의 동쪽 해안을 넘어 먼 곳까지 펴져 있었기 때문에, 그리스인 수학자뿐만 아니라 그리스인이 아닌 수학자도 그리스어로 수학을 기록했다. 그리스 수학은 이집트 수학 및 바빌로니아 수학과 융합되어 헬레니즘 수학이라고 부르는 후기 그리스 수학을 탄생시켰다. 그리스어로 기록된 수학 문헌 대부분은 그리스, 이집트, 메소포타미아, 소아시아, 시칠리아, 남부 이탈리아에서 발견됐다.

그리스 수학은 기하학뿐만 아니라 수론, 해석학, 응용 수학 등의 개념 형성에도 중요한 공헌을 했으며, 때때로 적분법에 매우 접근했었다. 후기에는 특히 원뿔 곡선에 대한 연구가 돋보였다.

그리스 수학의 문헌은 대부분 아라비아 세계에 전파되어 보존됐다. 그리고 그리스어를 사용하는 동로마 제국의 수도인 비잔티움에는 그리스 문헌의 원전이 복제되어 보존됐다. 이런 문헌은 유럽의 르네상스 시대에 다시 부활

되어 연구됐고, 16세기와 17세기의 과학 혁명의 기초가 됐다.

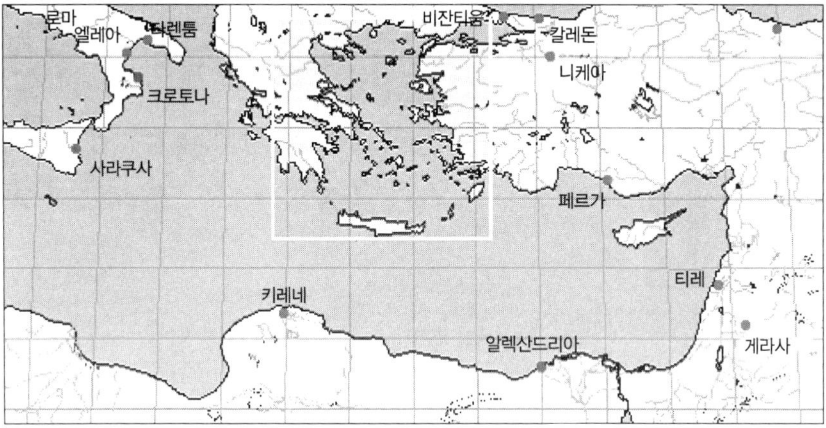

그리스 수학의 중심지 1 (네모 안은 아래의 큰 그림 참조)

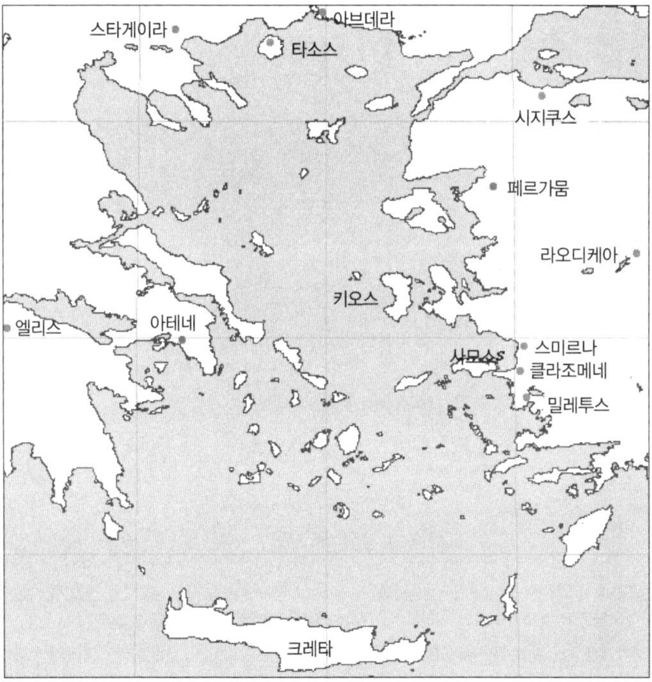

그리스 수학의 중심지 2

탈레스 Thales

기원전 624?~547?

탈레스는 소아시아 이오니아 지방의 밀레투스Miletus에서 태어났다. 인생의 전반기를 상인으로 보내면서 많은 재산을 모아서, 후반기에는 여행을 하고 연구에 전념할 수 있었던 것으로 보인다. 그는 이집트를 방문했고, 이집트의 기하학 지식을 밀레투스로 가져갔다. 고대의 '칠 현인'❶의 한 사람인 이 다재 다능한 천재는 정치가, 상담가, 공학자, 사업가, 철학자, 수학자, 천문학자로서 명성을 얻었다.

탈레스는 이오니아 학파❷의 창시자이며 최초의 자연 철학자로서, 만물의 근원은 물이고 대지는 물 위에 떠 있다고 생각했다. 체계적인 수학의 창시자이고 수학에 연역적 방법을 도입한 최초의 사람으로 알려지고 있다. 본질적으로 그리스 수학은 탈레스의 업적과 함께 출발했다는 것이 전통적인 설명이다. 다른 위대한 사람과 같이 그에 관한 매혹적인 일화가 많이 전해지고 있는데, 물론 진실이 아닐 수도 있다.

❶ 고대 그리스에서 기원전 7~6세기에 활동했던 일곱 명의 뛰어난 사상가와 위정자의 전설적인 호칭. 일반적으로 클레오불로스, 페리안드로스, 피타코스, 비아스, 탈레스, 케일론, 솔로몬을 일컬음.

❷ 기원전 6세기경 이오니아 지방에서 활동한 철학의 한 파로, 자연 현상을 신화로부터 분리해서 해석하고 만물의 근원을 과학적 · 합리적으로 파악하려 했다. 탈레스, 아낙시만드로스, 아낙시메데스, 헤라클레이토스 등이 이에 속하는데, 특히 앞의 세 사람은 그 출신지를 따서 밀레투스 학파라 부르기도 한다.

▣ 수학에 대한 공헌

탈레스는 수학사에서 이름이 알려진 최초의 인물이며, 연역적인 기하학과 관련된 최초의 인물이다. 그는 다음과 같은 기초적인 기하학적 결과들을 증명했다고 한다.

1. 원은 임의의 지름으로 이등분된다.
2. 이등변 삼각형의 두 밑각은 서로 같다.
3. 교차하는 두 직선에 의해 이루어지는 두 맞꼭지각은 서로 같다.
4. 두 삼각형에서 대응하는 두 각이 서로 같고 대응하는 한 변이 서로 같으면 합동이다.
5. 반원에 내접하는 각은 직각이다.

그런데 이런 다섯 가지 결과는 틀림없이 탈레스 시대보다 훨씬 이전에 알려졌고 모두 간단한 실험을 통해 쉽게 확인할 수 있다. 그러므로 이런 결과들의 가치는 탈레스가 이것들을 직관이나 실험 대신에 논리적인 추론으로 입증했다는 믿음에 의해서이다.

위에서 넷째 결과는, 오른쪽 그림에 예시한 대로 해안으로부터 배까지의 거리를 측량하는 방법의 정당성을 확인하기 위해 증명한 것으로 보인다. 각도를 측정할 수 있는 사분의를 이용해서 해안의 높은 곳에서 배를 지향해서 얻은 각을, 실제로 거리를 측량할 수 있는 곳으로 옮김으로써 한 변과 양 끝각이 각각 서로 같은 두 개의 (직각) 삼각형을 얻는다.

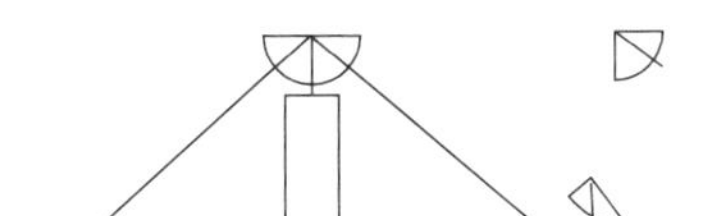

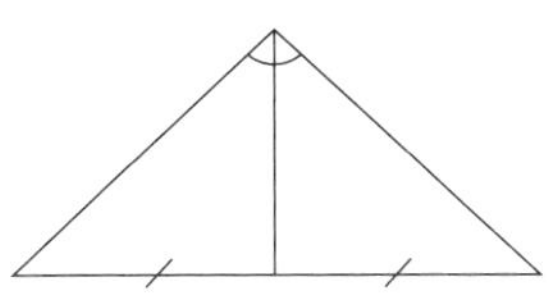

탈레스의 수수께끼

탈레스가 이집트에 잠시 머물렀을 때, 그림자를 이용해서 피라미드의 높이를 계산함으로써 큰 존경을 받았다는 이야기가 전해지고 있다. 이 이야기는 두 가지 형태로 알려지고 있다. 아리스토텔레스❸의 제자인 히에로니무스❹가 전한 이야기에 따르면, 탈레스는 자신의 그림자가 자신의 키와 똑같은 순간에 피라미드 그림자의 길이를 재었다고 한다.

한편 플루타르코스❺가 전한 그 뒤의 이야기에 따르면, 오른쪽 그림과 같이 탈레스는 막대기를 세우고 "막대기[의 길이]에 대한 피라미드[의 높이]의 비는 막대기의 그림자에 대한 피라미드의 그림자의 비와 같다."는 사실을 사용했다고 한다. 즉, 닮은 삼각형의 원리를 이용했다고 한다.

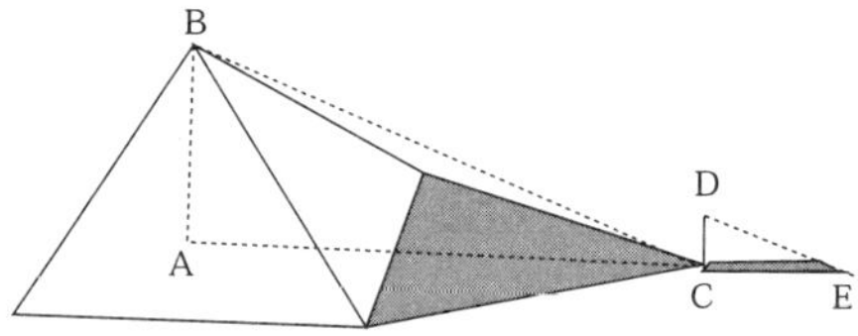

이 두 가지 형태의 이야기는 모두 매우 어려운 점을 간과하고 있는데, 모든 경우에 피라미드 그림자의 길이, 즉 그림자의 꼭대기로부터 피라미드 밑면의 중심까지의 거리를 재는 어려움이 있다. 물론 앞의 그림과 같이 그림자가 밑변과 수직이 되는 경우에는 그림자의 길이를 쉽게 구할 수 있다. 그런데 이런 경우는 1년에 몇 번 나타나지 않는다고 한다.❻

이런 어려움 때문에 '탈레스의 수수께끼'라고 부를 수 있는 다음과 같은 문제가 제기됐다. "그림자를 관찰하고 닮은 도형을 이용해서 특정한 위도와

❸ Aristotle(기원전 384~322), 고대 그리스의 철학자
❹ Hieronymus(기원전 4세기)
❺ Plutarchos(46?~120?), 고대 로마의 그리스인 철학자 · 전기 작가로 《플루타크 영웅전》의 저자
❻ L. Redlin · N. Viet · S. Watson, "Thales' Shadow," *Mathematical Magazine* Vol. 73, No. 5Nov. 2000, MAA, pp. 347-353.

시각에 무관하게 피라미드의 높이를 결정하는 방법을 고안하라." 오른쪽 그림은 몇 시간의 간격을 두고 관찰한 두 개의 그림자를 이용한 해법을 제시하고 있다. 여기서는 닮은 삼각뿔을 이용하고 있다.

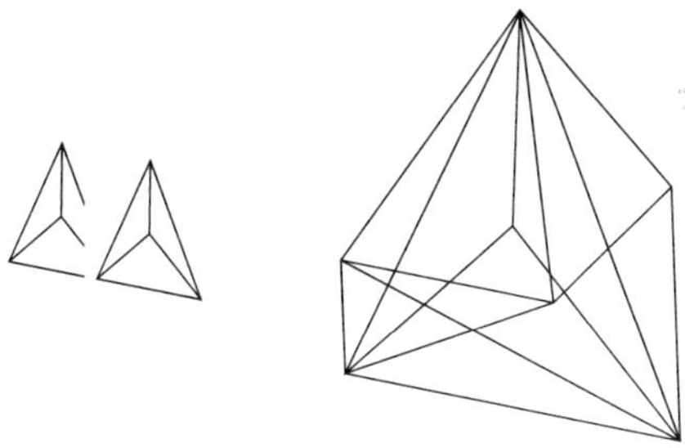

부자 되기

어느 날, 여전히 가난했던 탈레스는 마찬가지로 가난한 친구의 방문을 맞아 이야기를 나누고 있었다.

그 친구가 말했다. "이 세상에는 가난한 사람이 너무 많아서 큰 문제야. 그리고 가난하게 태어난 사람은 평생을 가난하게 살게 되지."

"반드시 그렇지는 않아." 탈레스가 대답했다. "이 문제에 전념한다면, 쉽게 부자가 될 수 있다고 나는 확신하네."

"말이 행동보다는 분명히 훨씬 더 쉽지." 그 친구가 대꾸했다. "나는 그런 말을 믿을 수 없어."

그러자 탈레스가 말했다. "그렇다면 지금부터 6개월 뒤에 나를 다시 방문하게나. 부자 되기가 얼마나 쉬운지를 자네에게 보여 주겠네."

6개월 뒤 탈레스를 다시 방문한 그 친구는, 예전에 가난했던 탈레스가 그 근방에서 가장 큰 부자가 되어 있음을 발견하고는 무척 놀랐다. 그리고 탈레스에게 이런 심정을 솔직히 고백했다.

탈레스가 대답했다. "그런 문제에 몰두하면 부자 되기가 얼마나 쉬운지 자네에게 보여 주고 싶었을 뿐이네."

"어떻게 했는지 알려 주겠나?" 그 친구가 물었다.

탈레스는 다음과 같이 설명했다. "간단했어. 나는 올해 올리브 풍년이 들 것을 예상해서 이 지역의 모든 올리브 착유기를 몰래 사들였지. 그래서 올리브 기름을 짜게 될 시기가 됐지만, 이 지역에서 착유기를 가진 사람은 나밖에 없었네. 그래서 모두 나에게 올 수밖에 없었지. 착유기를 비싸게 빌려주고 많은 돈을 벌 수 있었네. 보게나, 자네도 조금만 관심을 기울인다면 쉽게 부자가 되지 않겠나?"

탈레스는 이미 매점매석의 원리를 터득하고 있었다.

◎ 노새 길들이기

탈레스는 작은 사업의 하나로 언덕 위에 소금 창고를 운영하고 있었다. 노새를 이용해서 소금 자루를 창고로부터 언덕 아래로 매일 운반했다. 언덕을 내려오는 길에 작은 개울을 하나 건너야 했는데, 어느 날 짐 실은 노새 한 마리가 개울을 건너다가 미끄러져 쓰러지고 말았다. 노새는 일어서려고 발버둥치다가 여러 차례 또다시 굴렀고 자루에 있던 소금이 녹아 버렸다. 그 노새는 나머지 언덕길을 가볍고 편안하게 내려올 수 있었다. 이 경험을 기억한 노새는 그 뒤 사흘 동안 연속해서 언덕을 내려오다가 개울에서 굴렀다. 보통 사람 같으면, 이런 고약한 버릇을 고치기 위해서 소리를 지르고 채찍을 들어 노새의 엉덩이를 때렸을 것이다. 그러나 탈레스는 '현인'이었다. 다음에 언덕을 내려올 때 그 노새에게 솜을 가득 담은 자루를 지게 했다.

◎ 무자식 상팔자

탈레스는 매우 풍요롭던 인생 말년에 그리스의 뛰어난 입법가인 솔로몬[7]

[7] Solon(기원전 638?~558?), 고대 그리스의 정치가 · 입법가로, 그리스의 칠 현인의 한 사람

의 방문을 받았다. 그들은 절친한 사이였다.

저녁에 두 사람이 마주 앉아 이야기를 나누던 중, 솔로몬이 물었다. "자네는 이제 남자가 원할 수 있는 거의 모든 것을 가졌네. 부와 권세, 건강과 안락, 명성과 존경, 지식과 지혜 등을 말일세. 그렇지만 아내가 없네. 여보게 친구, 결혼하지 않은 이유를 말해 주겠나?"

"꽤 어려운 질문이군." 탈레스가 대답했다. "시간이 너무 늦었으니, 내일 아침에 얘기해 주는 것이 더 좋겠네."

그래서 주인과 손님은 잠자리에 들었다. 다음 날 아침, 그들은 아침 식탁에 마주 앉았다. 그들이 포도를 먹으려고 할 무렵, 한 사람이 숨을 헐떡이며 뛰어 들어와서 솔로몬에게 편지를 전해 주었다. 솔로몬은 편지를 읽고는 슬픔에 젖어 일어섰다. 그리고 쉰 목소리로 말했다. "탈레스, 당장 집으로 가야겠네. 내 귀여운 아들이 말에서 떨어져 죽었다고 이 편지에 쓰여 있네."

그러자 탈레스가 솔로몬의 소매를 잡으며 조용히 말했다. "여보게 친구, 제발 자리에 앉아 진정하게나. 그 편지는 거짓이야. 이 모든 일은 내가 꾸민 것이네. 나는 단지 자네에게 내가 결혼하지 않는 이유를 알려주고 싶었네."

탈레스에게는 무자식 상팔자였다.

운하 건설

탈레스는 놀라운 기지를 발휘했는데, 현재는 의심스러운 점이 있지만 공학에서도 눈부신 업적으로 명성을 얻었다. 탈레스를 존경했으며 한때 그를 후원했던 크리서스 왕[8]은 할리스Halys 강을 건너 군대를 이동시켜야 하는 절박한 상황에 처했다. 배는 생각할 수도 없었고 부교도 여전히 먼 훗날의 이야

[8] Croesus, 리디아의 마지막 왕(재위 기원전 560~546)

기였으며 견고한 다리를 건설할 시간도 없었다. 이런 곤경을 해결하기 위해 크리서스는 탈레스에게 조언을 구했다. 이 현인은 재빨리 해결책을 찾아냈다. 탈레스는 운하를 만들고 이렇게 임시로 만든 물길을 따라 강물이 흐르게 하라고 일러주었다. 군대가 물이 빠진 원래의 강 바닥을 지나간 뒤에, 모든 것을 원상 복귀시켰다. 그렇게 함으로써, 크리서스가 숭배하는 강의 신의 분노도 막았다.

▣ 천문학자의 굴욕

어느 날 저녁, 탈레스는 별을 관찰하면서 넋을 잃고 걷다가 부주위로 개골창에 빠졌는데, 스스로 빠져 나올 수가 없었다. 결국 크게 소리쳐서 도움을 요청했고, 한 노파가 그를 개골창에서 끌어내 주었다. 노파가 무엇을 하다가 이런 곤경에 처했는지 묻자, 탈레스는 별을 관찰하고 있었다고 대답했다. 그러자 노파는 의아한 표정을 지으면서 물었다. "당신 발 밑에 있는 것도 볼 수 없으면서 어떻게 하늘에 나타나는 현상을 연구하려고 했느냐?"

▣ 일식 예측

현재로서는 매우 의심스러운 이야기가 있는데, 그것은 탈레스가 기원전 585년 5월 28일에 발생한 개기 일식 또는 부분 일식을 예측했었다는 이야기다. 한 이야기에 따르면, 메디아 왕국과 리디아 왕국은 6년째 끈질기게 지속된 전쟁에서 고착 상태에 빠져 있었다. 그러던 어느 날, 병사들은 서서히 어두워지고 있는 가운데 싸우고 있음을 깨달았다. 탈레스의 예측대로 일식이 발생한 것이었다. 해가 사라지자 공포에 질린 양쪽 병사들은 싸움을 멈추었다. 이에 따라 평화 조약이 체결됐고, 그 뒤 두 왕족 사이에 이중으로 정략 결혼을 시행함으로써 그 평화가 보장됐다.

당시 일식이 약 19년 주기로 발생한다는 사실은 잘 알려져 있었다. 그러나 일식이 일어나는 시각과 장소를 정확하게 예측하기 위해서는 수학적 정밀성이 요구되는데, 탈레스 시대에는 불가능한 과제였다. 그런 현상이 일어날 연도와 지구의 사분면 중 하나를 예측할 수만 있었더라도, 당시에는 칭찬 받을 만한 성과였을 것이다.

연방주의자

탈레스 숭배자들이 전하는 그에 관한 많은 이야기 중에는, 탈레스가 이오니아의 다섯 도시 국가 사이에 있었던 끊임없는 다툼을 간단히 해결했을 뿐만 아니라 외부 침략에 대한 무방비 상태도 손쉽게 해소했다는 이야기가 있다.

탈레스는 도시 국가들의 연방제를 제안함으로써, 상호 파괴적인 전쟁을 종식시키고 연대 안전을 도모했다고 한다.

탈레스의 답변

탈레스는 발견으로부터 무엇을 얻을 수 있는지를 질문 받고 다음과 같이 대답했다. "발견한 사실을 다른 사람에게 알려주었을 때, 그것이 자신의 발견이 아니고 나의 발견이라고 말한다면 나는 충분히 보상받았다고 생각한다."

탈레스는 좀 더 올바른 인생을 사는 방법에 대해 질문 받았을 때, 다음과 같이 충고했다. "다른 사람들로부터 비난받을 행동을 자제하는 것."

탈레스는 오랫동안 여행하면서 본 것 중에서 가장 이상했던 것이 무엇이었느냐는 질문에 '늙은 전제 군주'라고 대답했다.

피타고라스 Pythagoras

기원전 569?~475?

수학사에서 탈레스 다음으로 언급되는 사람은 피타고라스인데, 그는 최초의 순수 수학자로 불리기도 한다. 탈레스의 고향인 밀레투스와 그다지 멀지 않은 에게 해 제도의 사모스에서 태어났다. 나이가 탈레스보다 50세 가량 적고 그와 매우 가까이 살았었기 때문에 그로부터 배웠을 가능성도 있다. 탈레스의 제자인 아낙시만드로스❶로부터 배웠다는 말도 있다.

피타고라스는 탈레스처럼 이집트를 한 번 방문했으며, 그 뒤 좀 더 광범위한 여행에 돌입해서 인도까지 여행했던 것으로 보인다. 2년 동안 여행한 뒤 고향으로 되돌아갔을 때, 사모스가 폴리크라테스❷의 폭정 하에 있고 이오니아의 많은 지역이 페르시아의 통치를 받고 있음을 발견했다. 이에 그는 이탈리아 남부에 위치한 그리스의 항구 도시 크로토나Crotona에 정착했고 그 유명한 피타고라스 학교를 창설했다. 그런데 추종자들과 함께 매우 신비스런 전설 속에 싸여 있고 그의 저술이 전혀 없기 때문에, 그에 관해 알려진 확실한 사실은 거의 없다.

❶ Anaximandros(기원전 610~546), 고대 그리스의 철학자.

❷ Polycrates(기원전 ?~522?), 고대 그리스 사모스섬의 참주

기하학의 매력

피타고라스는 학생을 확보하려고 노력하던 중 젊고 가난한 예술가를 발견하고, 그에게 기하학을 가르쳐 주겠다고 제안했다. 피타고라스는 가난한 제자의 시간을 보상하면서 수업을 좀 더 흥미롭게 진행하기 위해서, 기하학의 정리를 하나씩 배울 때마다 돈을 한 푼씩 주기로 약속했다. 그 젊은이는 이 제안을 흔쾌히 받아들였다. 왜냐하면 한 시간 동안 주의 깊게 경청해서 버는 돈이 평상시 하루 품삯보다 많을 수 있었기 때문이다. 그런데 학생은 돈이 쌓여감에 따라 부의 축적보다 기하학 자체에 대한 흥미가 더욱 더 커졌다. 사실, 기하학의 마력에 완전히 빨려 들어갔다. 그래서 스승에게 진도를 좀 더 빨리 나가달라고 간청했다. 그리고 새로운 정리를 하나씩 배울 때마다 이제는 스승에게 돈을 한 푼씩을 주겠다며 졸라댔다. 그 학생이 배울 수 있는 기하학을 모두 알게 됐을 때, 피타고라스는 자신의 돈을 모두 되돌려 받을 수 있었다.

음악 이론의 시조

피타고라스의 업적이라고 전해지는 수와 관련된 놀라운 발견은, 음악에서 음정이 간단한 수치적 비에 의존한다는 사실이다. 예를 들면, 피타고라스는 장력이 같은 두 줄에서 길이의 비가 2 : 1이면 1옥타브(8도 음정), 3 : 2이면 5도 음정, 4 : 3이면 4도 음정의 차이가 난다는 사실을 발견했다고 한다. 그리고 길이의 비가 작은 자연수로 표현될수록 더욱 조화로운 화음이 만들어진다[3]는 사실도 발견했다고 한다. 분명히 수리 물리학에 관해 기록된 최초의 사실인 이 결과 때문에 피타고라스 학파는 음계[순정률]를 과학적으로 연구

[3] 실제로, 1도, 4도, 5도, 8도 음정을 완전 어울림 음정이라고 한다.

하게 됐다고 한다. 또, 소리를 좌우하는 수(또는 비)의 힘으로부터 수가 만물을 지배한다는 발상이 떠올랐다는 말도 있다.

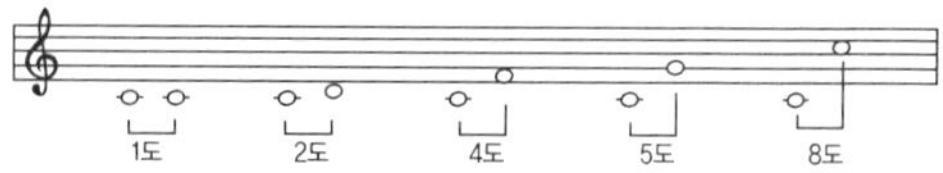

음정

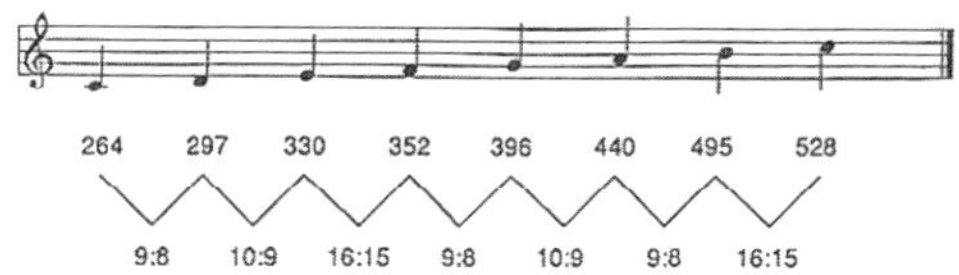

피타고라스의 순정률 (숫자는 진동수를 나타냄)

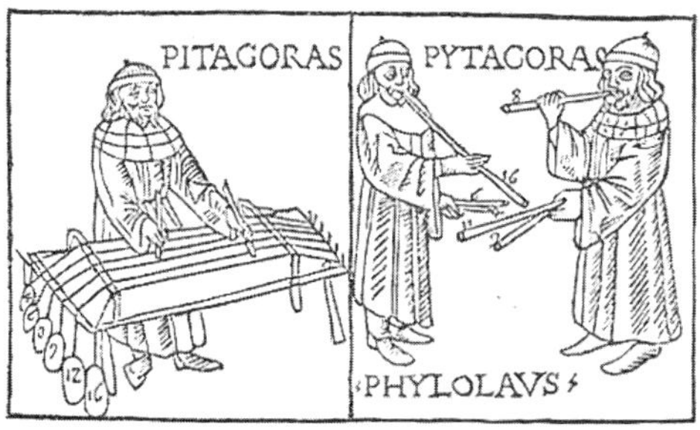

피타고라스가 이런 사실을 특이한 방법으로 발견했다는 이야기가 여러 세대에 걸쳐 되풀이되면서 전해지고 있다. 어느 날 대장간을 지나던 피타고라스는 네 명의 노예가 불에 새빨갛게 단 쇠붙이를 망치로 연속적으로 때리는 소리에 사로잡혔다. 하나를 제외한 나머지 망치들이 내는 음은 서로 조화를 이루었다. 피타고라스는 조사를 통해 네 음의 높이는 망치의 서로 다른 무게 때문에 차이가 난다는 사실을 발견했다. 그는 망치를 잠시 동안 빌려달라고 대장장이에게 부탁했다. 집으로 망치들을 가지고 가서 무게를 잰 다음에, 그것들을 길이와 두께가 똑같은 네 개의 줄에 따로 따로 매달았다. 줄을 잡아 퉁길 때 나오는 음이 망치로 새빨갛게 단 쇠를 때릴 때 나오는 음에 해당한다는 사실을 확인했다. 그는 조화롭지 않은 음을 내는 망치에 진흙을 발라서 나머지 세 개의 망치와 조화를 이루게 했다.

그런데 자주 인용되는 이 이야기에는 결정적인 오류가 있다. 즉, 모루를 때릴 때 나는 망치의 음은 망치의 무게와 무관하다는 것이다. 대장간에서 단

몇 분만이라도 관찰했다면, 이런 전설을 후세에게 전한 사람은 이 이야기가 물리적으로 어처구니없는 거짓임을 확인할 수 있었을 것이다.

철학자

피타고라스는 '철학자'를 자신이 세운 학교의 교육 이념으로 삼았다고 한다. 어느 해 고대 올림픽을 관전하고 있을 때, 프리우스의 왕자 레온이 피타고라스에게 물었다. "당신은 스스로 어떤 사람이라고 생각합니까?" 피타고라스는 다음과 같이 주장했다. "나는 상인이 아니라, 철학자입니다." '철학자'가 어떤 사람이냐는 질문에 그는 다음과 같이 대답했다.

> 우리의 인생은 올림픽 경기와 비교할 수 있습니다. 왜냐하면 경기장에서 어떤 사람은 영광을 찾거나 화관을 얻으려고 애쓰며, 어떤 사람은 상품을 팔아서 이익을 추구합니다. 또 다른 사람은 이런 목적이 아니라, 즉 칭찬을 받거나 이익을 추구하러 경기장에 가는 것이 아니라, 단지 운동 경기를 즐기며 시대에 뒤떨어지지 않도록 노력합니다.
>
> 우리 인간은 천상의 집을 떠나서 이 세계에 들어오는데, 이곳에서 많은 사람은 명예를 위해 땀을 흘리고 대부분의 사람은 이익을 추구하지만, 소수의 사람은 욕심과 허영심을 버리고 자연 자체를 연구합니다. 이런 마지막 부류의 사람을 저는 철학자라고 부릅니다.

피타고라스 가라사대

피타고라스는 제자, 즉 형제들에게 다음과 같이 가르쳤다. (인간의 영혼이 동물에게도 윤회되기 때문에) 동물 가죽 옷을 입지 못하게 금지했으며, (겸손을 가르치기 위해) 아랫길이 있으면 윗길로 걷지 못하게 했고, (불꽃은 진리의 상징이기 때문에) 모닥불을 쇠꼬챙이로 쑤시지 못하게 했다. 이유는 알 수 없지만, 피타고라스는 쿼트quart 측정기 위에 앉지 못하게 했고, 흰 수탉을 만지지 못하게 했으며, 콩을 먹지 못하게 했다. 언제나 오른쪽 신발을 먼저 신고, 경계선을 넘을 때는 절대로 뒤돌아보지 않으며, 식탁에 떨어진 음식은 절대로 집지 못하게 했다. 또, 형제들에게 독신 생활을 권유했다.

친구는 또 다른 나

피타고라스는 친구 사이의 신의를 특히 강조했다. 친구란 무엇인가? 라는 질문에 '또 다른 나' 라고 대답했다. 이와 관련해서 '우애수(amicable number, 친화수)'의 개념이 전개됐다. 220의 진약수[4]는 1, 2, 4, 5, 10, 11, 20, 22, 44, 55, 110인데, 이것들의 합은 284이다. 또, 284의 진약수는 1, 2, 4, 71, 142인데, 이것들의 합은 220이다. 두 수 220과 284 각각은 다른 것을 생성한다. 분명히 이것보다 더 두터운 우정의 상징은 없을 것이다.

위대하고 신성한 스승

헤라클레이토스[5]는 피타고라스가 사모스 섬의 석공 므네사르쿠스Mnesarchus의 아들이라고 말했다. 그리고 피타고라스의 어머니Pythais는 페니키아 태생이었으며 그의 여행에 동행한 적이 있었다는 분명하지 않은 이야기가 있다. 그러나 피타고라스의 제자들은 스승이 신성한 가문 출신이며 그의 아버지는 다름 아닌 아폴로 신이라고 믿었다. 피타고라스가 멀리 떨어진 여러 장소에서 동시에 출현한 적이 있었다는 말이 있다. 어떤 강을 건너려고 할 때, 강이 큰 소리로 "어서 오시오. 피타고라스." 라며 맞이했다는 말도 있다.

신성한 가문 출신이라는 또 다른 증거로, 피타고라스의 넓적다리는 금으

❹ 자연수 N의 진약수는 N 자신을 제외한 N의 모든 자연수 약수이다.
❺ Heraclitus(기원전 540?~470?), 고대 그리스의 염세 철학자

로 되어 있었다는 이야기가 있다. 이런 괴상한 전설이 매우 집요하게 지속됐기 때문에, 이것이 실제로는 신체적인 질병을 허풍쟁이들이 왜곡한 것이 아닌지, 만약 그렇다면 그 질병은 무엇이었는지에 대한 의문이 제기됐다.

피타고라스 학파의 사람들은 그 집단의 창시자를 대단히 공경했다. 그래서 모든 발견을 스승 피타고라스의 업적으로 돌렸으며, 어떠한 발견도 구성원 개인의 영광으로 간주하는 것을 무례하게 생각했다. 심지어 정12면체를 발견했다고 주장한 그 학파의 히파소스Hippasus를 징벌해서 난파선에 띄워 바다에 익사시켰다고 한다.

스승과 제자의 결혼

많은 스승이 젊고 아름다운 제자와 결혼했다. 아마도 피타고라스는 이와 같이 결혼한 최초의 스승일 것이다. 전하는 이야기에 따르면, 피타고라스가 총애하는 제자 중에는 그의 후원자 밀로Milo의 젊고 아름다운 딸 테아노Theano가 있었다. 테아노는 스승에 대한 희망 없는 연정에 빠졌지만, 피타고라스는 연구에 깊이 빠져서 아무것도 눈치채지 못했다. 그래서 어느 날 테아노가 어떤 사람에 대한 짝사랑으로 상사병에 걸려 죽을 지경이 됐다고 피타고라스에게 알려주었을 때, 그는 대단히 놀랐다. 스승의 집요한 물음에, 테아노는 결국 자신이 사랑하고 있는 사람이 바로 피타고라스라고 실토했다. 피타고라스는 제자의 생명을 구하기 위해서 자신의 가르침과 금욕주의를 파기하고 테아노와 결혼했다.

피타고라스의 종말

시간이 지남에 따라 크로토나에서 피타고라스 학파의 영향력과 귀족적인 경향이 매우 커졌기 때문에, 남부 이탈리아의 민주 세력은 그 학교의 건물을 부수고 그 집단을 해체시켜 버렸다. 실론Cylon이라는 귀족의 공격을 받았다는 말도 있다.

피타고라스는 메타폰탐Metapontum으로 피신했는데, 그곳에서 75세와 80세 사이에 죽었거나 살해당했다. 어떤 이야기에 따르면, 피타고라스는 추종자들로부터 격리되어 콩 농장으로 강제 추방됐고, 그 곳에서 신성한 콩을 짓밟을 가능성을 피하기 위해 죽음을 택했다고 한다.

피타고라스의 정리

"직각 삼각형에서 직각을 낀 두 변의 길이의 제곱의 합은 빗변의 길이의 제곱과 같다."라는 '피타고라스의 정리'는 초등 기하학에서 가장 매력적이고 가장 유명하며 가장 쓸모 있는 정리의 하나다. 수학의 모든 분야에서 피타고라스의 정리보다 더 많은 증명이 발견된 정리는 없다. 루미스E.S. Loomis는 책《피타고라스의 정리》제2판에서 이 유명한 정리에 대한 무려 370가지의 증명을 수집해서 분류했다. 여기에서는 피타고라스 자신과 미국 제20대 대통령이었던 가필드의 증명만을 알아보겠다. (유클리드, 바스카라, 레오나르도 다 빈치의 또 다른 증명과 파포스에 의한 피타고라스의 정리의 확장은 해당하는 수학자와 함께 소개하겠다.)

▣ 피타고라스의 증명

직각 삼각형에 관한 피타고라스의 정리는 피타고라스의 독자적인 발견이라고 믿고 있으며, 그의 이름을 붙여 부르고 있다. 그런데 이 정리는 그보다 1000년 이상 이전인 함무라비 시대의 바빌로니아 사람들도 알고 있었고, 고대 인도와 중국의 문헌에서도 또한 나타난다. 그러나 이 정리에 대한 최초의 일반적인 증명은 피타고라스의 발견으로 간주한다.

피타고라스가 제시했을 것으로 추측되는 증명이 여러 가지 있는데, 아래 그림에 제시된 분할에 의한 증명이 가장 그럴 듯한 것으로 일반적으로 받아들이고 있다. a, b, c를 차례로 주어진 직각 삼각형의 직각을 낀 두 밑변과 빗변의 길이라 하고, 한 변의 길이가 $a+b$인 두 개의 정사각형을 생각하자. 첫째 정사각형을 여섯 개의 조각으로 분할하는데, 두 개는 두 밑변에 각각 대응하는 정사각형이고 네 개는 주어진 직각 삼각형과 합동인 삼각형이다. 둘째 정사각형을 다섯 개의 조각으로 분할하는데, 하나는 빗변에 대응하는 정사각형이고 나머지 네 개는 주어진 삼각형과 합동이다. 같은 것에서 같은 것을 뺌으로써, 빗변에 대응하는 정사각형의 넓이가 두 밑변에 해당하는 정사각형의 넓이의 합과 같게 된다.

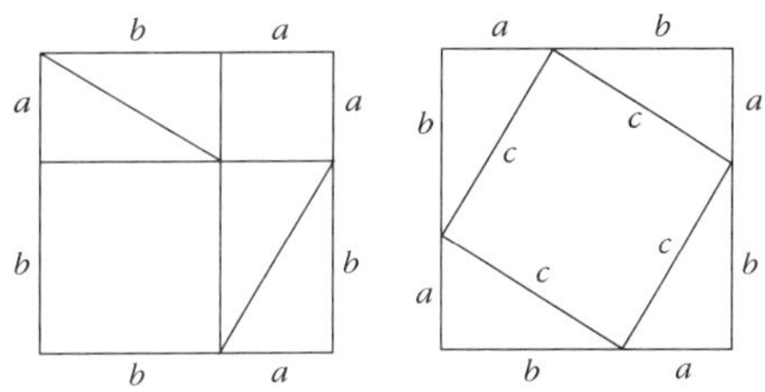

둘째 분할에서 가운데 조각이 변의 길이가 c인 정사각형이라는 사실을 증명하기 위해서는, 직각 삼각형의 세 내각의 합이 180°라는 사실을 이용해야 한다. 그런데 그리스 주석자 프로클로스[6]는 일반적인 삼각형에 대한 이 사실의 발견도 피타고라스 학파의 업적으로 돌리고 있다. 이 정리의 증명은 평행선의 성질에 관한 지식을 필요로 하기 때문에, 고대 피타고라스 학파는

❻ Proclus(411~485), 그리스 신플라톤학파의 철학자.

그 정리의 발전에도 공헌한 것으로 추측된다.

미국 대통령의 증명

미국 대통령 중에는 수학과 미약한 관계를 유지한 사람이 몇 명 있었다. 워싱턴❼은 유명한 측량가였고, 제퍼슨❽은 미국에서 고등 수학 교육을 장려하려고 열심히 노력했으며, 링컨❾은 유클리드의 《원론》을 공부함으로써 논리를 배웠다는 이야기가 있다.

제20대 대통령 가필드❿는 매우 독창적이었는데, 학창 시절 초등 수학에 대단한 흥미를 느꼈고 상당한 재능을 보였다. 그가 독창적으로 피타고라스의 정리에 대한 매우 멋진 증명을 발견한 것은 대통령이 되기 5년 전 하원의원이었던 1876년이었다. 다른 상원의원들과 수학에 대해 토론하던 중 그 증명이 떠올랐는데, 뒤에 이를 《뉴잉글랜드 교육 잡지New England Journal of Education》에 게재했다. 그 증명은 사다리꼴의 넓이에 대한 공식을 배운 즉시 제시할 수 있으며, 아래 그림에 나타낸 대로 사다리꼴의 넓이를 계산하는 두 가지 방법에 의존한다. 먼저, 사다리꼴에서 평행인 두 변의 길이의 합의 반과 평행인 변 사이의 수직 거리를 곱하는 사다리꼴의 넓이 공식을 적용해서 넓이를 구하고, 다음에 사다리꼴을 세 개의 직각 삼각형으로 분할해서 직각 삼각형들의 넓이의 합을 구한다. 사다리꼴의

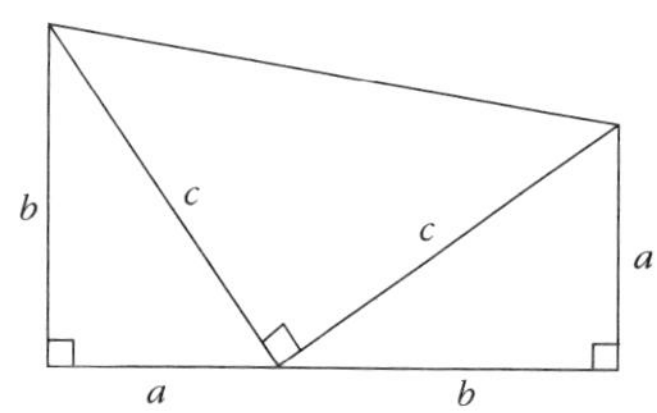

❼ George Washinton(1732~1799), 미국의 초대 대통령(재위 1789~97)

❽ Thomas Jefferson(1743~1826), 미국의 정치가 · 외교관 · 건축가 · 저술가로 제3대 대통령(재위 1801~09)을 지냈으며, 독립선언문을 기초했다.

❾ Abraham Lincoln(1809~1865), 미국 제16대 대통령(재위 1861~65)

❿ James Abram Garfield(1831~1881), 미국 제20대 대통령(재위 1881)

넓이를 구하기 위해서, 위에서 얻은 두 식을 같게 하고 정리하면 다음과 같다.

$$\frac{(a+b)(a+b)}{2} = 2\frac{ab}{2} + \frac{c^2}{2},\ a^2+2ab+b^2=2ab+c^2,\ a^2+b^2=c^2$$

직각을 낀 두 변의 길이가 a와 b이고 빗변의 길이가 c인 임의의 직각 삼각형에 대해서 그림과 같은 사다리꼴이 존재하므로, 피타고라스의 정리가 증명된다.

回 황소 100마리의 제물

피타고라스는 직각 삼각형에 대한 그 유명한 정리의 발견을 축하하기 위해서 100마리의 황소를 신들에게 제물로 바쳤다는 이야기가 있다. 이 이야기에 대해 도지슨[11]은 1895년에 출판된 책 《새로운 평행선 이론A New Theory of Parallels》에서 다음과 같이 말했다.

> 기하학적 진리의 명확성과 매력은 30년이 지나도 아니 30세기가 지나도 변하지 않는다. "직각 삼각형에서 직각을 낀 두 변의 제곱의 합은 빗변의 제곱과 같다."는 정리는 피타고라스가 발견했을 때와 마찬가지로 지금도 눈이 부시도록 아름답다. 그런데 피타고라스는 이 정리의 증명을 축하하기 위해 100마리의 황소를 제물로 바쳤는데, 나로서는 이렇게 과학에 경의를 표하는 방법이 너무 과장되고 주제넘어 보인다. 타락한 요즈음에도, 학술적으로 훌륭한 발견을 기념하기 위해서는 놀기 좋아하는 친구 한두 명을 초대해서 비프스테이크와 한 병의 포도주로 축하하는 장면을 상상할 수 있을 것이다. 그런데 100마리의 황소라니! 이렇게 많은 쇠고기를 공급하는 데 대단히 큰 어려움이 있었을 것이다.

[11] Charles Lutwidge Dodgson(1832~1898), 유명한 동화 《이상한 나라의 앨리스》와 《거울 나라의 앨리스》의 저자로 필명 루이스 캐럴(Lewis Carroll)로 더 잘 알려져 있다

독일의 방언 중에는 바보 또는 돌대가리를 '황소ox, Ochs' 라고 부른다. 그런데 피타고라스는 그의 유명한 정리를 발견하고는 황소 100마리를 제물로 바쳤다. 그 뒤 모든 '황소' (즉, 돌대가리)는 새로운 사실이 발견될 때마다 무서움에 떨고 있다.

우주 통신

우주 탐험과 외계 생명체의 존재에 대한 증대되는 관심과 함께, 지구 표면에 어떤 거대한 구조물을 만들어서 외부 세계의 관찰자로 하여금 지구에 지적인 생명체가 존재한다는 사실을 보여주자는 제안이 종종 있었다. 가장 인기 있는 구조물은 사하라 사막이나 러시아의 스텝 또는 다른 방대한 지역에 피타고라스의 정리를 예시하는 거대한 도형일 것이다. 모든 지적인 생명체는 유클리드 기하학에서 이 뛰어난 피타고라스의 정리와 친숙해 있을 것이다. 그래서 고려되고 있는 목적을 위해서 이보다 더 좋은 시각적인 장치를 생각하기는 어려울 것이다.

피타고라스 학파

피타고라스가 창설한 학교는 철학, 수학, 자연 과학 등을 연구하는 기관만이 아니라, 신비로운 의식과 엄격한 계율을 가진 종교 단체와 같은 결사로 발전했다. 피타고라스의 추종자 중에서도 측근 그룹mathematikoi은 엄격한 규율에 따라 함께 생활하면서 채식을 했다. 그 학파에 가입할 때는 모든 재산을 헌납해야 하는데, 탈퇴할 때는 헌납한 재산의 두 배를 받아 나갔다고 한다. 그 학파의 외부 그룹akousmatics은 자신의 집에 살면서 낮에 등교했는데, 사유

재산을 가질 수 있으며 반드시 채식할 필요는 없었다. 피타고라스가 죽은 뒤에도, 그 후계자들은 그리스 각지에서 그 학파의 명맥을 오랫동안 유지했다. 피타고라스와 그의 형제(추종자)들에 관한 이야기가 많이 전해지고 있다.

피타고라스 학파의 표어와 교육 과정

피타고라스 학파가 지식을 이익이 아니라 그 자체를 위해 추구한 태도는 다음과 같은 그들의 표어로 예증된다.

> 도형과 함께 앞으로 나아가자.
>
> 도형에서 금화를 바라지 말자.

피타고라스 학파는 매일 밤마다 스스로 세 가지 질문을 했다고 한다. 나는 무엇에 실패를 했는가? 나는 어떤 좋은 일을 했는가? 내가 해야하는 일 중에서 끝내지 못한 것은 무엇인가?

피타고라스 학파는 네 과목을 배웠는데, 그것은 기하학, 산술, 천문학, 음악이었다. 각 과목은 모두 수학의 한 분야로 간주됐다.

앞에서 언급한 대로, 피타고라스는 음악의 수학적 이론에 크게 공헌했다. 그는 훌륭한 음악가로 리라[12]를 연주했으며, 병든 사람을 돕는 방편으로 음악을 이용했다고 한다. 게다가, 각 천체에는 고유한 소리가 있

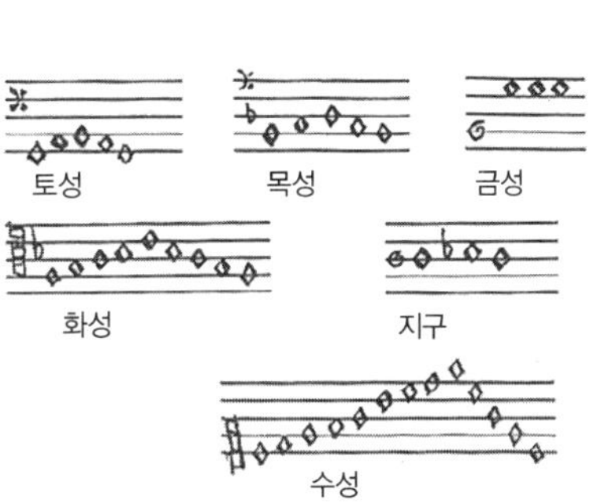

[12] lyre, 수금(竪琴), 고대 그리스의 현악기

다고 믿기도 했다.

피타고라스 학파에서 가르친 네 과목은 그 뒤 유럽에서 중세 대학의 7개 교양 과목 중에서 상위의 사학quadrivium을 형성했다. 하위의 삼학trivium은 문법, 논리학, 수사학이다.

피타고라스 학파의 성실성

피타고라스 학파의 한 젊은이가 돈 한 푼 없이 낯선 곳을 여행하다가 절망적인 병에 걸려 쓰러졌는데, 가까운 여관으로 옮겨졌다. 그 젊은이가 여관 주인에게 보답할 돈도 없고 물건도 없다고 분명히 말했음에도 자비로운 여관 주인은 그를 극진히 간호해 주었다.

그 젊은이는 자신의 죽음이 확실해지자 여관 주인에게 그림을 그릴 수 있는 판자 하나를 부탁했다. 그는 애써서 피타고라스 학파의 신비로운 상징인 성형 오각형을 흘려 그렸다(오른쪽 그림). 이것을 여관 주인에게 돌려주며 말했다. "고마운 주인 어른, 이 판자를 여관 문 밖에 걸어 두십시오. 언젠가는 내가 그린 그림의 뜻을 이해하는 사람이 이곳을 지나가다가 당신에게 이 그림에 관해 물어 볼 것입니다. 그 사람에게 모든 사실을 말해 주십시오. 그러면 당신은 보답을 받을 것입니다." 그 뒤, 실제로 그와 같은 일이 일어났다.

다몬과 핀티아스

기원전 4세기 시라쿠사에는 우정에 관한 피타고라스 학파의 가르침을 따르는 두 젊은이가 있었다. (종종 피티아스Pythias라고 잘못 불리는) 핀티아스Phintias는 반역죄로 시라쿠사의 폭군 디오니시우스[13]로부터 사형 선고를 받았다. 이에 핀티아스는 먼저 근처에 있던 자신의 집에 돌아가서 자신의 주변을 정리할 수 있도록 사형 집행을 연기해달라고 간청했다. 그가 되돌아온다는 약속으로 그 대신에 감옥에 갇혀 있을 사람을 구한다는 조건으로 그의 청원이 받아들여졌다. 친구인 다몬Damon은 이 부탁을 흔쾌히 받아들였고, 연기된 처형 날짜까지 핀티아스가 나타나지 않으면 기꺼이 대신 죽겠다고 말했다. 핀티아스는 예상하지 못한 곤경으로 늦게 됐고, 예정된 날이 닥쳤다. 그렇지만 다몬은 여전히 친구의 신의를 굳게 믿으면서 처형장으로 끌려나갔다. 처형장에 모인 사람들이 너무 쉽게 속은 다몬에게 동정을 보내고 있을 때, 핀티아스가 군중 사이를 뚫고 숨을 헐떡이며 뛰어 나왔고 다몬을 부둥켜안았다. 두 젊은이는 친구를 위해 서로 죽겠다고 요구했다. 고매한 우정에 감동을 받은 디오니시우스는 두 젊은이를 풀어 주었고, 그들의 우정을 본받으라고 말했다.

영혼의 윤회

피타고라스는 인간의 영혼이 이 사람으로부터 저 사람으로 윤회할 뿐만 아니라, 다른 종류의 동물에게도 윤회된다고 가르쳤다. 비록 육체가 영혼을 속박하는 무덤이나 감옥의 역할을 하지만, 매우 순수한 삶을 영위한 사람의 영혼은 육체로부터 해방될 수 있다고 역설했다.

다음과 같은 피타고라스 학파의 이야기가 있다. 어떤 형제(어쩌면 피타고라스 자신)가 크로토나의 한 시민이 개를 때리고 있는 장면을 목격했다. 그는 그 사람의 행동을 제지하고는, 아픔에 울부짖는 개의 울음소리에서 이미 죽은 친구의 자비를 비는 외침을 들었다고 단언했다. 그 시민에게 말했다. "당

⑬ Dionysius(기원전 431?~367), 그리스의 군인으로 시라쿠사의 참주(재위 기원전 405~367)

신은 지금 죄를 짓고 있습니다. 현재 당신이 무자비하게 때리고 있는 이 개는 바로 죽은 내 친구입니다. 다음에 환생할 때 그가 당신의 주인이 되고 당신이 개가 될 수도 있습니다. 당신이 그에게 대하는 것보다 그가 당신에게 더 많은 자비를 베풀 수 있도록 기도하십시오. 이것이 바로 윤회로부터 해방될 수 있는 유일한 길입니다." 그 시민은 즉시 개를 때리지 않았고 개에게 용서를 빌었다고 한다. 이 이야기로부터 피타고라스 학파가 시민들로부터 매우 존경받았었다는 사실을 확인할 수 있다.

수 신비주의

피타고라스 학파는 (자연)수가 만물을 구성하는 원소라고 믿었다. 이성, 정의, 사람, 건강, 결혼 등과 같은 개념마저도 서로 다른 자연수와 동일시했다. 그래서 "수는 만물을 지배한다." 이에 따라 수 사이의 관계를 터득한 사람은 만물의 현상을 이해하고 지도할 수 있다고 믿었다.

자연수 사이의 관계를 조사하는 데 많은 노력을 기울인 피타고라스 학파는 수론의 발전을 위한 기초를 다졌으며, 이와 동시에 미래의 수 신비주의를 위한 씨앗을 뿌렸다.

▣ 수의 의미

작은 자연수들은 다음과 같이 특별한 의미를 가졌다. 모든 수의 생성원으로서 1은 가장 존경받는 수이며 이성의 수였다. 최초의 짝수 또는 여성의 수인 2는 의견의 다양성을 나타냈다. 최초의 진정한 남성의 수인 3은 단일성을 나타내는 1과 다양성을 나타내는 2의 합성으로서 조화를 나타냈다. 4는 정의 또는 공정한 거래를 의미했는데, 원한의 해소를 권고했다. 최초의 진정한 남성의 수와 여성의 수의 결합인 5는 결혼을 의미했다. 6은 창조의 수였다.

신비로운 우애수

피타고라스의 '친구는 또 다른 나' 에서 이미 알아봤듯이, 두 수의 진약수들의 합이 각각 다른 수와 같을 때 그 두 수를 '우애수' 의 쌍이라고 한다. 예를 들면, 284와 220은 우애수의 쌍인데, 이 쌍은 피타고라스가 발견했다고 전해진다. 이런 특별한 수의 쌍은 신비로운 분위기를 풍기는데, 이런 수들이 적힌 부적을 나누어 가진 사람 사이에는 완전한 우정이 보장된다는 미신이 지속됐다. 그런 부적을 가진 사람 중에서 한 사람이 지구의 반대편에 가 있더라도 그리고 바늘에 찔리는 정도의 가벼운 상처를 입더라도 다른 사람은 그 사실을 알게 된다고 한다. 이런 수들은 마술, 마법, 점성술, 별점 등에서 중요한 역할을 했다.

우애수의 쌍과 관련된 또 다른 신비로운 이야기들이 있다. 예를 들면, 성경(창세기 32:14)에는 야곱이 그의 형 에사우에게 200마리의 암염소와 20마리의 숫염소를 선물했다고 적혀있다. 여기에 관련된 염소의 전체 마리수 220이 앞에서 언급한 우애수의 쌍 중 하나라는 사실은 한 성경 주석자로 하여금 에사우와의 우애를 지키려는 야곱의 노력에서 이 수의 중요성을 언급하게 만들었다. 그리고 11세기의 아랍 사람 엘 마드쉬리티El Madschriti는 사랑을 간절히 바라는 남성은 (이를테면 장식된 케이크의 형태로) 수 284를 먹고 자신의 원하는 여성에게 수 220을 선물하면 사랑의 힘이 생긴다고 주장했었다.

우애수에 대한 연구

매우 신기하게도, 1636년에 페르마[14]가 17296과 18416이 우애수의 쌍이라는 사실을 발표할 때까지 새로운 우애수의 쌍은 발견되지 않았었다. 2년 뒤 데카르트[15]는 셋째 쌍을 찾아냈다. 18세기에 오일러는 우애수에 대한 체계적인 연구를 통해 1747년 서른 쌍의 목록을 제시했으며, 그 뒤 예순 쌍 이상으로 확장했다.[16] 이런 수의 역사에서 더욱 신기로운 사실은, 1866년 이탈리아의 16세 소년 파가니니Nicolo Paganini가 그 동안 간과됐던 비교적 작은 우애수의 쌍 1184와 1210을 발견했다는 것이다.

이렇게 수세기에 걸쳐 많은 수학자가 새로운 우애수의 쌍을 찾아내려고 시도했고, 우애수의 쌍을 체계적으로 찾아내는 다양한 방법을 고안했다. 암스테르담에 살고 있는 수학자 릴레Herman J.J. te Riele는 최근 임의로 정한 한계까지의 모든 우애수의 쌍을 계산할 수 있는 방법을 발견했다고 공표했고, 100억보다 작은 우애수 1427쌍에 대한 완전한 목록을 작성했다.[17] 이 목록을 계산하는 데 Cyber 750 컴퓨터를 1000시간 이상 작동했다. 목록에 실린 우애수의 쌍 중에서 800가지 이상은 새로운 방법이 발견되기 전에는 누구도 찾지 못했었다.

우애수의 쌍의 목록이 한없이 이어질지, 아니면 가장 큰 우애수의 쌍이 존재할지는 아직도 밝혀지지 않고 있다. 그렇지만 대부분의 전문가는 무수히 많은 우애수의 쌍이 존재한다고 추측하고 있다.

⑭ Pierre de Fermat(1601?~1665), 프랑스의 법학자이자 위대한 수학자

⑮ René Descartes(1596~1650), 프랑스의 수학자 · 철학자

⑯ 아라비아 수학자 코라(Tâbit ibn Qorra, 826~901)는 우애수를 찾는 다음 규칙을 발견했다. "$p=3 \cdot 2^{n}-1$, $q=3 \cdot 2^{n-1}-1$, $r=9 \cdot 2^{2n-1}-1$이 모두 홀수인 소수이면, $2^{n}pq$와 $2^{n}r$은 우애수이다." 그리고 통상 오일러의 발견이라고 하는 우애수의 쌍 17296과 18416을 코라가 찾아냈다는 말도 있는데, 알파리시(al-Farisi, 1260?~1320)는 코라의 정리를 다시 증명했고, 위의 우애수의 쌍을 기록했다.

⑰ *Mathematics of Computation*, Vol. 47(1978), No. 175, pp. 361-368, pp. S9-S40.

우애수의 사슬

세 개 이상의 수의 열로서, 각 수의 진약수들의 합이 그 열의 다음 수와 같게 되는 것을 '우애수의 사슬sociable chain'(군거성수群居性數)이라고 한다. 단 두 가지 예가 알려지고 있다. 1918년 프랑스의 풀레[18]가 발견한 다섯 우애수의 사슬은 다음과 같다.

12496, 14288, 15472, 14536, 14264

14316부터 시작되는 스물 여덟 개의 우애수의 사슬이 있다. 단 세 개로 이루어지는 우애수의 사슬은 현재까지 발견되지 않았다.

결핍수, 완전수, 과잉수

본질적으로 수령술[19]적인 가설과 신비로운 관계를 맺고 있는 또 다른 수로 '완전수' '결핍수' '과잉수'가 있다. 이것들도 종종 피타고라스 학파의 업적으로 돌린다. 어떤 수의 모든 진약수의 합이 원래의 수와 같을 때 그 수를 완전수라 하고, 원래의 수보다 작을 때를 결핍수라 하며, 원래의 수보다 클 때 과잉수라고 한다. 예를 들면 6=1+2+3이므로 6은 완전수고,[20] 8은 1+2+4보다 크므로 결핍수다. 신은 세상을 6일만에 창조했는데, 이에 따라 세상은 처음에 완전했다고 한다. 한편, 앨퀸[21]이 관찰한 대로, 인류 전체는 노아의 방

⑱ Paul Poulet(?~1946)

⑲ 태어난 해의 수 따위가 사람의 운명에 미친다고 여겨지는 신비로운 영향을 연구하는 것.

⑳ 피타고라스 학파는 10도 '완전수'라고 불렀다. 10이 완전수가 되는 이유는 6이 완전수가 되는 것과 다르지만, 10은 그들에게 모든 기하학적 형태를 포함하는 특별한 매력을 주었다. 10은 1(점), 2(선), 3(평면), 4(공간)의 합이다. 또, 4도, 5도, 8도 음정을 내는 현의 길이의 비에도 1, 2, 3, 4가 등장한다.

㉑ Alcuin(735~804), 영국의 신학자 · 교육가, 샤를마뉴 대제의 교사 · 고문으로서 프랑크 왕국의 교육 · 종교 행정 정비.

주에 타고 있던 결핍수인 여덟(8) 사람으로부터 유래됐는데, 이 두 번째 창조물은 불완전하다. 그래서 현재 이 세상의 많은 재난과 악의 원인이 됐다.

10과 100 사이에는 단지 21개의 과잉수가 있는데, 이것들은 모두 짝수다. 모든 과잉수가 짝수만은 아니라는 사실은 $945=3^3 \cdot 5 \cdot 7$이 과잉수라는 사실로부터 쉽게 알 수 있다. 이 수는 최초의 홀수인 과잉수고, 1000보다 작은 유일한 홀수인 과잉수다.

완전수에 대한 연구

처음 세 개의 완전수는 6, 28, 496이다. 신비로운 완전수에 대한 고찰은 진지한 수학 연구를 유도했다. 유클리드의 《원론》 제IX권의 마지막 정리는 다음 명제를 증명하고 있다. "2^n-1이 소수이면, $2^{n-1}(2^n-1)$은 완전수다." 유클리드의 공식으로 얻는 완전수는 모두 짝수인데, 오일러는 짝수인 모든 완전수가 반드시 이런 꼴이라는 사실을 밝혔다. 그래서 짝수인 완전수에 대한 연구는 2^n-1 꼴의 소수에 대한 연구로 귀결됐다. 이런 소수를 '메르센 소수'라고 부르며, 2007년 12월까지 44개의 메르센 소수가 발견됐다.[22] 따라서 44개의 짝수인 완전수가 발견됐다.

더욱 거대한 완전수에 대한 연구는 발로우[23]가 얼마나 잘못된 판단을 내렸는지를 보여준다. 그는 1811년에 출판된 책 《수론Theory of Numbers》에서 $n=61$에 대응하는 아홉째 완전수에 대해 다음과 같이 썼다. "이 수는 앞으로 발견될 완전수 중에서 가장 큰 수가 될 것이다. 왜냐하면 완전수는 쓸모 없고

[22] 메르센 소수에 관한 역사적 내용은 17세기 수학자 메르센(Marin Mersenne, 1588~1648)을 참조하고, 메르센 소수에 관한 최신 정보는 다음 인터넷 사이트를 보라.
"GIMPS Home Page" < http://www.mersenne.org/prime.htm >

[23] Peter Barlow(1776~1862), 영국의 수학자로 1부터 10000까지의 모든 수에 대한 약수, 제곱, 세제곱, 제곱근, 역수를 계산한 수표 작성.

단지 호기심의 대상이므로 누구도 이것보다 더 큰 수를 찾아내려고 시도하지 않을 것이기 때문이다."

현재까지 발견된 모든 완전수는 (처음 두 개의 완전수인) 6 또는 28로 끝이 나고, 앞으로 발견될 완전수도 6 또는 28로 끝날 것이라는 사실이 알려지고 있다. 사실, 짝수인 완전수에 관해 꽤 많은 사실이 밝혀졌다. 예를 들면, 짝수인 모든 완전수는 적당한 수 n에 대해 $1+2+3+4+\cdots+n$ 꼴의 합과 같은 삼각수다. 예를 들면, $6=1+2+3$이고 $28=1+2+3+4+5+6+7$이다. 또, 6보다 큰 짝수인 모든 완전수는 연속된 홀수 세제곱수의 합과 같다. 즉, 적당한 홀수 n에 대해 $1^3+3^3+5^3+\cdots+n^3$ 꼴의 합이다. 예를 들면, $28=1^3+3^3$이고 $496=1^3+3^3+5^3+7^3$이다.

또 다른 사실로, 6보다 큰 짝수인 모든 완전수 n에 대해 n의 모든 자리의 수를 더하고 이렇게 얻은 수의 모든 자리의 수를 더하며 이와 같이 계속 진행하면, 결국 수 1에 도달한다.

▣ 홀수인 완전수

홀수인 완전수가 존재할까? 이 질문은 쉽게 제기할 수 있고 호기심을 자극하며 오랜 역사를 갖고 있지만, 여전히 미해결 상태로 남아 있다. 어느 누구도, 유클리드도 오일러도 그 이후의 어느 누구도 완전수는 반드시 짝수가 되어야만 한다고 증명할 수 없었다. 그래서 홀수인 완전수가 존재할 가능성은 남아 있다. 그러나 이런 문제에 대한 최근의 계산 결과는 홀수인 완전수가 존재할지라도 그것을 결코 계산할 수 없다는 점을 암시하고 있다.

최근에 브렌트[24]와 코헨Graeme Cohen이 발표한 연구 결과 덕분에, 현재 알

[24] Richard Brent, 옥스퍼드 대학 교수

고 있는 사실은 홀수인 완전수는 적어도 300자리 수가 되어야 한다는 것이다. DEC VAX 미니컴퓨터에서 파스칼 프로그램으로 컴퓨터를 이용해서 얻은 3000줄짜리 증명의 결과로 브렌트와 코헨은 이 문제를 명확하게 해결했다. 300자리 미만의 홀수인 완전수는 존재하지 않는다. 그러나 300자리 이상의 홀수인 완전수가 존재할 가능성은 어느 정도일까? 아무도 알 수 없다.

▣ 피타고라스 철학의 위기

피타고라스는 만물이 자연수에 좌우된다고 설파했다. 그런데 피타고라스 학파의 한 형제가 $\sqrt{2}$ 는 유리수가 아니다, 즉 두 자연수의 비로 표현할 수 없고 따라서 자연수와 독립적으로 나타난다는 파괴적인 사실을 발견했을 때, 피타고라스·학파가 느꼈을 충격을 상상해보자.

이 발견의 기하학적 양상도 마찬가지로 엄청난 충격이었다. 왜냐하면 $\sqrt{2}$ 가 유리수가 아니라면 정사각형의 변과 대각선을 동시에 측정할 수 있는 단위가 존재할 수 없다. 즉, 변과 대각선의 길이는 어떤 단위 길이의 자연수 배가 될 수 없다. 이런 사실은 임의의 두 선분에 대해 공통 측정 단위가, 매우 작을 수 있겠지만, 반드시 존재한다는 직관적으로 분명한 믿음에 모순됐다.

그런데 비율과 닮은꼴에 대한 피타고라스의 이론 전체는 이렇게 자명해 보이는 가정에 근거해서 설정되어 있었다. 단 한 방의 타격으로, 피타고라스 학파의 기초적인 철학과 기하학에서 이룩한 업적이 도전을 받았다.

전해지는 이야기에 따르면, 이 '기하학적 추문' 이 너무 컸기 때문에 이 사실을 얼마 동안 비밀로 유지하려고 노력했으며, $\sqrt{2}$와 같은 무리수를 '표현할 수 없는 수alogos, inexpressible' 라고 불렀다. 그리고 전설에 따르면, 이 비밀을 최초로 발견하고 외부에 발설한 피타고라스 학파의 히파소스를 그 학파에서 추방했고, 비록 그가 죽었지만 그를 위한 무덤을 다시 만들었다고 한다.

바다에서 익사시켰다는 말도 있다.

공통 측정 단위에 근거한 피타고라스 학파의 불건전한 논법은 그 뒤 에우독소스의 비와 비율 이론으로 대체됐다.

정당화된 피타고라스

수학을 전공하는 모든 학생은 19세기 말에 이루어진 놀랄 만한 수학적 업적에 대해 배우는데, 그것은 자연수에 대한 공리적 전개에서 출발해서 더 이상의 가정 없이, 먼저 정수 전체의 집합을 얻고 유리수 전체의 집합을 얻은 다음에, 실수 전체의 집합을 얻는다. $\sqrt{2}$ 와 같은 무리수는 실수이므로, 적어도 실수 체계에 관한 한 '자연수는 만물을 지배한다' 는 고대 피타고라스 학파의 믿음은 오늘날 정당화됐다는 사실을 알 수 있다.

실제로 수는 만물을 지배한다

피타고라스는 수가 만물을 지배한다고 말했지만, 음계에 관한 분석을 제외하면 자신의 주장에 대한 설득력 있는 다른 예를 제시하지 않았다. 그가 이렇게 할 수 있었다고는 예상할 수 없는데, 당시의 과학은 매우 초보적인 단계에 있었기 때문이다.

자연 과학에서의 중요한 발견의 목록을 살펴보면, 수가 만물을 지배한다는 피타고라스 학파의 믿음을 입증할 만한 매우 구체적인 예들을 찾을 수 있다. 다음을 생각해 보자.

갈릴레오의 낙하 법칙, 케플러의 행성 운동의 법칙, 뉴턴의 만유 인력의 법칙, 쿨롱의 법칙, 맥스웰의 전자기파 방정식, 화학에서 프라우트의 일정 성분비의 법칙과 돌턴의 배수 비례의 법칙, 결정학에서 릴의 상수각의 법칙과 아위의 유리 지표의 법칙, 고체의 비열에 대한 뒬롱 · 프티의 법칙, 패러데이의 전기 분해 법칙, 프라운호퍼의 회절 격자로부터 얻어지는 광학 스펙트럼, 슈테판의 복사 법칙, 플랑크의 양자설, 멘델레예프의 화학 원소의 주기표, 슈뢰딩거의 파동 방정식, 기타 등등.

◎ 인간에게 명예를 돌림

벨[25]은 다음과 같이 인간에게 명예를 돌렸다. "피타고라스가 주장한 대로 '수가 만물을 지배한다' 면, 수는 단지 왕권에 대한 인간의 대표에 불과하다. 왜냐하면 우리는 수를 지배하기 때문이다."

[25] Eric Temple Bell(1883~1960), 스코틀랜드 출신의 미국 수학자.

플라톤 Platon

기원전 427~347

'서구 세계의 모든 철학자 중에서 가장 매력적이고 가장 사랑받는' 플라톤은 기원전 427년 그리스의 아테네 또는 그 근방에서 태어났다. 펠로폰네소스 전쟁(기원전 431~404)의 종반(기원전 409~404)에 참전한 뒤, 아테네에서 소크라테스[1]의 지도로 철학을 배웠다. 소크라테스가 처형된 뒤 지혜를 얻기 위해 기나긴 여행을 시작했는데, 테오도로스[2]로부터 수학을 배웠고 아르키타스[3]와 절친하게 지냈다. 기원전 387년경 아테네로 되돌아가서 유명한 학교 아카데메이아Akademeia를 세웠는데, 이 학교는 철학과 과학을 체계적으로 교육하고 연구하기 위한 기관이었다. 그는 여생을 아카데메이아의 책임자로 보냈으며, 기원전 347년 아테네에서 80세의 나이로 세상을 떠났다.

기원전 4세기의 중요한 수학적 성과 중에서 거의 대부분은 플라톤의 동료 또는 제자들이 이룬 업적인데, 이들은 아카데메이아를 고대 피타고라스 학파와 알렉산드리아 학교의 수학을 연결시켰다. 기독교도들이 529년 유스티니아누스 황제[4]로부터 아카데메이아의 문을 영원히 닫도록 만든 포고령을 얻

❶ Socrates(기원전 469?~399), 그리스의 철학자

❷ Theodorus(기원전 465~398), 피타고라스 학파의 일원이며 플라톤의 스승으로 아프리카 해안에 있는 키레네(Cyrene)에서 활동했고 무리수를 연구.

❸ Archytas(기원전 428?~350?), 피타고라스 학파의 수학자 · 정치가 · 철학자로서 정육면체의 배적 문제에 흥미를 느껴 조화 평균을 연구했음.

어낼 때까지, 이 학교는 약 900년 동안 존속했었다.

수학에 대한 믿음

플라톤이 수학에 끼친 영향은 그의 수학적 발견이라기보다는 오히려 수학 학습이 정신을 수련하는 훌륭한 장을 제공하며 이에 따라 철학자와 이상적인 상태를 유지하려는 사람의 교육에 필수적이라는 그의 강한 신념에 있었다. 이런 믿음은 아카데메이아의 정문 위에 있었던 그 유명한 구호가 대변한다.

> 기하학을 모르는 사람은 이곳에 들어오지 마라.

플라톤은 수학을 배움으로써 수학의 논리성과 순수한 마음가짐을 얻을 수 있다고 믿었기 때문에, 수학을 가장 중요하게 여겼으며 이런 이유에서 수학은 아카데메이아의 교육 과정에서 중요한 자리를 차지했다.

진실 발견법

플라톤은 《국가론》 제VII권에서 천체의 운동을 지배하는 법칙을 찾는 방법에 대해 강연했는데, 이런 법칙들을 찾기 위한 천체 관측의 필요성에 대해 의문을 제기했다. 이런 관측을 우리의 눈을 사용한 정밀한 조사 및 기하학적 도형의 측정과 비교했고, 가장 정확하게 작도한 도형을 아무리 많이 정밀하게 조사하고 측정하더라도 그 도형의 기하학적 성질을 제대로 찾아낼 수 없다고 지적했다. 그러면서 기하학적 성질은 주어진 기본적인 원리들로부터 엄밀한 추론을 통해 찾아야 한다고 주장했다.

❹ Justinian(l483~565), 비잔틴 제국 황제(527~565)

플라톤은 천문학도 이와 마찬가지 방법으로 연구해야 하며, 이에 따라 '내려다보는look down' 천문학자가 '쳐다보는look up' 천문학자보다 천체의 법칙을 발견할 가능성이 더 크다고 결론지었다.

천체의 비밀을 밝혀낸 뉴턴❺과 아인슈타인❻은 모두 쳐다보기보다는 내려다보는 천문학자였다. 아인슈타인은 다음과 같이 말했다. "이론의 진실은 우리의 눈 속이 아니라 우리의 마음 속에 있다."

回 플라톤의 공간 도형

다면체 중에서 면들이 모두 합동인 정다각형이고 다면각들이 모두 합동인 것을 '정다면체'라고 한다. 모든 차수의 정다각형이 있지만, 정다면체는 놀랍게도 정확하게 다섯 가지만 존재한다. 정다면체는 면의 개수에 따라 이름을 붙이는데, 네 개의 정삼각형 면으로 이루어진 정사면체, 여섯 개의 정사각형 면으로 이루어진 정육면체(또는 입방체), 여덟 개의 정삼각형 면으로 이루어진 정팔면체, 열두 개의 정오각형 면으로 이루어진 정십이면체, 스무 개의 정삼각형 면으로 이루어진 정이십면체가 있다.

이런 정다면체에 관한 초기의 역사는 불명확하다. 유클리드의《원론》제 XIII권에 이에 대한 수학적 취급이 처음으로 등장했다. 나중에 추가됐을 것이 거의 확실하고, 게미누스❼가 추가했을 것으로 추측되는 이 책의 최초의 각주에는 다음과 같은 지적이 있다.

> 이 책은 이른바 플라톤의 공간 도형들을 다루는데, 이 이름은 부정확하게 붙여졌다.

❺ Isaac Newton(1642~1727), 영국의 수학자 · 물리학자

❻ Albert Einstein(1879~1955), 독일 출신으로 상대성 이론을 창시한 물리학자. 1933년 미국으로 망명해서 고등 학술 연구소 수학과에서 만년을 보냈다.

❼ Geminus(기원전 130?~70?), 고대 그리스 수학자로 천문학에 관한 여러 권의 책과 수학 책《수학론》을 썼다.

왜냐하면 이들 중 세 개, 즉 정사면체와 정육면체 및 정십이면체는 피타고라스의 발견이고, 정팔면체와 정이십면체는 테아이테토스[8]의 발견이기 때문이다.

이것이 정확한 사실일 것이다. 어쨌든, 다섯 가지 모든 정다면체에 관한 설명이 플라톤의 《티마이오스Timaeus(대화편)》에 실려 있는데, 이 책에는 삼각형, 사각형, 오각형 등을 서로 붙여 면을 만들어 공간 도형의 모형을 만드는 방법이 설명되어 있다. 플라톤의 《티마이오스》는 피타고라스 학파의 일원인 로크리Locri의 티마이오스인데, 플라톤이 이탈리아를 방문했을 때 그를 만났을 것이다. 플라톤의 책에서 티마이오스는 쉽게 만들 수 있는 네 가지 공간 도형, 즉 정사면체, 정팔면체, 정이십면체, 정육면체를 엠페도클레스[9]가 말한 모든 물체의 기초적인 '원소'인 불, 공기, 물, 흙과 신비롭게 대응시키고 있다. 설명하기가 매우 어려운 다섯째 공간 도형인 정십이면체는 천체를 둘러싸고 있는 우주와 대응시키고 있다.

▣ 케플러의 설명

천문학의 대가이고 수학자이자 근세의 수 신비주의자인 케플러[10]는 플라톤의 다섯 가지 공간 도형에 대한 티마이오스의 대응을 교묘한 방법으로 설명했다. 그는 겉넓이가 같을 때 정다면체 중에서 정사면체의 부피가 가장 작고 정이십면체의 부피가 가장 크다고 직관적으로 가정했으며 다음과 같이 주장했다. 부피와 겉넓이 사이의 이런 관계는 건조함과 습함의 속성을 각각 의미하는데, 불은 네 '원소' 중에서 가장 건조하고 물은 가장 습하기 때문에 정

[8] Theaetetus(기원전 415?~369?), 테오도로스의 제자로, 비율 이론도 연구했을 것으로 추측된다.
[9] Empedocles(기원전 490?~430?), 고대 그리스의 철학자, 예언가, 마술사, 의사, 자연 철학자로서 신을 자처한 기인이었다.
[10] Johannes Kepler(1571~1630)

사면체는 불을 나타내고 정이십면체는 물을 나타내야 한다. 정육면체는 흙과 대응되는데, 정육면체가 정사각형 면 중에서 하나에 의해 견고하게 고정되므로 가장 안정적이기 때문이다. 한편, 정팔면체는 엄지손가락과 집게손가락으로 마주보는 꼭지점을 가볍게 잡고 쉽게 돌릴 수 있으므로 공기의 불안정성을 나타낸다. 마지막으로, 정십이면체는 우주와 대응하는데, 정십이면체에는 열두 개의 면이 있고 황도대黃道帶도 열두 개의 상징을 갖고 있기 때문이다.[11]

아래는 케플러가 이를 그림으로 나타낸 것이다.

정사면체 불 / 정육면체 흙 / 정팔면체 공기 / 정이십면체 물 / 정십이면체 우주

위의 신비로운 설명이 진실일 수는 없다. 그래도 정다면체를 자연에서 발견할 수 있는데, 정사면체, 정육면체, 정팔면체는 차례로 술판티모네이트 나트륨sodium sulphantimoniate, 통상적인 소금, 크롬 명반의 결정체에서 발견된다. 나머지 두 가지는 결정 형태로 나타나지는 않지만, 미세한 바다 동물인 방생충목의 껍질에서 관찰됐다.

델로스 섬 문제

플라톤이 태어난 기원전 427년 또는 이와 가까운 해에 그리스에서는 지

[11] 황도대 또는 수대(獸帶)는 태양의 궤도인 황도를 중심으로 남북으로 각각 8도의 폭을 가진 상상적인 구대(球帶)이다. 예로부터 이 구대를 12등분하고, 거기에 별자리를 하나씩 배치해서 이것을 황도 십이궁이라 불렀다. 십이궁에는 백양궁, 금우궁, 쌍자궁, 거해궁, 사자궁, 처녀궁, 천칭궁, 전갈궁, 인마궁, 마갈궁, 보병궁, 쌍어궁 등이 있다.

독한 흑사병이 돌았는데, 이 병으로 아테네의 많은 사람이 죽었다. 이 대참사가 고대 그리스의 어떤 유명한 수학 문제의 기원이 된 것으로 보인다. 델로스 섬의 시민 대표단은 델피에 있는 아폴로의 신전으로 가서, 신을 진정시키고 흑사병을 퇴치할 수 있는 방법을 물었다는 이야기가 있다. 신들이 아폴로 신의 정육각형 제단의 크기에 만족하지 않고 있으며 제단의 크기를 반드시 두 배로 만들어야 한다는 신탁을 받았다. 이에 따라 아테네 시민들은 그 제단의 가로, 세로, 높이를 각각 두 배로 만들었지만, 흑사병은 사라지지 않았다. 아테네 시민들은 실패의 원인을 알아보기 위해 그 신전에 다시 갔을 때, 명령을 제대로 이행하지 않았다는 사실을 알게 됐다. 즉, 제단의 크기를 두 배로 만들지 않고 원래 크기의 여덟 배로 늘렸다. 그래서 다음과 같은 기하학 문제가 발생했다.

주어진 정육면체의 정확히 두 배의 부피를 가진 정육면체의 모서리를 작도하라.

그리스 사람들은 열심히 노력했지만 자와 컴퍼스를 사용해서 이론적으로 정확한 이 문제의 답을 찾을 수 없었다. 이 문제는 미해결 상태로 남았다. 시간이 지나 이 문제를 알게 된 플라톤은 이를 기하학자들에게 제시했다고 한다. 이것이 정육면체의 부피를 두 배로 만드는 배적 문제가 '델로스 섬 문제'라고 불리게 된 이유다. 이야기의 진위 여부에 관계없이 이 문제는 플라톤의 아카데메이아에서 연구했고, 에우독소스와 메나이크모스[12] 및 (정확하지 않을 가능성이 높지만) 플라톤 자신이 고등 기하학적인 방법으로 풀었다.

그런데 신들이 부피가 정확하게 두 배인 제단에만 만족할 것이라고 믿기

[12] Menaechmus(기원전 380?~320?), 에우독소스의 제자로 원뿔을 밑면과 평행이 아닌 평면으로 자르면 타원, 포물선, 쌍곡선이 얻어진다는 사실을 최초로 밝혔다.

는 어렵다. 플라톤은 신탁의 진정한 의미를 질문 받고는, 그 신탁의 목적은 그리스 사람들이 부끄럽게도 기하학의 과학적 연구에 무관심한 사실을 지적하고 순수한 기하학적 연구를 다시 자극하기 위한 것으로 보인다고 말했다.

배적 문제의 또 다른 유래

종종 수학 문제는 문학에서 유래했다. 위에서 알아본, 정육각형의 배적 문제가 문학 작품에서 유래했다는 이야기가 있다. 사실, 이 문제가 수학 교육을 제대로 받지 못한 어떤 무명의 그리스 시인의 글에서 유래되었다는 증거가 있다. 그 시인은 신비의 왕 미노스Minos가 아들 글라우코스Glaucus를 위해 세운 무덤의 크기에 만족하지 않았다는 이야기를 전했다. 미노스는 무덤의 부피를 두 배로 만들라고 명령하면서 정확하지 못하게도 무덤의 각 모서리의 길이를 두 배로 만들면 될 것이라고 덧붙였다고 썼다. 이에 따라 이런 잘못된 수학이 기하학자들로 하여금 주어진 공간 도형을 똑같은 형태를 유지하면서 부피를 두 배로 만드는 방법을 찾게 만들었다고 한다.

플라톤의 녹음수

석가모니가 명상하면서 의지했던 반얀 나무는 인도에 아직도 살아 있으며 무성하게 자라고 있다고 한다. 그런데 플라톤이 나무 그늘에서 제자들에게 강의했던 바로 그 녹음수가 아직도 존재한다는 약간 신빙성이 떨어지는 이야기가 있다.

플라톤이 학생들을 모아 놓고 가르칠 때, 더운 여름날에는 5미터 높이의 올리브 나무 그늘을 이용했다고 한다. 그 나무는 어떤 올리브 숲속에 있었는데, 아테네에 있던 플라톤 아카데메이아의 유적이 근처의 발굴지에서 발견된 1931년에야 플라톤의 나무로 확인됐다. 그 나무는 그리스 고고학 담당 관청의 보호를 받았고, 최근에도 아테네와 항구 도시 피라이우스 Piraeus를 연결하는 교통량이 많은 고속도로 변에서 먼지를 뒤집어쓰고 서 있었다. 1976년 나무 전문가들이 그리스 원자핵 에너지 센터와의 공동 연구로 탄소 연대 측정 방법을 이용해서 그 나무의 수령이 약 3000년임을 밝혀냈다.

그런데 1976년 10월, 육중한 버스가 고속도로에서 플라톤의 나무로 뛰어들어 구부러진 거대한 줄기를 네 토막으로 부서뜨렸다. 그리스 정부는 고대의 그 나무를 구제하는 데 온갖 노력을 기울였다. 이 비극적인 사고가 발생하고 1년이 지난 뒤, 그리스 고고학 담당 관청은 원래의 큰 줄기에서 어린 줄기가 새로 자라기 시작했다고 발표했다. 예전과 같은 사고의 재발을 방지하기 위해 육중한 쇠 울타리로 보호되고 있다. 이 나무가 예전의 크기와 모양을 갖추기 위해서는 여러 해가 지나야 할 것이다.

에게해 군도의 코스Cos에는 플라톤의 나무와 거의 같은 수령을 가진 또 다른 고대의 나무인 플레 나무가 있다. 이 나무 또한 그리스 고고학 담당 관청의 보호를 받고 있는데, 의학의 아버지인 코스의 히포크라테스[13]가 이 나무 밑에 앉아서 당시의 의학을 가르쳤다고 믿고 있기 때문이다.

▣ 플라톤의 수 신비주의

플라톤은 고대 피타고라스 학파의 영향을 상당히 많이 받았는데, 실제로 수학적 신념에 관한 한 수 신비주의자였다. 그의 모든 글 중에서 《국가론》 제 VIII권에 있는 다음 문장보다 주석자들에게 더 큰 어려움을 준 것은 없었다.

⑬ Hippocrates of Cos(기원전 460?~377?), 그리스의 의학자. 비슷한 시기에 코스와 가까운 곳인 키오스(Chios)에서 태어난 수학자 히포크라테스가 있다. 이 사람은 유클리드보다 앞서 《원론》을 편집했으며, 초승달 모양 도형(lune)과 넓이가 같은 정사각형을 작도했다.

비록 창조됐지만 신성한 것에 대해 어떤 반복되는 주기가 존재하는데, 그것은 어떤 완전수에 의해 포착된다. 그렇지만 인간적인 것에 대해서, 지배하고 지배되는 증가들이 같고 다르게 만들며 증가하고 감소하게 만드는 세 개의 공간과 네 개의 경계를 취할 때 그것들은 모든 것을 친숙하고 표현 가능한 형태로 나타나게 만드는 현상이 그것에 의해 최초로 발생한다.

그것의 밑을 4에서 3으로 수정한 다음에 5와 결혼시키고 세 배로 증가시키면, 두 개의 조화를 만들어낸다. 하나는 같은 것의 곱에 의해 같고 똑같은 것의 100배와 같다. 다른 것은 전자와 길이가 같지만 옆으로 길고, 다섯 개의 표현 가능한 지름 위에 있는 100개의 수와 같다. 여기에서 다섯 개 각각은 1만큼 줄어들거나 표현 불가능하면 2만큼 줄어들고 3의 100개의 세제곱이다. 그런데 기하학적 수인 이 합은 이런 모든 사건을 지배하고 더 좋고 더 나쁜 탄생을 지배한다. 그리고 이들을 모르면, 관리자들은 신부들과 신랑들을 잘못 결합시키고, 어린이들은 좋은 체질과 운명을 갖고 태어나지 못한다.

독자는 이상하고 수수께끼 같은 이 문장의 수학적인 근거를 찾아내려고 시도할 수 있다. 그런데 플라톤의 직계 후계자들마저 이 문장을 해석할 수 없었다. 약 2300년이 지난 뒤에야 만족할 만한 설명이 등장했다. 그 설명은 1925년 《런던 수학회 회보》[14]에 실린 어떤 매혹적인 글 속에 등장했는데, 그레이스 영[15]이 발표한 것이었다. 그 글을 읽어보면 그녀의 통찰력 있는 분석에 감탄하게 될 것이다. 그녀가 도달한 놀라운 결론 중 하나는 플라톤이 추측한 또는 어쩌면 증명한 사실이 다음과 같다는 것이다.

⓮ Proceedings of London Mathematical Society

⓯ Grace Chisholm Young(1868~1944), 영국 출신의 수학자로, 케임브리지 대학을 거쳐 괴팅겐 대학에서 공부하고, 1908년부터 스위스 제네바에 정착해서 살았다. 1940년 영국에 갔다가 프랑스의 함락으로 되돌아가지 못하고 영국에서 죽었다. 역시 수학자였던 남편 윌리엄 영(William Henry Young, 1863~1942)은 제네바에서 죽었다.

x, y, z, w에 대한 두 방정식 $x^2+y^2=z^2$과 $x^3+y^3+z^3=w^3$을 동시에 만족시키는 서로 소인 유일한 자연수는 $x=3$, $y=4$, $z=5$, $w=6$이다.

학습의 전이

정신 수련과 학습 전이의 문제에 대해 극단적인 주장이 대립하는 격렬한 논쟁이 있었다. 플라톤과 같이, 수학 학습이 학생에게 진리에 대한 존경심을 심어주고 이에 따라 학생을 정직하게 만들며 논리 정연함과 집중력 특히 명확한 사고력을 발달시킨다고 주장하는 사람들이 있다. 그러나 기계론적 심리학의 출현은 이런 주장의 정당성에 심각한 의문을 던졌으며, 학습의 전이가 완전하지도 않고 자동적이지도 않으며 필연적이지도 않다는 사실을 꽤 명확하게 밝혀주었다. 수학 전공자의 경우에 수학적이지 않은 상황에서 정직하지도 않고 논리 정연하지도 않으며 명확한 사고에 실패한 예가 많이 있다. 그래서 비판적인 많은 사람들은 이것이 학습의 전이가 존재하지 않는다는 사실을 의미한다고 해석했다. 오늘날의 심리학자들은 양극단 사이에 진실이 놓여 있다고 생각하는 것으로 보인다. 즉, 학습의 전의는 그런 특별한 목적을 명심하고 수학을 가르치면 나타날 수 있다.

샬과 날조된 편지

교육자는 전의의 문제를 자주 생각한다. 예를 들면, 수학 학습이 추리력을 요구하는 다른 분야의 문제를 분석하는 데 필요한 논리적인 사고 습관을 키워줄 수 있을까? 이런 맥락에서 전문 수학자들의 행동을 조사해 보고 그들이 현실에서 부딪치는 비수학적인 상황에서도 논리적으로 행동하는지를 관찰해보면 흥미로울 것이다. 그렇지만 수학자가 매우 비이성적인 방법으로 행동하는 장면은 사람들의 실소를 자아낸다. 샬[16]과 날조된 편지보다 더 좋은 예를 찾아볼 수 없다.

샬은 19세기의 으뜸가는 기하학자의 한 명이었다. 그는 1837년 브뤼셀 학술원의 연구서로 출판한 뛰어난 책《기하학 방법론의 기원과 발달에 대한 역사적 탐구》로 즉시 주목을 받았다. 그는 기하학에서 많은 정리를 발견했는데, '대수적 대응의 원리'는 그의 이름으로 불리고 있다. 베르트랑⑰은 자주 인용되는 다음과 같은 말을 했다. "유럽의 모든 기하학자는 샬의 제자다."

그런데 샬은 대단히 열렬한 프랑스 애국자였다. 만유 인력의 법칙이 설명되어 있으며 파스칼⑱이 썼을 것이라는 소문이 있는 몇 통의 편지를 보고는 그것들을 기꺼이 구입했다. 여기에 프랑스가 뉴턴의 영국보다 앞섰다는 증거가 있지 않은가! 소득이 풍부한 학자이며 장서가인 샬은 루카스Vrain-Denis Lucas로부터 1861년부터 1869년까지 여러 가지 자료를 계속해서 샀다.

그의 구매 내역은 믿기 어려운 정도인데, 2만 7000통이 넘는 편지를 약 14만 프랑에 구입했다. 그 중에는 파스칼이 뉴턴에게 보낸 175통의 편지, 파스칼이 갈릴레오⑲에게 보낸 139통의 편지, 갈릴레오가 쓴 많은 양의 편지가 있다. 루카스는 고대의 비수학적인 편지도 또한 제공했다. 샬이 구매한 편지 중에는 알렉산드로스 대왕⑳이 아리스토텔레스에게 보낸 여섯 통의 편지, 클레오파트라가 시저에게 보낸 한 통의 편지, 마리아 막달레나가 나사로에게 보낸 한 통의 편지, 나사로가 베드로에게 보낸 한 통의 편지 등도 포함되어 있었다. 이 모든 편지는 종이에 쓰여 있었다! 게다가, 모두 프랑스어로 쓰여 있

⑯ Michel Chasles(1793~1880), 프랑스 수학자로 기하학과 수학사를 연구했으며, 에콜 폴리테크니크와 소르본 대학의 교수 역임.

⑰ Joseph Bertrand(1822~1900), 프랑스 수학자로 수론, 미분 기하학, 확률론 연구.

⑱ Blaise Pascal(1623~1662), 프랑스의 수학자

⑲ Galileo Galilei(1564~1642), 이탈리아의 수학자 · 물리학자

⑳ Alexandros(기원전 356~323), 마케도니아 왕(재위 기원전 336~323)

었다! 샬은 자신이 구매한 2만 7000통의 편지 중에서 많은 것은 쳐다보지도 않았을 것이다.

샬이 프랑스 과학원에서 파스칼이 뉴턴보다 앞섰다는 의견을 발표했을 때, 상당히 회의적인 반응을 얻었다. 샬은 몇 통의 편지를 공개했는데, 이런 편지의 필체가 파스칼이 쓴 것이 틀림없는 편지의 필체와 같지 않다는 지적을 받았다. 여러 가지 시대 착오적인 내용도 나타났다. 각 경우는 루카스가 새로 제공한 새로운 편지로 대처됐는데, 이런 편지에는 어려운 점들이 교묘하게 설명되어 있었다. 그러나 여러 해 동안의 논쟁 끝에, 샬은 패배를 인정할 수밖에 없었다. 그는 2만 7000통의 날조된 편지 전체를 공개했고, 루카스는 2년 동안 형무소에 수감됐다.

재판에서 루카스의 항변은 흥미롭다. 자신은 잘못된 짓을 전혀 하지 않았고, 샬은 지불한 돈의 가치만큼 실제로 대가를 얻었으며, 널리 알려지게 된 논쟁과 재판은 국민들에게 역사에 관한 건전한 관심을 불러일으켰고, 과학원에서의 논쟁은 평상시보다 훨씬 더 흥미로웠으며, 자신은 애국적인 동기에서 행동했다고 주장했다.

사람들은 샬이 너무 쉽게 속은 것에 놀랐으며, 이와 동시에 루카스의 근면함에도 대단히 놀랐을 것이다. 2만 7000통의 편지를 '예스럽게' 만들기는 그 자체로도 매우 어려운 작업이었을 것이다. 루카스는 분명히 날조에 필요한 역사적 지식을 얻기 위해 도서관에서 매일 많은 시간을 보냈을 것이다. 그리스어와 라틴어를 몰랐기 때문에, 이런 작업에 심각한 어려움이 있었을 것이다. 루카스는 형기를 마치고 석방된 뒤 다시 자신의 옛 '직업' 에 종사했고 상습범으로 3년형을 다시 선고받았다. 이에 대해 샬은 다음과 같이 비꼬았다고 한다. "아예 처음부터 5년의 형기를 살게 하는 것이 낫지 않았느냐?"

분명히 샬은 이 사건으로 대단히 난처했었다. 베르트랑은 샬이 충분히 고통을 받았기 때문에 그 사건은 잊혀져야 한다고 지적했다. 그러나 패러J. A. Farrer는 책 《문헌 날조》[21]에서 다음과 같이 말했다.

> 샬이 보물이라고 여긴 것들 때문에 연속적으로 발생한 논쟁을 통해 보여준 그의 논리적 무능력은, 결론적으로 수학 연구를 통해 얻은 추론 능력이 얼마나 보잘 것 없는지를 입증한다. 그는 프랑스의 지도적인 수학자로서 스스로 어린아이보다도 더 나은 추리력이 없음을 보여주었다.

回 플라톤의 반대자

플라톤이 수학을 높게 평가한 것과는 반대로 1837년 베이컨은 수학에서 큰 가치를 발견하지 못한 것으로 보인다. 매콜리[22]는 그에 관한 수필에서 다음과 같이 말하고 있다. "그(베이컨)는 학문의 목적으로 인류의 복지를 가정하고는, 수학이 다른 과학의 부속물이나 보조물이 아닌 더 높은 자리를 차지할 수 없다고 주장했다. 수학은 자연 철학의 시녀이며, 그와 같이 행동해야만 한다고 말했다. 그리고 수학이 자연 철학에 앞선다고 감히 주장하는 것보다 더 사악한 것을 상상할 수 없다고 주장했다."

사실, 베이컨과 매콜리는 수학의 진정한 본질과 성과에 대해 매우 무지했었다. 드 모르간[23]이 《역설 모음》에서 말했듯이, "만약 뉴턴이 베이컨을 스승으로 삼았었다면, 그가 아닌 다른 사람이 뉴턴이 됐을 것이다."

---

[21] *Literary Forgeries*, Longmans, Green, and Co., 1907, Chap. xii.

[22] Thomas Babinton Macaulay(1800~1859), 영국의 역사가 · 정치가

[23] Augustus De Morgan(1806~1871), 영국의 수학자

에우독소스 Eudoxus

기원전 408~355

에우독소스는 소아시아의 크니도스Cnidus(현재 터키)에서 태어났다. 현재 이탈리아의 타렌툼Tarentum으로 가서 피타고라스 학파인 아르키타스로부터 정육면체의 배적, 수론, 음악 이론 등을 배웠다. 시칠리아, 아테네, 이집트를 여행하면서 의학, 철학, 천문학 등을 배웠으며, 소아시아 북서부의 시지쿠스Cyzicus로 가서 큰 명성을 얻은 학교를 세우고 제자를 양성했다. 기원전 368년경에 제자들과 함께 아테네를 두 번째로 방문한 뒤에는 고향 크니도스로 돌아가서 연구와 저술 및 교육 활동을 계속했다.

에우독소는 수학에서 비율 이론과 실진법의 발견으로 유명하다. 고향에 천문대를 세우고 천문학 연구에도 매진했는데, 태양 중심설을 주장했고 천문학의 아버지로 불리고 있다.

비와 비율 이론

2의 제곱근 $\sqrt{2}$ 는 정수의 비로 나타낼 수 없는 '무리수irrational number' 이고, 이에 따라 '같은 단위로 측정할 수 없는incommensurable' 선분이 존재한다는, 즉 공통 측정 단위가 없다는 사실은 피타고라스 학파에게 엄청난 학문적 충격을 주었으며, 치명적인 논리적 궁지에 빠지게 했다.

이 논리적 궁지가 수학의 기초에서 발생한 최초의 위기였다. 이 위기는 쉽게 해결되지 않았으며, 곧바로 해결되지도 않았다. 에우독소스는 기원전 370년경에 드디어 관련된 수량에 대해서 공통 측정 단위의 존재 여부와 무관한 비율 또는 두 비의 상등을 정의함으로써 그 궁지에서 탈출할 수 있었다. 그 정의는 다음과 같다.

> 네 개의 수량이 있다고 하자. 첫째와 셋째에 대해 임의로 택한 등배수와 둘째와 넷째에 대해 임의로 택한 등배수에 대해서, 첫째와 셋째의 등배수가 둘째와 넷째의 등배수보다 각각 똑같이 크거나 똑같이 같거나 똑같이 작으면, 그 네 수량은 첫째에 대한 둘째의 비와 셋째에 대한 넷째의 비는 서로 같다고 한다.

실제보다 더 복잡하고 장황한 이 정의를 단순하게 표현하면 다음과 같다. 네 개의 수량을 A, B, C, D라 하고, A와 B가 (모두 길이 또는 각의 크기 또는 넓이 또는 부피와 같이) 같은 종류이고 C와 D가 같은 종류라 할 때, 임의의 양의 정수 m과 n에 대해

$$mA \gtreqless nB\text{와 동시에 } mC \gtreqless nD\text{가 성립하면,}$$

A에 대한 B의 비는 C에 대한 D의 비와 같다.

또는 다음과 같이 말할 수 있다. 임의의 양의 유리수 $\frac{n}{m}$에 대해 다음이 성립하면 $\frac{A}{B} = \frac{C}{D}$이다.

$$\frac{A}{B} \gtreqless \frac{n}{m} \Leftrightarrow \frac{C}{D} \gtreqless \frac{n}{m}$$

이 정의를 이용하면 피타고라스 학파가 공통 측정 단위의 존재에 근거해

서 증명했던 기하학의 정리들을 다시 엄밀하게 증명할 수 있다. 또, 이는 유리수로 무리수에 근사시키는 현대적인 이론과 매우 유사하다. 데데킨트[1]는 자신의 '절단' 이론을 에우독소스의 발상으로부터 얻었다고 강조했다.

비율 이론의 치료 효과

나중에 유클리드는 에우독소스의 비율 이론을 《원론》에서 아주 훌륭하게 설명했다. 이와 관련해서 험상궂은 얼굴을 가진 체코의 성직자이며 뛰어난 수학자인 볼차노[2]는 유클리드가 의사의 역할을 했던 자신에 관한 재미있는 일화를 들려주었다.

볼차노는 프라하에서 휴가를 보내고 있었을 때 고통스러운 오한과 피로가 엄습하는 병에 걸렸다. 이런 고통을 잊기 위해서 유클리드의 《원론》을 집어들고 제V권에 나오는 비와 비율에 대한 에우독소스의 원리를 훌륭하게 설명한 부분을 처음으로 읽었다. 정교하게 다룬 그 내용이 그를 한없이 즐겁게 했는데, 그의 말에 따르면 즉시 고통이 사라지고 예전과 같은 상태를 느꼈다고 한다. 그 이후, 몸이 불편한 친구를 볼 때마다, 그는 치료를 위해서 에우독소스의 이론에 대한 유클리드의 설명을 읽어보라고 추천했다.

실진법(착출법)

고대 그리스에서 곡선으로 둘러싸인 도형과 직선으로 둘러싸인 도형을 비교하는 문제가 큰 골칫거리였는데, 에우독소스가 고안한 실진법 또는 착출

[1] Richard Dedekind(1831~1916), 독일의 수학자

[2] Bernhard Bolzano(1781~1848), 프라하 대학에서 철학, 수학, 신학을 배우고 1804년 기하학에 관한 논문으로 박사 학위를 받았고 그로부터 이틀 뒤에는 로마 가톨릭 신부가 됐다. 1804년부터 1819년 오스트리아 정부의 압력으로 파면될 때까지 프라하 대학에서 종교 철학을 강의했고 해석학에서 무한소의 개념을 제거하려는 연구를 시행했으며 중간값 정리를 증명했다. 1851년에 출판한 《무한의 역설》에서 무한 집합과 진부분 집합 사이의 일대일 대응의 예를 제시했다.

법method of exhaustion이 해결의 단서를 제공했다.

아르키메데스에 따르면, 오늘날 아르키메데스의 정리라고 부르는 연속성 공리를 고안한 사람은 에우독소스라고 한다. "두 양수 중에서 어느 한 수에 자연수 배를 해서 다른 수보다 크게 할 수 있다."는 이 공리로부터 실진법의 기초를 이루는 다음 명제를 쉽게 증명할 수 있다.

> 임의의 수량으로부터 그것의 반 이상을 없애고, 그 나머지에서 그것의 반 이상을 없애며, 이런 없애는 과정을 반복하면, 결국 임의로 주어진 같은 종류의 수량보다 작은 수량이 남는다.

실진법은 위의 명제에 따라 귀류법을 두 번 사용해서 정리를 증명하는데, 에우독소스의 증명으로 생각되는 유클리드의 《원론》 제XII권의 정리 2 "두 원의 넓이는 각 지름을 한 변으로 하는 정사각형의 넓이에 비례한다."를 알아보자. 이를 문자와 기호를 이용해서 다음과 같이 나타낼 수 있다.

> 두 원 o와 O의 지름을 각각 d와 D, 넓이를 a와 A라 하면, $\frac{a}{A}=\frac{d^2}{D^2}$이다.

실진법에 의한 증명은 다음과 같이 진행한다. 먼저 $\frac{a}{A}>\frac{d^2}{D^2}$라고 가정하자. 그러면 적당한 $a'<a$가 존재해서 $\frac{a'}{A}=\frac{d^2}{D^2}$이 성립한다. $a-a'=\varepsilon(>0)$이라고 하자. 두 원 o와 O의 내부에 정n각형을 내접시키고 넓이를 각각 p_n과 P_n이라고 하자. 이제, 정$2n$각형을 다음 그림과 같이 내접시키면, 원과 정n각형 사이의 반 이상을 차지한다. 이렇게 변의 개수 n을 2배씩 증가시키면 충분히 큰 n에 대해 $a-p_n<\varepsilon$이 성립한다. 그러면 $a-a'=\varepsilon$이므로, $p_n>a'$이다. 다각형에 관한 정리에 의해 $\frac{p_n}{P_n}=\frac{d^2}{D^2}$이고 위에서 $\frac{a'}{A}=\frac{d^2}{D^2}$이므로,

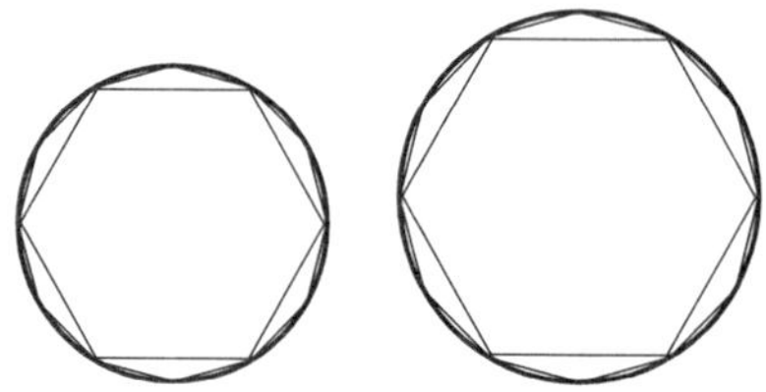

$P_n > A$이어야 한다. 그런데 P_n은 원 O에 내접하는 정n각형의 넓이므로, 이는 불가능하다.

한편, $\frac{a}{A} < \frac{d^2}{D^2}$라고 가정해도 마찬가지로 모순이다.

따라서 $\frac{a}{A} = \frac{d^2}{D^2}$이다.

실진법은 정리를 증명하는 세련된 도구지만, 정리를 처음에 발견하는 원리는 아니다. 이에 따라 아르키메데스는 새로운 결과를 얻기 위해 역학적인 방법 등을 이용했고, 그런 결과의 증명에는 실진법을 효과적으로 적용했다.

어떤 예언

젊은 시절 에우독소스와 플라톤은 함께 이집트를 여행하다가 헬리오폴리스Heliopolis에 도착했는데, 그 곳에서 성직자들과 함께 생활했다. 그 곳에 머무르는 동안 불길한 사건이 발생했다. 어떤 종교 의식 중에 신성한 황소가 에우독소스의 옷을 핥고 있는 것이 목격됐다. 성직자들에 따르면, 이것은 길조와 흉조를 동시에 예언했다. 에우독소스는 유명해지지만 단명할 것이라고 성직자들이 예언했다. 성직자들의 통찰력은 대단했다. 왜냐하면 에우독소스는 실제로 대단히 유명해졌지만 53세로 죽었기 때문이다.

유클리드 Euclid

기원전 325?~265?

2000년 이상 기하학 교육을 지배하고 있는 《원론Elements》의 저자 유클리드의 생애와 성격을 알려주는 이야기는 거의 없다. 그의 출생 연도와 장소마저도 알려지지 않고 있다. 단지 그가 기원전 300년경에 문을 연 그 유명한 알렉산드리아 도서관과 대학의 최초의 수학 교수였고, 오랫동안 화려하게 존속한 알렉산드리아 수학 학파의 창시자였다는 사실만이 확실하게 전해지고 있을 뿐이다. 그가 아테네의 플라톤 아카데메이아에서 수학을 배웠을 것으로 추측되고는 있다.

기하학의 왕도

유클리드에 관한 일화는 겨우 두 가지만이 전해지고 있는데, 모두 의심스러운 점이 있다. 프로클로스는 《에우데무스 요약Eudemian Summary》에서 다음과 같은 이야기를 전했다. 이집트를 지배한 그리스 왕조인 프톨레마이오스 왕조의 창시자이며 알렉산드리아 도서관의 설립자인 프톨레마이오스 1세[1]는 유클리드의 지도로 기하학을 배움으로써 그 도서관을 후원하기로 했다. 그런데 왕은 기하학을 매우 어렵게 생각하고는, 어느 날 스승에게 기하학을

[1] Ptolemy I Soter(기원전 367?~283), 알렉산드로스 대왕의 부장으로 참전했고 기원전 323년 대왕이 죽은 뒤 이집트 총독의 지위를 얻었으며, 그 기회를 틈타서 기원전 305년 왕위에 올랐다(재위 기원전 305~285).

좀 더 쉽게 배우는 방법이 있는지를 물었다. 이에 대해 유클리드는 다음과 같이 대답했다. "오, 폐하! 현세에는 두 가지 종류의 길이 있습니다. 평민이 다니는 길과 왕만이 다니도록 지정된 길이 있습니다. 그러나 기하학에는 왕도가 없습니다."

그런데 이 일화는 다른 사람으로부터 나왔다는 말이 있다. 메나이크모스가 알렉산드로스 대왕의 스승으로 있었을 때 이런 말을 했다고 스토바이오스❷가 말한 적이 있다.

대단히 많은 학생은 기하학보다는 대수학이 훨씬 더 쉽다고 생각한다. 그래서 대수학의 도움으로 기하학을 연구하는 분야인 해석 기하학은, 유클리드가 존재하지 않는다고 생각했던 '기하학의 왕도' 로 묘사되고 있다.

학문의 가치

유클리드에 관해 전해지는 둘째 일화는 믿기 어렵지만 재미는 있다. 이 이야기는 스토바이오스가 그의 아들은 위해 만든 인용문, 격언, 금언 등의 모음집에서 찾아볼 수 있다. 유클리드의 한 제자가 첫 정리를 배우고는 스승에게 물었다. "그런데 이것은 왜 중요하고 제가 이런 것을 배우면 무엇을 얻을 수 있습니까? " 그러자 유클리드는 노예를 불러 다음과 같이 말했다. "이 친구는 배운 것에서 반드시 이득을 얻기 바라니, 이 친구에게 동전 한 닢을 줘라."

이렇게 제자에게는 엄격했지만 유클리드는 겸손하고 남을 세심하게 보살펴주는 따뜻한 마음을 가졌으며 남을 앞지르거나 남의 발견을 자기가 발견한 것처럼 우겨대는 행동을 하지 않았다고 파포스는 전했다.

❷ Joannes Stobaeus(서기 5세기 후반), 그리스의 명시선집 편집자

▣ 수학을 배우는 이유

옛날 유클리드의 제자와 마찬가지로, 수학과의 어떤 학생이 교수에게 질문했다. “그런데 이 내용은 도대체 어디에 쓸모가 있습니까? 어떻게 확인할 수 있습니까?”

교수는 조용히 대답했다. “이것의 쓸모는 자네가 등산하는 것과 같다.”

“등산이라고요. 그렇다면 등산은 어디에 쓸모가 있습니까?” 학생이 응수했다.

“등산할 다른 산을 알아보기 위해서!” 교수는 대답했다. “만약 자네가 등산할 다른 산을 알아보기 위해 등산하는 데 더 이상 흥미를 느끼지 않는다면, 자네의 인생은 끝이야.”

▣ 왜의 가치

기하학의 의미를 예시하는 아주 오래된 이야기가 있다. 유클리드 이전에, 열심히 공부하는 어떤 학생이 삼각형의 두 변의 길이의 합은 다른 변의 길이보다 크다는 사실을 증명했을 때, 그것은 모든 당나귀도 알고 있는 사실을 서술한 것에 불과하다는 조롱을 받았다. 그 사실은 당나귀도 알고 있기 때문에 건초더미를 향해 직선으로 간다고 비웃음을 당한 것이었다. 그럼에도 불구하고 그 학생은 아주 훌륭한 반론을 제기할 수 있었다. “물론 그렇다. 그렇지만 당나귀는 ‘왜’ 그런지에 대한 이유를 모른다.”

‘왜?’라는 질문은 과학사에서 가장 유익한 단 한 마디의 말이라고 한다.

▣ 역사상 가장 위대한 탐정

미국의 소설가 애덤스❸의 단편 소설 《가장 훌륭한 도박The One Best Bet》에 등장하는 아마추어 탐정 존스는 저격수의 총의 위치를 제시간에 알아내서 주지사 아서의 생명을 구한다. 무기의 위치는, 어떤 봉투의 뒷면에 그린 도형을 이용해서 삼각 측량법으로 빗나간 총알의 궤적을 수학적으로 측정해서 밝혀졌다. 이 소설의 끝에서, 주지사는 고마움을 표하면서 '비범하고 독창적으로 문제를 해결한' 존스를 축하하는데 다음과 같은 대목이 나온다.

> 존스는 야릇한 미소를 띠고 그 봉투의 뒷면에 있는 도형을 보면서 "독창적이라고요?" 하며 반문했다. "그런데 주지사님은 저를 지나치게 칭찬하고 계십니다. 이 문제는 약 2000년 전 역사상 가장 위대한 탐정 중 한 사람이 이미 해결했었습니다. 그의 이름은 유클리드입니다."

유클리드의 《원론》

유클리드는 적어도 열 가지 책을 썼고 그 중 몇 가지가 보존되고 있지만, 그의 명성은 주로 《원론》에 의존하고 있다. 13권으로 이루어지고 465개의 정리를 싣고 있는 이 책은 출간되자마자 최고의 찬사를 받았다. 《성경》을 제외하면, 이 책보다 더 널리 사용되고 편집됐으며 연구된 책은 없었다. 그래서 '열왕기상 7 : 23' 이 《성경》의 한 부분을 지칭하듯이, 수학자들에게 'I.47' 은 유클리드의 《원론》 제1권의 47번째 정리를 뜻했다. 이 책은 과학과 수학의 발달에 막대한 영향을 끼쳤는데, 뉴턴, 러셀, 아인슈타인 등과 그 이외의 많은 사람들을 수학 연구에 몰두하게 만들었다.

❸ Samuel Hopkins Adams(1874~1958)

《원론》의 중요성

드 모르간은 다음과 같이 주장했다. "유클리드가 지은 열세 권의 책은 틀림없이 뉴턴의 《자연 철학의 수학적 원리》에 실려있는 내용보다 엄청나게 앞선 것이고 거의 틀림없이 훨씬 더 중요하다."

유클리드의 《원론》은 그리스에서 그 이전에 등장한 다른 어떠한 수학 책보다 훨씬 더 월등했기 때문에, 그 이전의 책은 모두 폐기됐고 후세에 전해지지 않게 됐다. 힐베르트[4]는 언젠가 다음과 같이 주장했다. "과학 책의 중요성은 그것에 의해 불필요하게 된 그 이전의 출판물의 수로 측정할 수 있다."

홉스를 수학에 빠지게 하다

러셀[5]은 영국의 철학자 홉스[6]가 유클리드의 《원론》을 처음으로 접했을 때의 이야기를 기록했다. 당시 40세가 넘은 홉스는 우연히 그 책을 펴보다가 피타고라스의 정리를 발견하고는 "이것은 절대 불가능하다."고 외쳤다. 그리고 그는 정리와 증명을 역으로 거슬러 올라가면서 읽어 공준에 도달하고는 그 진실성을 확신했고, 수학을 사랑하게 됐다.

링컨이 논리력을 증진시킨 방법

미국의 제16대 대통령 링컨의 전기에는 다음과 같은 글이 등장한다.

> 그는 국회 의원이 된 이래, 유클리드의 《원론》 처음 여섯 권을 공부했고 거의 완벽하게 이해했다. 자신의 능력, 특히 논리력과 언어 표현력을 증진시키기 위한 목적으로

---

[4] David Hilbert(1862~1943), 독일의 수학자로 괴팅겐 대학 수학 교수를 지냈다.

[5] Bertrand Arthur William Russell(1872~1970), 영국의 논리학자 · 철학자 · 평화 운동가

[6] Thomas Hobbes(1588~1679)

엄격한 정신 훈련 과정을 시작했는데, 유클리드를 선호했기 때문에 그 여섯 권에 있는 모든 정리를 스스로 쉽게 증명할 수 있을 때까지 그것들을 순회 재판할 때도 지니고 다녔다. 베개 곁에 촛불을 켜 놓고 종종 밤 늦도록 공부했으며, 여러 명의 동료 판사가 자고 있는 방에서 코고는 소리가 끝없이 들리는 가운데에서도 공부했다.

러셀의 첫사랑

러셀은 11세였을 때, 당시 18세였던 형의 개인 지도로, 유클리드의 《원론》을 공부하기 시작했다. 러셀은 《자서전》에 다음과 같이 썼다. "이것은 아름다운 첫사랑과 같이 내 인생의 거대한 사건의 하나였다. 나는 이 세상에 이렇게 감미로운 것이 또 있을 것이라고는 상상할 수도 없었다. … 그 순간부터 … 내가 38세가 될 때까지, 수학은 나의 주요한 관심사였으며 나의 주요한 행복의 원천이었다."

아인슈타인은 12세 때 유클리드 기하학을 배우고 그 논리적 명확성에 매료됐는데, 다음과 같은 말을 했다. "젊은 시절 유클리드를 배우고 열정을 불태우지 못하는 사람은 과학도의 자질이 없다."

무인도에서 필요한 책

지식인들의 어떤 작은 모임에서, 바다에서 표류하다가 어떤 무인도에 착륙해서 몇 년 동안 홀로 살아야 하는 가설적인 상황에 대해 이야기하고 있었다. 해안가에 밀려온 물건 중에서 단 한 권의 책을 선택할 수 있다면, 무인도에서 홀로 지내는 동안 자신의 외로움을 달래주고 즐거움을 줄 수 있는 책으로 어떤 것을 선택하겠는가? 라는 문제를 논의했다. 약간의 논의 뒤에 그들은 모두 유클리드의 《원론》이 가장 큰 위안을 주고 가장 큰 즐거움을 줄 것이라는 결론에 도달했다.

제정신을 들게 만든 유클리드

아일랜드의 작가 던세이니❼의 책《유령들The Ghosts》에는 흥미로운 문장이 있다. 정신 착란 상태에 있던 어떤 사람이 그의 형제를 살해할 계획을 세운다. 그가 세운 계획을 실행하기 바로 직전의 결정적인 순간에, 유클리드의《원론》에서 맞꼭지각들은 서로 같다는 정리가 있는 부분을 펴게 된다. 그는 그 증명을 주의 깊게 읽고는 갑자기 제정신이 들고 논리와 이성의 세계로 돌아온다.

유클리드가 알지 못했던 사실

직선과 원에는 스스로 합동이라는 성질이 있다. 즉, 직선에서 임의의 선분은 길이가 같은 그 직선의 다른 모든 선분과 합동이고, 원에서 임의의 호는 길이가 같은 그 원의 모든 호와 합동이다. 이런 성질이 있는 제3의 곡선이 있는데, 그것은 원형 소용돌이선(나선)이다. 유클리드가 이 세 가지 곡선 모두를 기하학적 작도의 도구로 허락했다면, 각의 삼등분, 정육면체의 배적, 원의 구적 등과 같은 삼대 작도 불능 문제에 대해 절대로 들어보지 못했을 것이라고 드 모르간이 지적했다.

새색시의 의자

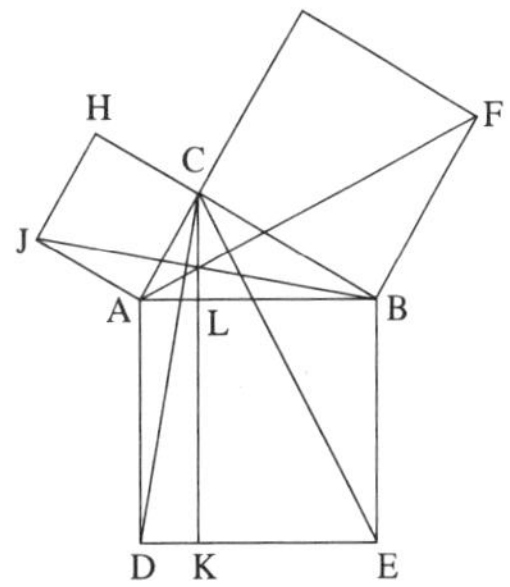

피타고라스의 정리에 대한 많은 증명 중에서 유클리드가《원론》제I권의 정리 47에서 제시된 방법이 많이 인용된다. 그 증명에서 이용한 그림은 오른쪽과 같고, 그 증명은 개략적으로 아래와 같

❼ Lord Dunsany(1878~1957), 아일랜드의 극작가 · 시인 · 수필가

다. 우선, 다음이 성립한다.

$\overline{AC}^2$ =2△JAB=2△CAD=□ADKL

마찬가지로, BC^2=□BEKL이다. 따라서 다음을 얻는다.

$\overline{AC}^2+\overline{BC}^2$ =□ADKL+□BEKL=$\overline{AB}^2$

새색시의 의자

그런데 증명에 사용된 위의 그림은 종종 '프란체스코 수도회의 두건' 또는 '새색시의 의자'로 인용된다. 오른쪽 그림은 보이어의 책[8]에 인용된 제1차 세계 대전 버전의 새색시의 의자다.

평행선 공준

유클리드의 《원론》에는 '평행선 공준' 또는 법률 조문을 칭하듯이 '제5 공준'이라 불리는 다음과 같은 유명한 명제가 있다.

> 한 직선이 두 직선과 만나서 같은 쪽에 있는 내각들의 합이 평각보다 작을 때, 두 직선을 한없이 연장하면 내각들의 합이 평각보다 작은 쪽에서 두 직선은 만난다.

과학사에서 가장 유명한 명제

케이저[9]는 책 《수리 철학》[10]에서 평행선 공준을 '과학사에서 가장 유명한

[8] Carl B. Boyer, *A History of Mathematics*, Princeton University Press, 1985, p.120

단 하나의 명제' 라고 말했다. 왜 그렇게 유명할까?

유클리드의 다른 공준과 비교할 때, 이 공준은 간명하지도 않고 즉시 이해하기도 어렵기 때문에 오랫동안 논쟁거리였다. 이를 공준으로 인정하지 않았던 많은 수학자는 약 20세기 동안 이것을 다른 공준들로부터 유도하거나 좀 더 받아들이기 쉬운 것으로 대체하려고 시도했었다.

유클리드의 제5공준에 대한 이런 연구는 현대 수학의 발전에 큰 자극을 주었고, 수학의 논리적이고 철학적인 기초에 대한 심오하고 가치있는 연구도 또한 유도했다. 그래서 19세기에는 유클리드 기하학과 다르지만 마찬가지로 무모순인 여러 가지 비유클리드 기하학이 발견됐으며, 이를 통해 기하학은 유클리드 기하학뿐이라는 고정 관념이 타파되고 기하학은 전통적인 굴레로부터 해방됐다. 사실, 수학 전반에 걸쳐 유사한 해방이 이루어졌다. 이런 획기적인 인식 전환은 수학이 절대적 진리라는 견해에 심각한 타격을 가했으며, 공준의 본질에 대한 새로운 관점을 제시했다. 수학은 근본적으로 우리가 살고 있는 이 세상의 필연에 의해 강요된 어떤 것이 아니라 인간 정신의 의도적인 창조물이 됐다.

평행선 공준과 동치인 명제

다음은 모두 평행선 공준과 동치다.

1. 한 평면에는 모든 곳에서 거리가 같은 한 쌍의 직선이 존재한다.
2. 주어진 직선에 있지 않은 임의의 점을 통과하면서 그 직선과 평행인 유

⑨ Cassius Jackson Keyser(1862~1947), 미국의 수학자로, 컬럼비아 대학에서 석사(1896) · 박사(1901) 학위를 취득하고 그곳에서 1927년에 은퇴할 때까지 가르쳤다.

⑩ Mathematical Philosophy(1922)

일한 직선을 작도할 수 있다.

3. 합동은 아니지만 닮은 꼴인 한 쌍의 삼각형이 존재한다.
4. 한 사각형에서 한 쌍의 대변이 서로 같고 제3의 변과의 이웃각이 각각 직각이면, 다른 두 각도 또한 직각이다.
5. 한 사각형에서 세 각이 직각이면, 넷째 각 또한 직각이다.
6. 세 내각의 합이 평각과 같은 삼각형이 적어도 하나 존재한다.
7. 크기가 60°보다 작은 임의의 각의 내부에 있는 임의의 점을 통과하면서 그 각의 양변 모두와 교차하는 직선을 언제나 작도할 수 있다.
8. 같은 직선에 있지 않은 임의의 세 점을 통과하는 원이 존재한다.
9. 삼각형의 넓이에 대한 상한이 존재하지 않는다.

잘못 주어진 명예

수학에서 정리, 방법, 곡선, 문제 등이 그것을 발견한 사람의 이름으로 불리는 경우를 자주 접하게 된다. 그러나 놀랍도록 많은 경우에, 엉뚱한 사람의 이름으로 불리기도 한다. 이런 예로 플레이페어[11]를 들 수 있다. 그는 당시 약간의 명성을 얻었던 스코틀랜드의 물리학자이자 수학자였다. 1795년 플레이페어는 유클리드의 《원론》을 편집하면서, 유클리드의 복잡하고 장황한 평행선 공준을 위의 '평행선 공준과 동치인 명제'에 두 번째로 나열한 좀 더 간결하고 이해하기 쉬운 명제로 대체했다.

그 뒤 이 명제를 '플레이페어의 공준'이라 부르고 있는데, 현재 중등학교 교과서 대부분에서 택하고 있는 평행선 공준의 형태가 됐다.

[11] John Playfair(1748~1819), 스코틀랜드 출신으로 세인트앤드루스 대학에서 공부했다. 교수 임용에 두 번 실패하고 소교구의 목사가 됐다가 1785년 에든버러 대학의 수학 교수가 됐다. 1805년 자연 철학 교수직으로 옮겨 지질학을 연구했다.

실제로, 평행선 공준에 대한 플레이페어 형태의 명제는 근본적으로 그 이전에 존재했었는데, 그 이전 18세기의 문헌에서도 찾아볼 수 있다.⑫

그런데 평행선 공준에 대한 이런 형태는 5세기에 이미 프로클로스가 《유클리드 주석서 제I권》에 제시했었다. 플레이페어는 1300년 전에 이미 존재했던 명제를 서술함으로써, 단지 그것 하나만으로 엄청난 명성을 얻었다.

믿음 대 논리

버틀러⑬는 《만인의 길The Way of All Flesh》 제65장에서 유클리드가 기하학을 전개하면서 먼저 공준과 공리를 내세운 것에 대해 다음과 같이 썼다.

> … 최후의 수단은 논리가 아니라 믿음이라는 사실을 의심할 수 없다.
>
> 그 이전의 어떠한 수학자보다도 쉽게 속지 않았던 유클리드마저도 이것을 벗어나지 못했다. 그는 최초의 전제를 증명할 수 없었다. 증명을 초월하는 공준과 공리를 필요로 했고, 이런 것 없이는 아무것도 할 수 없었다. 그의 상부 구조는 사실 증명이지만, 그의 기초는 믿음이다. 그리고 어떤 사람이 자신과 다르게 전개하겠다고 고집한다면, 그에게 바보라고 말할 수밖에 없었다. 그는 '그것은 어리석은 짓이다.' 라 말하고 있고, 그 문제를 더 이상 논의하기를 거절했다. 따라서 믿음과 권위는 자신만이 아니라 다른 모든 사람에게도 필수적이라는 사실을 증명하고 있다.

⑫ 이를테면 1769년 펜(Joseph Fenn)이 더블린에서 편집한 유클리드의 《원론(1769)》과 William Ludlam의 Rudiments of Mathematics(1785)에서 이 명제를 사용했다.

⑬ Samuel Butler(1835~1902), 영국의 소설가 · 사상가

아르키메데스 Archimedes

기원전 287~212

아르키메데스는 역사상 가장 위대한 수학자의 한 사람이며, 확실히 고대의 가장 위대한 수학자였다. 그리스 도시였던 시칠리아의 시라쿠사에서 기원전 287년 천문학자의 아들로 태어났고, 기원전 212년 로마가 시라쿠사를 침략한 기간에 죽었다.

아르키메데스는 젊었을 때 알렉산드리아 도서관에서 유클리드의 후계자들로부터 수학을 배웠다. 그 뒤 고향으로 돌아가서 수학의 명저들을 남겼는데, 그가 쓴 약 열 가지 책이 전해지고 있으며 분실된 몇 가지 책에 대한 기록이 남아있다. 그가 이런 책을 통해 수학에 공헌한 가장 훌륭한 업적은 고대의 적분법을 정립한 것이다. 그는 에우독소스의 실진법을 활용해서 곡선으로 둘러싸인 평면 도형의 넓이와 곡면으로 둘러싸인 공간 도형의 부피를 구하는 일반적인 방법을 증명했고, 이를 많은 경우에 적용했다. 그리고 원주율 π를 구하는 일반적인 방법을 최초로 찾았으며, π가 $3\frac{10}{71}$과 $3\frac{1}{7}$사이의 값임을 밝혔다.

◎ 허풍과 실세

플루타르코스가 책 《마르켈루스 전기》에서 전하는 바에 따르면, 아르키메데스는 의지할 장소만 있다면 지구도 움직일 수 있다고 뽐낸 적이 있었다.

이 말에 깜짝 놀란 시라쿠사의 왕 히에론❶은 아르키메데스에게 굉장히 무거운 물체를 실제로 움직여서 그의 허풍이 진실임을 입증하라고 요구했다. 이에 따라 많은 사람이 함께 힘을 모으지 않고는 끌어낼 수 없던 건선대❷에 있던 큰 배에 무거운 짐을 가득 실은 다음에, 아르키메데스에게 그 배를 물 위로 이동시키게 했다. 이 위대한 수학자 · 물리학자는 해안가의 의자에 편안한 자세로 앉아서 겹도르래를 이용해서 한 손으로 힘들이지 않고 그 배를 거침없이 바다로 끌어냄으로써 왕과 구경꾼들을 경악시켰다.

부력의 법칙

아르키메데스의 일화 중에서 히에론 왕과 금 세공인 사이의 왕관과 관련된 이야기가 자주 인용된다.

금 왕관을 갖고 싶던 히에론 왕은 금 세공인에게 자신의 요구 사항과 함께 필요한 만큼의 금을 주었다. 세공인은 정해진 시간 안에 왕관을 완성했고 왕에게 전달했다. 왕관이 적절한 무게를 유지했지만, 어떤 이유에서인지 왕은 금 세공인이 값비싼 금의 일부를 가로채고 값싼 은으로 대체했을 것이라고 의심했다. 그렇다고 왕관에 은이 숨겨져 있는지 확인하기 위해서 이를 부수기는 싫었기 때문에, 아르키메데스에게 이 곤혹스러운 문제를 해결해 달라고 부탁했다. 아르키메데스도 오랫 동안 이 문제를 해결할 수 없었다. 그러던 어느 날 공중 목욕탕에 있었을 때, 유체 정역학의 제1법칙을 발견했고 해법을 찾았다. 그는 너무 흥분해서 옷 입는 것도 잊고는 목욕탕을 뛰쳐나와 소리치면서 집으로 달려갔다. "유레카, 유레카Eureka, eureka." (나는 발견했다, 나는 발

❶ Hieron II(기원전 306?~215), 고대 시라쿠사의 왕(재위 기원전 269~215), 제1차 포에니 전쟁(기원전 264~241) 초기에는 카르타고와 제휴했지만 기원전 263년부터는 로마의 동맹자가 됐다. 아르키메데스는 히에론과 같은 혈족이었다는 말이 있다.

❷ 수리, 도장 등을 위해 배를 수용하는 물이 없는 부두

견했다.)❸

그 유명한 유체 정역학의 제1법칙은 나중에 아르키메데스의 책《부체에 대해》제I권의 정리 7로 나타났다. 오늘날 중등학교 과학에 나오는 이 법칙은 다음과 같다. "액체에 잠긴 물체는 그 물체에 의해 밀려난 액체의 무게와 같은 부력을 받는다." 이것은 같은 무게의 서로 다른 물체를 물 속에서 무게를 재면 부피가 더 큰 물체가 더 가벼워진다는 사실을 의미한다. 그러므로 무게가 같을 때 은이 금보다 부피가 더 크기 때문에, 물 속에서 무게를 재면 금보다 은이 더 큰 부력을 받는다.

따라서 아르키메데스는 천칭의 한 쪽 접시에 왕관을 올려놓고 다른 접시에는 같은 무게의 금을 올려놓은 다음에 그 전체를 물 속에 잠그면 충분했다. 이런 상황에서, 왕관에 은이 숨겨져 있다면 금이 왕관보다 무게가 더 나가게 된다. 어쨌든 왕관을 올려놓은 접시가 위로 올라갔고, 이런 방법으로 금 세공인이 부정직했다는 사실이 밝혀졌다고 한다.

아르키메데스의 스크루

아르키메데스는 언제 어디서나 연구할 수 있었는데, 벽난로의 바닥에 있는 재 또는 목욕 후에 몸에 바르는 기름 위에 그린 그림을 이용해서도 기하학을 많이 연구했다는 이야기도 있다.

❸ 드 라 비어(J. C. W. de La Bere)는 이 사건을 다음과 같이 재미있는 사행시로 나타내어《오스트레일리아 수학회보 Australian Mathematical Society Gazette》1974년 12월호에 게재했다.

시라쿠사의 아르키메데스는	Archimedes of Syracuse
영감을 얻게되자,	To get into the news,
'나는 발견했다' 라고 외쳤고	Called out "Eureka"
최초의 스트리커가 됐다.	And became the first streaker.

여기서 스트리커(streaker)는 1970년대에 유행했던 '벌거벗고 달리는 사람' 을 뜻한다. 사행시는 가벼운 형태의 해학적인 운문으로, 영국에서 큰 인기를 얻었었다. 사행시의 영어 명칭인 '클러리휴(clerihew)' 는 이런 형태의 시 창시자 벤틀리(Edmund Clerihew Bentley, 1875~1956, 영국의 저널리스트 · 시인 · 추리작가)의 중간 이름이다.

아르키메데스는 기하학만 연구한 것이 아니라 일상 생활에 필요한 물건도 고안했다. 그의 발명품 중 하나로 아직도 세계 여러 곳에서 사용되고 있는 이른바 '아르키메데스의 스크루'가 있다. 아르키메데스가 이집트에 있었을 때 발명했다고 전해지는 이것은 원통형의 중심을 나선형으로 휘감고 있는 양쪽 끝이 열린 관으로 이루어져 있다(오른쪽 그림과 우표를 보라). 이 스크루의 한쪽 끝은 물 속에 잠겨 있고 스크루의 축은 충분히 큰 각도로 서 있다. 이 기구는 위쪽 끝에 있는 손잡이로 축을 돌리게 되어 있다. 만약 스크루 축의 경사도가 스크루의 피치pitch보다 크면, 관을 따라 물이 위쪽 끝으로 나오게 된다. 아르키메데스의 스크루는 이집트에서 평야에 물을 댈 때와 침수 지역에서 물을 뺄 때 사용됐다. 이것은 또한 배의 선창에서 물을 제거할 때도 자주 이용됐다.

《방법론》

아르키메데스는 여러 문헌에서 현대적인 적분법으로 얻은 것과 같은 결과를 얻었다. 이를테면 그의 《구와 원기둥에 대해》는 두 권으로 이루어지고 60개의 정리를 싣고 있는데, 구의 겉넓이, 밑변이 하나인 구면띠의 겉넓이, 구의 부피, 밑면이 하나인 구면대의 부피 등에 대한 정확한 공식이 최초로 등장한다. 그는 이런 공식을 실진법으로 엄밀하게 증명했다.

그런데 실진법은 어떤 공식이 알려지면 그 공식을 증명하는 세련된 방법이지만, 그런 공식을 처음에 발견하는 도구는 아니다. 그렇다면 아르키메데스는 넓이와 부피 공식을 어떻게 발견했을까? 아르키메데스는 이 질문에 대한 답을 그의 책《방법론》에서 설명하고 있다.

아르키메데스의《방법론》은 오랫동안 잊혀졌던 책인데, 하이베르크[4]가 1906년 콘스탄티노플에서 10세기에 다시 쓰여진 그 책을 발견했다. 그 책은 거듭 쓴 양피지, 즉 원래 쓰여있던 글씨를 수세기 뒤에 지우고 다른 글을 쓴 양피지였다. 그런데 세월이 흐름에 따라 처음에 쓴 글씨들이 나중에 쓴 글씨 밑에서 희미하게 다시 나타났다. 이 책은 알렉산드리아 대학에 있던 에라토스테네스에게 보낸 편지의 형식을 하고 있다.

아르키메데스는《방법론》에서 도형의 넓이와 부피를 처음에 구했던 역학적인 원리인 '평형의 방법'을 설명했다. 도형을 매우 많은 수의 가늘고 평행인 띠 또는 얇고 평행인 조각으로 자르고, 넓이 또는 부피와 무게 중심이 이미 알려진 도형과 평형을 이루도록 (머리 속으로) 이 조각들을 주어진 지레의 한쪽 끝에 매다는 방법을 이용했다. 이런 평형의 방법은 현대의 극한 이론을 사용해서 완벽하고 엄밀하게 만들 수 있으며, 오늘날의 적분법과 근본적으로 같게 만들 수 있다. 아르키메데스는 이렇게 구한 결과를 실진법으로 다시 엄밀하게 증명했다.

로마와의 전쟁

기원전 215년 봄, 오랫동안 로마의 동맹자였던 시라쿠사의 왕 히에론은 90세의 나이로 세상을 떠났다. 15세의 손자가 왕위를 이었는데, 곧 내분이 일어났다. 당시는 제2차 포에니 전쟁(기원전 218~201) 중으로, 카르타고의 한니발[5]은

[4] Johan Ludvig Heiberg(1854~1928), 독일의 문헌학자 · 수학사학자

알프스를 넘어 이탈리아 반도 안에서 전투를 벌이고 있었다. 한니발은 시라쿠사에 공작원을 보내어 쿠데타를 일으켰고, 어린 왕은 살해됐다. 시라쿠사는 로마와의 동맹을 파기하고 한니발과 동맹을 맺었다.

기원전 213년 봄, 로마 장군 마르켈루스❻는 시라쿠사를 탈환하기 위해 남하했다. 이에 아르키메데스가 시라쿠사의 방어에 나섰다. 바다와 육지를 통해 포위 공격하는 로마군에 대항해서 도시를 방어하기 위해 아르키메데스가 고안한 독창적인 발명품들에 대한 이야기가 많이 전해지고 있다. 방어 요새의 구멍을 통해 거대한 물체를 발사할 수 있으며 사정 거리를 조정할 수 있는 노포가 있었다. 도시 성벽에 가까이 접근한 적의 배에 무거운 물체를 떨어뜨리는 이동 가능한 발사 장대도 있었다. 또, 물 위에 떠 있는 적의 배를 들어 올려 격렬하게 흔들어서 놀란 수병들을 배 위에서 떨어뜨리거나 배를 부셔버리는 거대한 갈고리 기중기도 있었다. 아르키메데스가 적의 배에 불을 지르기 위해 거대한 유리 거울을 사용했었다는 이야기는 나중에 유래된 것이지만, 진실일 가능성도 있다.

아르키메데스는 적에게 엄청난 혼란과 두려움을 주었기 때문에, 제갈공명과 같이 그가 도시의 성벽에 단지 줄을 길게 걸어놨음에도 로마 군인들은 줄 끝에 무시무시한 무기가 있을 것이라고 지레 겁을 먹고 접근하지도 못했다는 이야기가 있다. 아르키메데스의 방어 무기 덕분에, 시라쿠사는 로마의 포위에 대항해서 거의 2년 동안 버텼다. 도시의 방어망이 결국 뚫리게 된 것은 시라쿠사 사람들이 자만에 빠져 사냥의 여신 아르테미스를 기리는 축제 행사중 감시를 게을리 했기 때문이다.

❺ Hannibal(기원전 247~183), 카르타고의 장군

❻ Marcellus(기원전 268?~208), 로마의 장군 · 집정관, 제2차 포에니 전쟁에서 활약.

▣ 아르키메데스의 죽음

아르키메데스는 시라쿠사가 약탈당하고 있던 중에 죽었는데, 그의 죽음에 대한 여러 가지 이야기가 전해지고 있다.

한 이야기는 다음과 같다. 마르켈루스가 시라쿠사를 점령한 사실을 모르고 있던 아르키메데스는 모래판 위에 도형을 그리고 연구에 몰두해 있었을 때, 약탈을 하고 있던 한 로마 병사가 그의 방에 들어갔다. 아르키메데스는 자신의 도형 위에 그림자가 드리워진 것을 보고는, 그 방해꾼에게 손을 저으면서 도형을 가리지 말라고 했다. 이에 격앙한 약탈자는 그 늙은이를 창으로 찔러 버렸다.

다른 이야기에 따르면, 한 로마 병사가 아르키메데스의 연구실로 들어가서 자신을 따라 마르켈루스에게 가자고 명령했다고 한다. 아르키메데스는 어떤 문제에 심취해서 숙고하고 있었는데, 증명을 끝마치기 전에는 그렇게 할 수 없다고 거절했다. 이에 분개한 병사는 칼을 뽑아서 그 늙은이를 갈라 버렸다.

또 다른 이야기는 다음과 같다. 한 로마 병사가 아르키메데스에게 달려들어 그를 죽이려고 했다. 이때, 아르키메데스는 자신이 생각하고 있던 문제를 끝마치고 죽을 수 있도록 잠시 기다달라고 간청했다. 그러나 병사는 이런 간청에 동요되지 않고 즉시 그 위대한 수학자를 살해했다.

이것들과 다른 이야기도 있다. 아르키메데스는 몇 가지 수학 도구를 마르켈루스 진영으로 운반하고 있었다. 이때, 그를 본 몇 명의 병사들은, 그가 용기 속에 금을 담아 가는 것으로 생각해서 그 늙은이를 살해했다.

플루타르코스는 아르키메데스의 죽음보다 마르켈루스를 더 분개시킨 것은 없었다고 말했다. 당시 이 로마 장군은 이 위대한 사람에게 어떠한 해도 입혀서는 안 된다고 엄한 명령을 내려놓은 상태였다.

의심스러운 모자이크

프랑크푸르트Frankfurt am Main에 있는 시립 미술관에는, 낮은 탁자 위에 놓인 모래판 앞에 한 학자가 의자에 앉아 있는 모습을 묘사한 모자이크가 있다.(오른쪽 그림) 그 학자는 어깨 너머로 자신을 위협하고 있는 로마 병사를 바라보고 있다. 병사는 칼을 뽑아 들고 학자에게 일어나서 따라올 것을 명령하고 있는 것으로 보인다. 아르키메데스의 마지막 순간을 묘사하고 있음을 분명하게 보여준다.

최근까지도, 이 모자이크는 폼페이(79년 베수비오 화산 폭발로 파괴되어 묻혀 버린 고대도시)를 발굴할 때 그 도시의 어떤 방바닥에서 찾아낸 것이라고 생각했었다. 그런데 현재 이 모자이크의 유래는 의심받고 있으며, 16세기에 만들어진 것으로 그 이전의 작품을 복사했거나 완전한 날조일 것으로 생각되고 있다.

아르키메데스의 무덤

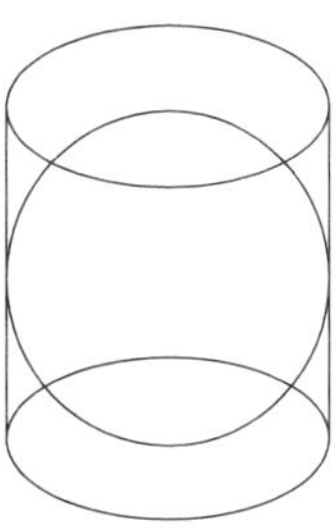

아르키메데스는 책 《구와 원기둥에 대해》에서 구의 부피와 겉넓이에 대한 현재의 공식과 동등한 사실을 증명했다. 그 연구에서 기본적인 도형은 반지름이 r이고 높이가 $2r$인 직원 기둥에 내접하는 반지름이 r인 구이다.(오른쪽 그림) 아르키메데스는 이 구의 부피가 외접하는 직원 기둥 부피의 정확하게 $\frac{2}{3}$이고 이 구의 겉넓이가 외접하는 직원 기둥의 전체 겉넓이의 정확하게 $\frac{2}{3}$임을 밝혔다.

아르키메데스는 이 발견을 대단히 자랑스럽게 생각했고, 구와 외접하는 직원 기둥을 보여주는 이와 같은 그림을 자신의 무덤에 새겨달라고 요청했다고 한다. 마르켈루스는 아르키메데스를 대단히 존경하고 그의 명예를 존중해서 그를 매장할 때, 이 요구를 받아들였다.

오랜 세월이 흐른 뒤인 기원전 75년, 키케로[7]는 시칠리아의 로마 재무관으로 근무하고 있었을 때, 아르키메데스 무덤을 찾으려고 했다. 그렇지만 놀랍게도, 그것에 대해 알고 있는 시라쿠사 사람을 찾을 수 없었다. 오히려 그런 것의 존재를 부정했다. 키케로는 긴 시간 동안 엄청난 노력을 기울여 아크라드마이Achradmae 입구에 있는 수많은 무덤을 모두 조사했다. 결국 무성하게 자란 찔레나무와 관목 위로 솟아 나온 작은 기둥을 발견했는데, 그 기둥에는 구와 외접하는 직원 기둥을 나타낸 그림이 새겨져 있었다. 그래서 오랫동안 잊혀지고 무시됐던 시라쿠사의 가장 위대한 사람의 무덤을 다시 발견했다. 키케로는 사람을 시켜 잡목을 제거하고 무덤 주위를 복원해서 보존하도록 명령했다.

다시 발견된 아르키메데스의 무덤

위의 '아르키메데스의 무덤'과 관련된 다음과 같은 기사가 1965년 뉴욕타임스 통신국New York Times News Service에서 배포됐다.

> [로마] 아르키메데스의 유골이 매장되어 있는 무덤이 2200년이 흐른 뒤에 발견됐다. 이 무덤은 남서 시칠리아의 시라쿠사에서 호텔 기초 공사를 위해 땅을 파던 중 발견됐고, 이 사실은 이탈리아 통신사 ANSA가 어제 보도했다.

[7] Cicero(기원전 106~43), 로마의 정치가 · 웅변가 · 저술가

150년 동안, 고대 그리스의 수학자 아르키메데스의 무덤은 시라쿠사의 그리스 극장 근처에서 발견된 것으로 믿어왔다.

ANSA는 아르키메데스의 유골은 보석과 금 문장으로 장식된 6피트 크기의 납관에 안치되어 있었다고 보도했다. 80제곱야드가 넘는 돌판의 중심에서 납으로 씌워진 봉에 의해 고정된 두 개의 매장용 돌 아래에 그 관이 있었다.

이 유적을 탐사한 시라쿠사의 치안치오Salvatore Ciancio 교수의 말에 따라, 이 무덤은 키케로가 설명한 것과 일치한다고 ANSA는 보도했다.

Hubert C. Kennedy

아르키메데스를 기리며

볼테르[8]는 말했다. "수학에는 놀라운 상상력이 있다. … 다시 말하는데, 호머보다 아르키메데스의 머리에 훨씬 더 풍부한 상상력이 있었다."

그리고 에드거 앨런 포[9]는 말했다. "그리스는 영광스럽고 로마는 장대하다." 이와 같은 뜻으로, 해밀턴[10]은 다음과 같이 반문했다. "누가 정복자 마르켈루스의 명성 대신에 아르키메데스의 명성을 더 좋아하지 않겠는가?"

아르키메데스의 죽음에 대해, 화이트헤드[11]는 그리스와 로마 정신 사이의 차이를 다음과 같이 지적했다. "어떠한 로마 사람도 기하학적인 도형에 대해 숙고하다가 죽은 사람은 없다."

하디[12]는 다음과 같이 말했다. "아이스킬로스[13]가 잊혀졌을 때도 아르키메

[8] Voltaire(1694~1778), 프랑스의 계몽 사상가 · 작가
[9] Edgar Allen Poe(1809~1849), 미국의 시인 · 단편 소설 작가 · 비평가
[10] William Rowan Hamilton(1805~1865), 아일랜드의 수학자로, 사원수 발견
[11] Alfred North Whitehead(1861~1947), 영국의 수학자 · 철학자
[12] Godfrey Harold Hardy(1877~1947), 영국의 수학자
[13] Aeschylus(기원전 525~451), 그리스의 비극 시인

데스는 기억될 것이다. 왜냐하면 언어는 죽지만, 수학적 개념은 결코 죽지 않기 때문이다."

베크만[14]은 역사를 형성하는 인물을 철학자와 살인자의 두 부류로 분류했다. 그리스 사람들은 철학자였고 로마 사람들은 살인자였다. 살인자들이 언제나 승리하지만 철학자들이 항상 그들보다 오래 살아남는다는 것이 그의 일반적인 법칙이다.

[14] Petr Beckmann(1924~1993), 체코 출신의 과학자로 1963년 콜로라도 대학 전기공학 교수로 초빙되어 미국에 영주했다.

에라토스테네스 Eratosthenes

기원전 276~194

에라토스테네스는 지중해 남부 해안의 키레네[1] 태생이며 아르키메데스보다 겨우 몇 년 뒤에 태어났다. 젊은 시절 아테네에서 여러 해를 보냈고, 약 40세 때 이집트 프톨레마이오스 3세[2]의 초청으로 알렉산드리아로 가서 기원전 240년경부터 왕자Philopator의 개인 교수와 제3대 알렉산드리아 도서관장으로 오랫동안 근무했다.

에라토스테네스의 수학 업적은 대부분 잊혀졌지만, 주어진 자연수 n보다 작은 모든 소수를 찾는 '체sieve'의 방법, 정육면체의 배적을 위한 기계적인 '평균 찾기mean-finder', 지구의 크기에 대한 놀랄 만큼 정확한 측정 등은 잘 알려지고 있다. 아르키메데스의 발견 중 몇 가지는 에라토스테네스에게 보낸 개인적인 편지에 쓰여 있다.

지구 둘레의 측정

에라토스테네스는 지구의 둘레를 매우 정확하게 측정했는데, 아마도 이것이 그에 관한 가장 유명한 이야기일 것이다. 그의 측정에는 우연의 요소가 있

[1] Cyrene, 현재 리비아의 샤하트(Shahhat)

[2] Ptolemy III(기원전 284?~221), 선행왕(Euergetes), 이집트의 프톨레마이오스 왕조 제3대 왕(재위 기원전 246~221)

을 수 있지만, 기본적인 발상은 아주 독창적이며 과학적이다. 그리고 매우 단순해서 가장 초보적인 기하학과 삼각법을 배운 사람도 즉시 이해할 수 있다.

에라토스테네스는 이집트의 나일 강가에 있는 도시 시에네[3]에 수직으로 세운 막대기는 하짓날 정오에 그림자가 생기지 않는다는 사실을 알고 있었다. 바로 이 시각 그 장소에서 깊은 우물을 내려다보면 태양 광선이 관찰자의 눈에 직접 반사된다는 사실을 관찰함으로써 이 사실을 확인할 수 있다. 한편, 같은 날 같은 시각에 알렉산드리아에 있는 높은 기둥의 그림자는 태양 광선이 수선에 대해 360°의 $\frac{1}{50}$만큼 기울어져 있음을 보여주었다. 그런데 에라토스테네스는 시에네가 알렉산드리아로부터 정남쪽으로 5000스타디움stadium 만큼 떨어져 있다는 사실도 알고 있었다. 이런 상황을 아래 그림에 나타냈다. 태양 광선이 평행이라 가정하면 평행선의 성질(엇각은 서로 같다)을 이용해서 다음 비례식을 얻을 수 있다.

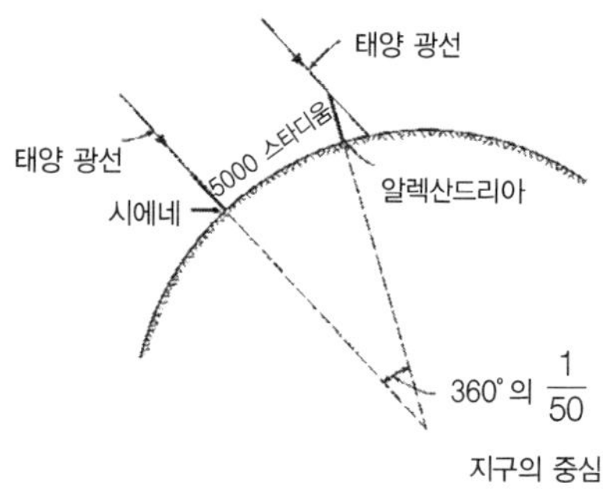

$$\text{지구의 둘레} : 5000 = 1 : \frac{1}{50}$$

이것으로부터 지구의 둘레 25만 스타디움을 얻는다.

1스타디움이 약 $\frac{1}{10}$마일을 의미했다고 추측하는 충분한 근거가 있다. 그래서 지구 둘레의 근사값 2만 5000마일을 얻는다. 지구의 실제 둘레는 2만 4860마일이다.

1스타디움이 516.73피트였다는 말도 있다. 이 경우에는 다음을 얻는다.

[3] Syene, 현재 아스완(Aswan) 근처

25000스타디움 = 129182500피트 = 24466마일

지구의 크기를 망원경을 사용하지 않고 그리고 먼 거리를 여행하지 않고도 매우 간단하게 그리고 아주 정밀하게 측정할 수 있다는 사실이 흥미롭다.

여기서 더욱 흥미로운 사실은 에라토스테네스가 지구가 둥글다고 추측했다는 점이다. 15세기까지도 지구 밖으로 멀리 가면 낭떠러지가 있다고 믿은 사람이 많았는데, 고대의 이 그리스 사람은 지구가 둥글다고 어떻게 생각했을까?

별명

에라토스테네스는 모든 학문 분야에서 특출한 재능을 보였다. 뛰어난 수학자, 천문학자, 지리학자, 역사학자, 철학자, 시인, 운동가였다. 알렉산드리아 도서관의 제자들은 그를 5종 경기의 챔피언인 '펜타슬루스Pentathlus' 라고 불렀다는 이야기가 있다.

에라토스테네스는 또한 '베타Beta' 라고도 불렸는데, 이런 별명에 대한 유래를 설명하는 그럴듯한 가설들이 제시됐다. 먼저, 그의 학식이 플라톤에 버금간다고 여겼기 때문이라고 믿는 사람이 있다. 그리고 그가 비록 많은 분야에서 뛰어난 재능을 보였지만, 어느 분야에서도 당대 최고가 되지는 못했기 때문이라는 야박한 설명도 있다. 다시 말하면, 그는 언제나 둘째였다는 것이다.

별명에 대한 변명

앞에서 에라토스테네스가 '베타' 라는 별명을 얻은 불명예스러운 이유를 두 가지 들었다. 그런데 천문학자 아폴로니오스가 '입실론Epsilon' 이라는 별

명을 가졌었다는 사실을 알게 되면, 그런 이유가 어느 정도 설득력을 잃는다. 이것 때문에, 베타와 입실론이 두 사람과 관련된 알렉산드리아 도서관의 연구실이나 강의실의 그리스 숫자인 2와 5로부터 단순히 유래했을 것이라는 설명이 있다.

한편, 아폴로니오스의 경우에는 그가 달을 연구했고 글자 ε은 달을 상징했기 때문에 입실론이라는 별명을 얻었을 것이라는 주장도 있다.

에라토스테네스의 죽음

에라토스테네스는 말년에 안염으로 인해 눈이 완전히 눈이 멀었거나 거의 앞을 볼 수 없게 됐다고 한다. 그는 책을 읽을 수 없게 된 상황에서 생명을 유지하고 싶지 않았기 때문에, 스스로 굶어 죽었다고 한다.

아폴로니오스 Apollonius

기원전 262?~190?

아폴로니오스는 기원전 262년경 소아시아 남부의 페르가[1]에서 태어났다. 젊었을 때 알렉산드리아로 가서 유클리드의 후계자들로부터 학문을 배웠으며, 그곳에 오랫동안 머물렀다. 나중에 소아시아 서부의 페르가뭄[2]을 방문했는데, 그곳에는 알렉산드리아 도서관을 모방한 도서관과 학교가 새로 세워져 있었다. 그 곳에서 연구하면서 《원뿔 곡선론》을 썼다. 알렉산드리아로 다시 돌아간 기원전 190년경 그곳에서 죽었다.

위대한 기하학자

아폴로니오스는 유명한 천문학자였고 수학의 여러 분야에 관한 글을 남겼지만, 그의 명성은 바로 주로 《원뿔 곡선론》에 의존한다. 이 특출한 책은 여덟 권으로 이루어졌는데, 그가 당대 사람들로부터 '위대한 기하학자' 라는 칭호를 얻게 했다.

아폴로니오스 이전에 그리스 사람들은 세 가지 원뿔 회전체로부터 원뿔 곡선들을 얻었는데, 원뿔의 꼭지각이 직각보다 작거나 같거나 큰 경우에 따라 분류됐다. 원뿔을 생성하는 선분에 수직인 평면으로 이런 세 가지 원뿔을

❶ Perga, 현재 터키의 무르티나(Murtina)

❷ Pergamum, 현재 터키의 베르가마(Bergama)

자르면 각각 타원, 포물선, 쌍곡선이 얻어진다. 이에 따라 쌍곡선의 경우는 한 부분만을 고려했다. 그런데 아폴로니오스는《원뿔 곡선론》제I권에서 현재 우리에게 친숙한 방법인 하나의 이중 직원뿔 또는 이중 빗원뿔로부터 모든 원뿔 곡선을 얻었다.

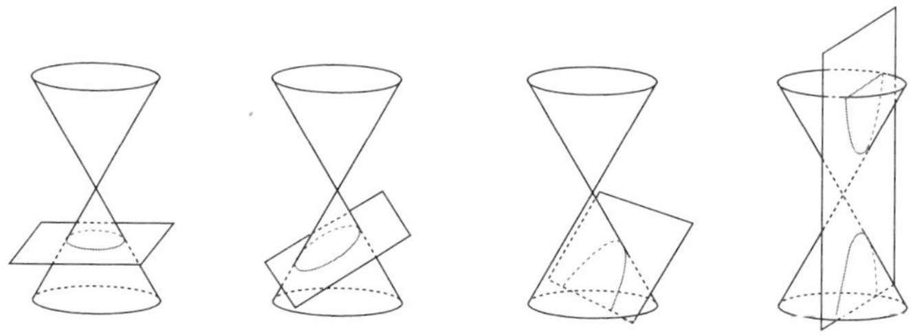

원 타원 포물선 쌍곡선

디오판토스 Diophantus

200?~284?

DIOPHANTI
ALEXANDRINI
ARITHMETICORVM
LIBRI SEX,
ET DE NVMERIS MVLTANGVLIS
LIBER VNVS.

대수학의 역사에서 대단히 중요하며 후세의 유럽 수론학자들에게 매우 큰 영향을 끼친 알렉산드리아의 디오판토스는 태어난 날짜와 국적이 불명확한 수학자다. 비록 디오판토스가 서기 1세기에 살았었다는 빈약한 증거가 일부 있지만, 대부분의 역사학자는 그를 3세기에 활동한 사람으로 생각하고 있다.

디오판토스의 가장 중요한 업적은 《산학Arithmetica》인데, 이 책은 대수적 수론과 방정식의 풀이에 관한 고전으로, 그를 이 분야의 천재로 자리 매김하고 있으며 '대수학의 아버지' 라는 별명을 얻게 했다. 이 책은 일차와 이차 방정식을 주로 다루고 있는데, 양의 유리수 해만을 찾았으며 음수와 무리수 해는 쓸모 없다고 생각했다. 특히, 이 책에서는 부정 방정식도 다루고 있는데, 이런 문제를 '디오판토스 문제' 라고 부르고 있다. 사실, 이 용어의 현대적인 의미는 더욱 제한되어 정수 해만을 찾는 문제를 뜻한다.

산학

디오판토스는 적어도 세 가지 책을 저술했는데, 그 중에서 분명히 가장 중요한 것은 《산학》이다. 그 뒤 대수학 교과서로 오랫동안 사용된 《산학》은 원래 열세 권으로 이루어져 있었는데 현재까지 여섯 권만이 전해지고 있다. 이 여섯 권은 매우 다양한 약 130개의 수론과 방정식 문제로 이루어져 있다.

바셰

1463년 레기오몬타누스[1]는 당시까지 보존된 그리스 문헌의 《산학》을 라틴어로 번역하자고 제안했다. 이 제안은 1575년 크실란더[2]가 실현했는데, 훌륭한 번역과 함께 주석을 붙였다. 그 뒤 프랑스의 바셰[3]는 크실란더의 번역서를 사용해서, 1621년 이 그리스 문헌의 초판을 라틴 번역서 및 주석과 함께 출판했다. 바셰의 번역서는 역사적으로 중요한데, 페르마가 수학을 공부할 때 교과서로 사용했고 이를 통해 '페르마의 마지막 정리'를 탄생시켰기 때문이다. 앞의 사진은 바셰의 1621년 번역서의 표지다.

디오판토스의 삶

기원전 30년 클레오파트라[4]의 자살로 로마 제국이 알렉산드리아를 점령했지만, 이 도시의 그리스 유산과 지적 전통은 유지됐다. 그 뒤 그리스의 위대한 두 수학자가 알렉산드리아에서 활동했는데, 디오판토스와 수세대 뒤의 파포스가 그들이다.

그런데 디오판토스가 알렉산드리아에서 활동했던 것 이외에, 그의 삶에 대해 알려진 확실한 사실은 아무것도 없다. 그렇지만 문법학자 메트로도로스 Metrodorus가 500년경에 편집한 책 《그리스 선집Greek Anthology 또는 Palatine Anthology》에 있는 한 문제는, 디오판토스의 일생을 개략적으로 알려주고 있다. 《그리스 선집》에는 46개의 수론 문제가 경구투의 문장으로 수록되어 있

[1] Regiomontanus(1436~1476), 본명이 뮬러(Johann Muller)인 쾨니히스베르크 출신의 수학자

[2] Guilielmus Xylander(1532~1576), 독일의 고전학자로 하이델베르그 대학 교수를 지낸 홀츠만(Wilhelm Holzmann)이 필명으로 사용한 그리스 이름

[3] Claude Gaspar Bachet de Meziriac(1581~1638)

[4] Cleopatra(기원전 69~30), 이집트 프톨레마이오스의 마지막 여왕(재위 51~30)

다. 디오판토스에 관한 문제는 다음과 같은 비문체로 나타난다.

> 디오판토스는 인생의 $\frac{1}{6}$을 어린이로 살았고 $\frac{1}{12}$은 젊은이로 살았으며 $\frac{1}{7}$은 미혼으로 살았다. 결혼하고 5년 뒤에 아들을 낳았는데, 그 아들은 아버지보다 4년 먼저 죽었다. 그때 그는 아버지 나이의 반이었다. **[디오판토스는 몇 세에 죽었는가?]**

'아버지 나이의 반'을 '아버지의 마지막 나이의 반'으로 해석하고, 디오판토스가 죽었을 때의 나이를 x로 놓으면, 다음 방정식을 얻을 수 있다.

$$\frac{x}{6}+\frac{x}{12}+\frac{x}{7}+5+\frac{x}{2}+4=x$$

이 방정식을 풀면 $x=84$이다. 따라서 디오판토스는 어린이로 14년, 젊은이로 7년, 미혼으로 12년을 보냈으며, 33세에 결혼했다. 5년 뒤인 38세에 아들을 낳았는데, 아들은 42세로 죽었다. 당시 그의 나이는 80세였다.

'아버지 나이의 반'을 '아버지 나이의 반이었을 때'라고 해석한다면, 이것은 분수 해를 가진 다른 문제가 된다. 이렇게 해석하면, 디오판토스는 $65\frac{1}{3}$세에 죽었으며, 아들은 $30\frac{2}{3}$세에 죽었다.

대수학의 축약

1842년 네셀만G.H.F. Nesselmann은 대수적 표기의 역사적 발달을 세 단계로 구별했다. 첫 단계는 '수사적 대수학'으로, 이 단계에서는 문제의 풀이가 생략이나 기호 없이 완전히 산문체로 쓰여졌다. 다음 단계는 '축약된 대수학'인데, 이 단계에서는 자주 나타나는 수량이나 연산을 간략하게 나타내기 위한 생략이 적용됐다. 마지막 단계는 '상징적 대수학'인데, 이 단계에서는 풀이가 주로 기호로 이루어진 수학적 속기로 나타나는데, 여기에서 기호는 그것이 의미하는 실체와 명확한 관계가 거의 없다.

디오판토스 이전의 대수학은 수사적이었다고 거의 확실하게 말할 수 있다. 디오판토스의 수학에 대한 주요한 공헌의 하나는 그리스 대수학의 축약이었다. 그렇지만 인도를 제외한 나머지 세계에서는 수사적 대수학이 수백년 동안 매우 보편적으로 오랫동안 존속했었다. 특히, 서유럽에서는 15세기까지도 대부분의 대수학이 수사적인 상태였다. 서유럽에서 상징적 대수학이 16세기에 처음으로 나타나기 시작했지만, 17세기 중반까지는 널리 확산되지 못했었다. 초등 대수학 교재에 등장하는 많은 기호는 결코 400년 이상은 되지 못했다.

디오판토스는 미지수, 미지수의 여섯째까지의 거듭제곱, 뺄셈, 상등, 역수 등에 대한 축약을 사용했다. 용어 'arithmetic'은 그리스의 arithmetike에서 유래했는데, 이는 '수'를 뜻하는 arithmos와 '과학'을 뜻하는 techne의 합성어이다. 미지수를 나타내는 디오판토스의 기호는 단어 arithmos의 처음 두 글자에 대응하는 그리스 알파벳 α와 ρ를 합체해서 얻어졌을 것이라고 히스[5]는 꽤 설득력 있게 지적했다. 이것은 그 뒤에 그리스 마지막 시그마sigma ς처럼 보이게 됐다. 이것은 추측에 불과한 반면에, 미지수의 거듭제곱에 대한 표기의 의미에 대해서는 의심의 여지가 없다. 예를 들면, '미지수의 제곱'은 Δ^r으로 표기되는데, 이것은 '제곱'을 뜻하는 그리스 단어 dunamis ($\Delta\Upsilon$NAMIΣ)의 첫 두 글자이다. 또, '미지수의 세제곱'은 K^r으로 표기되는데, 이것은 '세제곱'을 뜻하는 그리스 단어 kubos(KΥBOΣ)의 첫 두 글자이다. 미지수의 그 다음 거듭제곱 $\Delta^r\Delta$(제곱-제곱), ΔK^r(제곱-세제곱),

[5] Thomas Little Heath(1861~1940), 영국 트리니티 대학을 졸업하고 재무성과 국채 사무소에 공무원으로 근무하면서 그리스 수학에 관한 논문과 책을 출판했다.

$K^{r}K$(세제곱-세제곱) 등은 쉽게 설명된다. '뺄셈'을 뜻하는 디오판토스의 기호는 뒤집힌 V에 각의 이등분선을 삽입한 꼴로 보인다. 이 기호는 Λ와 I의 합성으로 설명되어 왔는데, 이 글자들은 '부족'을 뜻하는 그리스 단어 leipis(ΛΕΙΨΙΣ)에 들어있다. 덧셈은 병렬로 나타냈으며, 어떤 식에 나타나는 음수 항은 모두 모아서 그 앞에 음수 기호를 삽입해서 나타냈다. 미지수의 거듭제곱에 대한 계수는, 그 거듭제곱 기호 다음에 그리스의 알파벳에 의한 수 표현으로 나타냈다. 상수항은 '단위원들'을 뜻하는 그리스 단어 monades (ΜΟΝΑΔΕΣ)를 축약해서 $\mathring{M}$와 같은 기호와 적절한 계수로 나타냈다. 예를 들면, x^3+13x^2+5x와 x^3-5x^2+8x-1은 각각 다음과 같이 표현된다.

$$K^{r}\alpha\varDelta^{r}\iota\gamma\varsigma\varepsilon,\ K^{r}\alpha\varsigma\eta\pitchfork\varDelta^{r}\varepsilon\mathring{M}\alpha$$

이것은 글자 그대로 각각 다음과 같이 읽을 수 있다.

미지수의 세제곱 1, 미지수의 제곱 13, 미지수 5

(미지수의 세제곱 1, 미지수 8) 빼기

(미지수 제곱 5, 단위원 1)

이렇게 수사적 대수학이 축약된 대수학으로 바뀌었다.

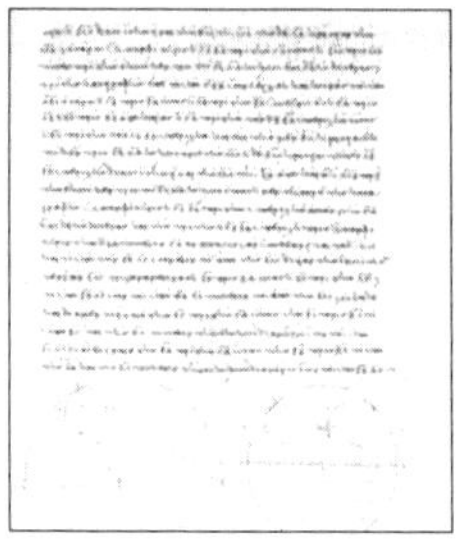
파포스의 《수학집성》

파포스 Pappus

290?~350?

파포스는 알렉산드리아에서 태어나서 그곳에서 평생을 살았다. 그는 그리스의 뛰어난 기하학자 중에서 마지막이었다. 유클리드, 아르키메데스, 아폴로니오스 등의 직계 후계자들은 얼마 동안 그리스의 위대한 기하학 전통을 유지했지만, 그 뒤 서서히 쇠퇴해졌다. 천문학, 삼각법, 대수학 등에 국한해서 새로운 발전이 이루어졌을 뿐이다. 아폴로니오스가 죽고 500년이 지난 뒤에 활동한 파포스는 정력적으로 수학에 대한 관심을 다시 불러 일으키려고 노력했다.

파포스가 수학 주석서를 여러 권 썼지만, 진정한 걸작품은 여덟 권으로 이루어진 《수학 집성Mathematical Collection》이었다. 이 책은 당시에 존재하는 기하학에 대한 주석과 안내의 역할을 했는데, 기존의 기하학 결과를 개선 · 확장했으며 독창적인 정리를 상당히 많이 제시했고 역사적인 설명을 수록했다. 분명히 이 책은 기하학적 진수들을 풍부하게 간직한 훌륭한 보고지만, 그리스 기하학의 마지막 작품이라고 부를 수 있다. 왜냐하면 파포스 이후 그리스 수학은 활기 있는 학문으로서의 생명은 끝이 났고, 이류 저술가나 주석가가 보존한 잔재만이 남았기 때문이다.

유명한 부등식

고대 피타고라스 학파 이래, 그리스 사람들은 세 가지 평균, 즉 '산술, 기하, 소반대' 평균에 대해 흥미를 가졌다. 소반대 평균은 그 뒤 아르키타스와 히파소스가 '조화' 평균으로 이름을 바꾸었다. 두 개의 양수 a와 b에 대해 세 가지 평균은 각각 다음과 같이 정의된다.

$$A=\frac{a+b}{2},\quad G=\sqrt{ab},\quad H=\frac{2ab}{a+b}$$

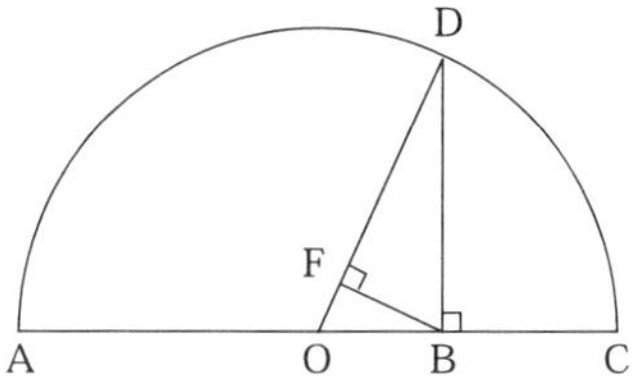

여러 가지 시험에서, $A \geq G \geq H$이고 등호는 $a=b$인 경우에만 성립한다는 사실을 증명하는 문제가 종종 출제된다. 이 부등식에 대한 매우 간결한 증명이 파포스의 《수학집성》 제III권에 나타난다. 오른쪽 그림과 같이, 선분 AC를 지름으로 하는 반원 O를 그리고 선분 AC의 점 B에서 수선을 올려서 반원 O와 만나는 점을 D라고 하자. 그러면 점 B에서 선분 OD에 내린 수선의 발을 F라고 할 때, 세 선분 OD, BD, FD는 차례로 선분 AB와 BC의 산술, 기하, 조화 평균을 의미함을 쉽게 밝힐 수 있다.❶ 고려하는 부등식은 이제 기하학적으로 명백하다. 이 부등식의 증명을 파포스의 증명보다 더 훌륭하게 표현할 수는 없을 것이다.

❶ 선분 OD는 반지름이므로 분명히 산술 평균 $\frac{\overline{AB}+\overline{BC}}{2}$이다. 선분 BD가 기하 평균임을 보이기 위해서는, 닮은 두 삼각형 ABD와 DBC로부터 비례식 $\overline{AB}:\overline{BD}=\overline{BD}:\overline{BC}$가 성립함을 확인하면 충분하다. 선분 FD가 조화 평균이 되는 것은 닮은 두 삼각형 DFB와 DBO로부터 비례식 $\overline{FD}:\overline{DB}=\overline{DB}:\overline{OD}$이 성립하므로, $\overline{FD}=\frac{\overline{DB}^2}{\overline{OD}}=\frac{2\overline{AB}\cdot\overline{BC}}{\overline{AB}+\overline{BC}}$ 이기 때문이다.

피타고라스의 정리의 확장

피타고라스의 정리는 "직각 삼각형에서 빗변을 한 변으로 하는 정사각형의 넓이는 나머지 변을 각각 한 변으로 하는 두 정사각형의 넓이의 합과 같다."고 주장한다. 이 정리는 기원전 300년경에 쓰여진 유클리드《원론》제I권의 정리 47로 나타난다.

유클리드 시대에도 이미 피타고라스의 정리의 확장이 일부 알려져 있었다. 예를 들면,《원론》제VI권의 정리 31은 다음과 같다. "직각 삼각형에서 빗변에 접한 도형의 넓이는 나머지 두 변에 같은 방법으로 접한 그 도형과 닮은 도형들의 넓이의 합과 같다." 이 일반화는 직각 삼각형의 세 변에 접하는 정사각형을 같은 방법으로 접하는 닮은 도형으로 단순히 대체시킨 것에 불과하다. 좀 더 가치 있는 일반화는 제II권의 정리 12와 13에 등장한다. 이 두 정리를 결합해서 약간 현대적으로 표현하면 다음과 같다. "삼각형에서, 둔각(또는 예각)의 대변 길이의 제곱은 나머지 두 변 길이의 제곱의 합에 이 두 변 중 하나와 다른 하나를 그 변에 사영시킨 선분의 곱의 두 배를 더한(또는 뺀) 결과와 같다." 즉, 아래 그림의 기호를 사용하면 다음과 같다.

$$\overline{AB}^2 = \overline{BC}^2 + \overline{CA}^2 \pm 2\overline{BC}\,\overline{DC}$$

여기에서 덧셈과 뺄셈 부호는 삼각형 ABC의 각 C가 둔각인지 예각인지에 따라 결정된다.

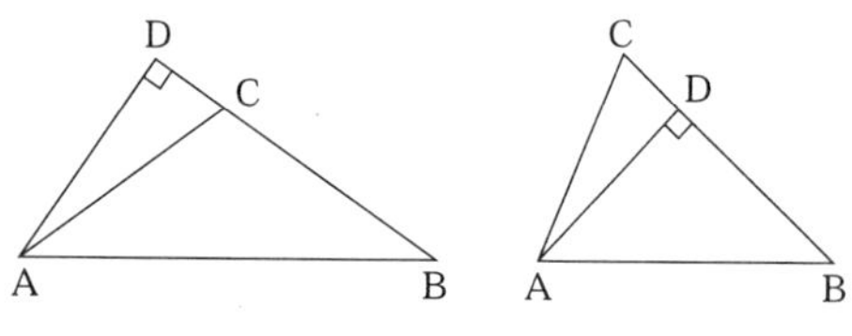

유향 선분을 사용하면, 제II권의 정리 12와 13 및 제I권의 정리 47(피타고라스의 정리)을 결합해서 다음과 같이 단 하나의 명제로 만들 수 있다. "삼각형

ABC의 꼭지점 A에서 변 BC에 내린 수선의 발을 D라고 하면, 다음이 성립한다."

$$\overline{AB}^2 = \overline{BC}^2 + \overline{CA}^2 - 2\overline{BC}\,\overline{DC}$$

그런데 $\overline{DC} = \overline{CA}\cos\angle BCA$이므로, 이 마지막 명제는 근본적으로 이른바 '코사인 법칙' 임을 알 수 있다. 그리고 코사인 법칙은 실제로 피타고라스의 정리의 훌륭한 일반화이다.

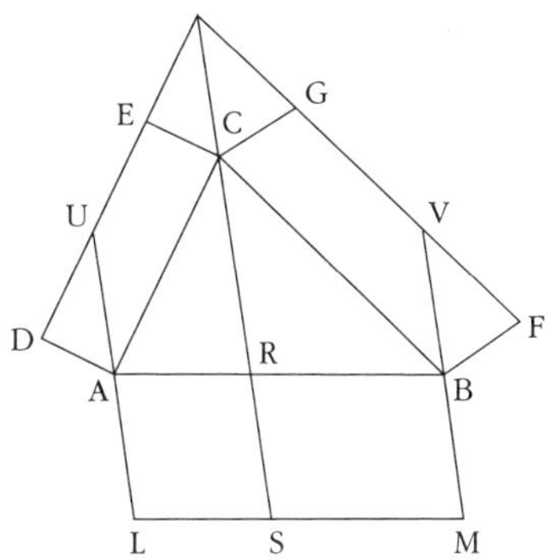

그러나 피타고라스의 정리에 대한 가장 뛰어난 확장은 알렉산드리아의 파포스가 《수학 집성》 제IV권의 시작 부분에서 제시한 정리일 것이다. 파포스는 피타고라스의 정리를 다음과 같이 확장했다. (오른쪽 그림을 보라.) "ABC를 임의의 삼각형이라 하고, 변 CA와 CB에 외접하는 임의의 평행 사변형을 각각 CADE와 CBFG라고 하자. 선분 DE와 FG의 연장선은 점 H에서 만나고, HC와 길이가 같고 평행인 선분 AL과 BM을 그리자. 그러면 평행 사변형 ABML의 넓이는 평행 사변형 CADE와 CBFG의 넓이의 합과 같다." 이 증명은 쉽다. 왜냐하면 □CADE=□CAUH=□SLAR이고 □CBFG=□CBVH=□SMBR이므로 □CADE+□CBFG=□SLAR+□SMBR=□ABML이 성립하기 때문이다. 피타고라스의 정리는 두 가지 방향으로 일반화됐음을 지적한다. 즉, 피타고라스의 정리에서의 직각 삼각형은 임의의 삼각형으로 대체됐고, 직각 삼각형의 변에 접한 정사각형은 임의의 평행 사변형으로 대체됐다.

영리한 꿀벌

정육각형으로 이루어진 벌집의 기하학적 아름다움은 오랫동안 흥미를 끌어왔다. 파포스는 이런 벌집을 만드는 벌들의 수학적인 총명함을 최초로 기록한 사람인데, 《수학 집성》 제5권에는 벌집의 특성을 다음과 같이 쓰고 있다.

> 아마도 벌들은 신의 음식 중에서 인간에게 할당된 몫을 이런 형태로 신들로부터 인간에게 전달하는 임무를 위임받았다고 스스로 알고 있기 때문에, 그들은 이것을 땅이나 나무 위에 또는 추하거나 불규칙적인 물건 위에 경솔하게 쏟아버리는 것이 합당하지 않다고 생각한다. 그래서 먼저 지구 위에서 자라고 있는 가장 아름다운 꽃들의 단꿀을 모으고, 꿀을 담기 위해 그릇을 만든다. 그런 그릇을 벌집이라고 부르는데, 벌집은 모두 서로 같은 꼴이고 연이어 있으며 형태에 있어서는 육각형이다. 그런데 이런 벌집을 기하학적 예지력 덕분에 고안했다고 분명히 추측할 수 있다. 벌들은 벌집이 반드시 서로 연이어 있어야 한다고, 즉 이물질이 벌집 틈새에 들어갈 수 없게 해서 순수성을 지키기 위해서는 벌집이 반드시 공동의 변을 가져야 한다고 필연적으로 생각했을 것이다. 벌들은 고르지 않은 도형을 고려하지 않을 것이다. 그런데 이런 조건을 만족시키는 정다각형은 세 가지뿐이다. 여기에서 정다각형은 등변이고 등각인 것을 의미한다. … 그래서 한 점 주위의 공간을 완전히 채울 수 있는 도형은 세 가지뿐인데, 벌들은 본능적인 분별력으로 각이 가장 많은 도형을 선택해서 벌집을 만들었다. 왜냐하면 그것이 다른 두 가지 꼴보다 더 많은 꿀을 저장할 수 있다고 그들이 생각했기 때문이다.

히파티아 Hypatia

370?~415

히파티아는 수학사에서 언급되는 최초의 여성 수학자다. 그녀는 수학, 천문학, 철학 등에서 뛰어났으며, 디오판토스의 《산학》과 아폴로니오스의 《원뿔 곡선론》에 대한 주석서를 저술했다고 전해진다. 그리고 그녀는 알렉산드리아 신플라톤주의의 대표자로서 플라톤 철학을 가르쳤다.

히파티아는 아버지 테온[1]의 지도로 수학을 배웠다. 테온은 파포스의 뒤를 이은 알렉산드리아의 마지막 도서관장이었다. 프톨레마이오스[2]의 《알마게스트》에 대한 주석서와 유클리드 《원론》에 대한 개정판을 썼는데, 이 책으로부터 현대의 모든 개정판이 유래했다.

이 아버지와 딸은 4세기 말과 5세기 초 종교적으로 혼란스러운 격변기에 살았으며, 유명한 알렉산드리아 도서관의 마지막 수학자였다.

《알마게스트》

히파티아를 소개하기 전에 뛰어난 천문학 책 프톨레마이오스의 《알마게스트》에 대해 알아보겠다.

[1] Theon(335?~395?), 알렉산드리아에서 활동한 고대 그리스의 수학자 · 천문학자

[2] Claudius Ptolemy(85?~165?), 알렉산드리아에서 활동한 천문학자 · 지리학자로서 그 뒤 1400년 동안 정설이 된 지구 중심설을 주장했다.

히파르코스 기념 우표

프톨레마이오스는 그리스의 천문학 연구 결과를 서기 150년경 대단히 명확하게 설명한 책을 썼다. 《수학대계Syntaxis mathematica》라고 부르는 매우 영향력이 컸던 이 책은 히파르코스[3]의 저작들에 근거했는데, 대단히 완벽하고 간결하며 세련된 것으로 특히 유명하다. 이 책은 르네상스 시대까지 서양의 우주관을 지배했다. 천문학에 관한 이 책과 다른 열등한 책들을 구별하기 위해, 후세 주석가들은 이 책에 최상급 magiste(가장 위대한)을 부여했다. 이보다 더 뒤의 아라비아 번역가들은 아라비아어의 관사 al을 접두사로 붙였다. 그래서 이 책은 그 뒤 《알마게스트Almagest》로 불렸다.

아름다운 교사 히파티아

히파티아는 수학에서 아버지보다 뛰어났으며, 모든 종류의 철학에 능통했다. 그녀는 소매 없는 외투를 걸치고 거리를 누비면서 원하는 모든 사람에게 플라톤과 아리스토텔레스 및 다른 모든 철학자의 사상을 가르쳤다.

그녀는 또한 순결한 처녀였으며 매우 아름다웠다. 한 제자가 그녀를 사모했는데, 더 이상 숨길 수 없게 되어 사랑을 고백했다고 한다. 히파티아는 그 제자를 음악의 도움으로 상사병을 치료해주었다는 이야기가 있다. 다른 이야기에 따르면, 그녀는 자신의 불결함에 대한 표시로 생리대를 보여주었다고

[3] Hipparchus(기원전 180~125), 원을 360도로 분할하고 현에 대한 수표를 작성했으며 지구 위의 위치를 정하기 위해 경도와 위도의 사용을 지지했다. 그리고 약 850개의 별을 포함하는 목록을 작성했다.

한다. 그 제자는 그 추한 모습에 놀라고 부끄러움을 느껴서 마음을 바꾸었다고 한다.

히파티아의 죽음

400년경 알렉산드리아는 정치적으로 종교적으로 매우 소란스러웠다. 기독교도가 대다수를 차지하고 있었지만, 이들도 분파를 이루고 있었다. 그리고 기독교도들이 이교도라고 부른 사람들이 있었다. 당시 알렉산드리아 제독은 기독교도였지만 이교도들에게 냉담하지는 않은 오레스테스Orestes였는데, 이교도를 용인하지 않았으며 412년에 주교가 된 키릴Cyril의 도전을 받고 있었다. 오레스테스의 친구였던 히파티아는 이들 사이의 대립에 책임이 있다는 소문이 돌았다. 사랑 받고 인기 있던 그녀를 키릴은 시샘했으며, 그녀를 살해하기 위해 폭도를 모았다는 말도 있다. 어쨌든, 그녀는 415년 3월 격분한 기독교 폭도들에 의해 다신교 사원의 계단에서 무자비하게 살해됐다. 광신적인 기독교도들은 히파티아를 붙잡아 옷을 벗기고 사지를 절단한 뒤 불에 태웠다고 한다. 다른 이야기에 따르면 그녀를 산 채로 화장시켰다고 한다.

히파티아가 알렉산드리아에서 가르친 제자 중에는 유명한 기독교도가 많이 있었다. 그 중에서 가장 뛰어난 제자는 키레네의 시네시우스Synesius였는데, 그는 나중에 프톨레마이스Ptolemais의 주교가 됐다. 그가 히파티아에게 보낸 사랑과 존경의 편지는 유대교 이전의 그리스와 로마의 다신교 철학과 초기의 '정신적인' 기독교의 밀접하고 유익한 접촉을 예시하고 있다. 반면에, 다신교 철학과 초기의 '호전적인' 초기 기독교의 모질고 잔인한 접촉은 히파티아의 죽음으로 예시된다.

히파티아의 죽음과 함께, 수학에 대한 그리스의 공헌은 막을 내렸다. 즉, 그리스 수학의 길고 영광스러운 역사는 근본적으로 종말을 고했다. 히파티아가 죽은 뒤, 신플라톤주의 사상과 교육은 알렉산드리아에서 아테네로 건너갔고, 이때 프로클로스가 마지막으로 명맥을 유지했다.

▣ 히파티아의 말

* *형식적이고 독단적인 모든 종교는 잘못이고, 종국에는 자존심이 있는 사람은 결코 받아들이지 않을 것이다.
* *생각할 권리를 확고히 지켜라. 옳지 않게 생각하더라도 전혀 생각하지 않는 것보다는 낫기 때문이다.
* *미신을 진리라고 가르치는 것이 가장 못된 것이다.

▣ 그리스 수학의 종말

고대가 마무리되는 시기는 로마가 지배했다. 로마 군대의 무력 앞에 그리스의 도시들은 하나씩 하나씩 무너졌다. 메소포타미아는 기원전 65년, 이집트는 기원전 30년, 그리스는 기원전 146년에 각각 로마 제국의 속주가 됐다. 로마 제국의 경제적인 구조는 근본적으로 농업과 노예의 노동에 근거하고 있었다. 독창적인 과학적 연구를 질식시키는 조건이 더욱 증대했으며, 창조적인 사고는 점차적으로 퇴보하기 시작했다. 유명한 알렉산드리아 대학도 고대 사회의 붕괴와 함께 점차 쇠퇴해졌고, 결국 서기 641년에 알렉산드리아는 아랍 사람들이 차지했는데, 아랍 사람들은 기독교도가 남긴 모든 것을 불태워 버렸다. 장대하고 영광스러웠던 그리스 수학의 시대는 종말을 고했다.

로마 사람들은 추상적인 수학을 전혀 연구하지 않았으며, 상업 및 토목과 관련된 단지 몇 가지의 실용적인 수학에 만족했다. 로마가 멸망한 5세기 중반부터 11세기까지를 유럽의 암흑 시대라 부른다. 로마 제국의 몰락과 이에 뒤이은 동서 교역의 단절 및 국가적인 토목 사업의 파기는 이런 관심마저도

시들게 만들었다. 이 시기는 엄청난 물리적 폭력과 강력한 종교적 믿음으로 특징지어진다. 옛 사회 질서는 무너지고 봉건적이고 기독교적인 사회가 됐으며, 서유럽의 문명은 매우 낮은 상태로 전락했고 지식은 황폐화됐다. 학교는 거의 존재하지 않았고, 그리스의 학문은 거의 사라졌다. 이 시기에 동양, 특히 아라비아 사람들은 수학의 주요한 관리자가 됐으며, 수학사의 주류는 서유럽으로 되돌아올 때까지 아라비아를 통해 긴 시간 동안 우회했다.

중국

주요 인물

장형
유휘
조충지(조훤)
왕효통
이순풍
심괄
이야
진구소
양휘
주세걸
정대위
서광계(마테오 리치)
강희제(매문정, 매곡성)
이선란

중국의 수학

고대 중국의 문명은 황하 유역을 중심으로 발전했다. 홍수가 잦은 황하의 치수 사업을 위해 필요한 인력과 자재의 동원과 관리는 수학의 발달을 요구했을 것이다. 거대한 국가의 재정 확보를 위한 조세 징수와 상공업의 발달도 상당한 수준의 수학을 요구했을 것이다. 유교의 고전인 《주례周禮》에는 당시의 관리 자제에게 육예六藝, 즉 예禮 · 악樂 · 사射 · 어御 · 서書 · 수數를 가르쳤다고 기록되어 있다. 여기서 '수'는 고대 중국에서 관리가 되기 위해서는 어릴 적부터 수학을 익혔음을 알려준다.

그러나 고대 중국의 수학에 관해 전해진 것은 거의 없다. 가장 큰 이유는 고대 중국인들이 쉽게 썩는 대나무 위에 기록했고 기원전 213년 진시황에 의한 분서갱유가 있었기 때문이다.

《주비산경周髀算經》은 주요 내용이 전국시대 또는 전한 시대에 씌어졌을 것으로 추정되는 천문학에 관한 책으로, 완전하게 보존된 수학 분야의 가장 오래된 문헌이다. 후한의 조상[1]은 이 책의 주석 〈구고원방도〉에서 오

❶ 趙爽, 자는 군경(君卿)

른쪽 그림과 함께 직각 삼각형에 대한 피타고라스의 정리와 그 활용에 대해 언급하고 있다. 이 시대의 대표적인 수학 책은 《구장산술九章算術》인데, 실무 관리용의 실용 수학을 집대성했다. 이 책은 위魏 유휘劉徽의 주석과 함께 그 뒤 1500여 년 동안 중국 수학의 토대를 마련했다. 유휘는 좀 더 복잡한 상황의 측량과 관련된 《해도산경海島算經》도 썼다.

정치적으로 혼란스럽던 4세기에 중국 수학에 주목할 만한 발전이 이루어졌다. 중국인의 나머지 정리가 처음으로 등장하는 《손자산경孫子算經》, 십진법에 의한 소수 표기가 소개된 《하후양산경夏候陽算經》, 부정 방정식을 유도하는 백계문百鷄問이 등장하는 《장구건산경張丘建算經》, 원주율에 대한 매우 정확한 근사값을 제시한 조충지祖沖之의 《철술綴術》이 이 시기에 씌어졌다.

그 뒤 6세기에 견란甄鸞의 《오경산술五經算術》과 《오조산경五曹算經》, 삼차 방정식을 다룬 당唐 왕효통王孝通의 《집고산경緝古算經》 등을 망라해서 당대에 이르러 〈산경십서算經十書〉로 고대의 중국 수학이 정착됐다.

송宋·원元 시대는 중국 수학의 황금기였으며, 민간 수학과 순수 수학의 전성기였다. 이 시기에 이루어진 주요 저술로는 부정 방정식과 고차 방정식의 해법을 다룬 진구소秦九韶의 《수서구장數書九章, 1247》, 천원술을 체계적으로 제시한 이야李冶의 《측원해경測圓海鏡, 1248》, 양휘楊輝의 《양휘산법楊輝算法, 1274, 1275》, 주세걸朱世傑의 《산학계몽算學啓蒙, 1299》과 《사원옥감四元玉鑑, 1303》 등이 있다. 천문학의 연구로는 곽수경郭守敬의 《수시력授時曆, 1280》이 있다.

이런 수학 활동은 원대 말기부터 갑자기 시들기 시작했고, 명明대에 이르러서는 천원술 등의 수학 성과가 잊혀지기도 했다. 상업의 발달과 더불어 주판이 민간에 보급됐는데, 주산을 논의한 정대위程大位의 《산법통종算法統宗, 1592》이 《구장산술》의 형식에 따라 쓰였을 뿐이다.

중국의 전통 수학이 쇠퇴한 명 말 청淸 초에 선교사들에 의해 유럽의 수학이 수입됐다. 마테오 리치(Matteo Ricci, 利瑪竇)가 서광계徐光啓와 함께 유클리드의 《원론》 처음 6권을 번역한 《기하원본幾何原本, 1606》, 이지조李之藻와 함께 엮은 《동문산지同文算指, 1612》, 매곡성(梅穀成, 1681~1763)이 중국의 전통 수학과 함께 수입된 수학을 집대성하여 53권으로 엮은 《수리정온數理精蘊, 1723》 등이 있다.

서양 수학의 도입은 중국인에게 과거의 문화 유산을 다시 평가하고 중국의 전통 수학에 대한 관심을 높이게 했다. 《사고전서四庫全書, 1773~1787》의 수학 부분을 편집한 대진(戴震, 1724~1777)은 다수의 산서算書를 발굴하고 수록함으로써 전통 수학의 부흥을 시도했다. 그러나 청 말에 이르러 아편 전쟁의 패배에 뒤이은 외세의 침략에 따른 정치 · 경제적 불안과 침체 속에 중국의 전통 수학은 유럽의 수학에 완전히 밀려났다.

回 묵가

전국 시대(기원전 5세기~221)의 묵가墨家는 일종의 기술자 집단이었다. 최초의 맹주인 묵자❷의 저술로 알려진 책 《묵자》에는, 유클리드 《원론》의 일부를 연상케 하는 기하학에 관한 논리적인 기본 명제가 실려 있다. 예를 들면 다음과 같다.

> 점은 넓이가 없는 선의 맨 끝에 있는 부분이다.
>
> 평행이란 같은 높이를 뜻한다.
>
> 원의 중심은 원주로부터 같은 거리에 있다.

❷ 墨子, 공자가 죽은 기원전 479년 이후의 사람으로 알려지고 있다.

또 당시에는 후세에 '명가名家' 라는 이름으로 알려진 논리학파가 여럿 등장해서, 마치 제논과 같은, 무한에 얽힌 역설을 다루었다.

그러나 이런 수학적 경향은 기원전 3세기 중국 최초의 통일 왕조 진秦의 탄생과 함께 명맥이 끊겼다.

산대

중국의 기수법은 주周대 이전부터 십진법이었으며, 그 뒤로도 십진법이 사용됐다. 그러나 한자로 나타낸 숫자를 그대로 계산에 사용할 수 없었기 때문에, 계산 도구로는 산대(또는 산목 또는 산가지)가 중국에서 기원전 1000년경부터 사용됐다. 고대에는 대나무를 둥글게 깎아서 지름이 1푼分이고 길이가 6치寸로 [271개를 한 묶음으로] 만들었는데, 그 뒤 점차로 작아졌으며 나무를 세모꼴로 깎아 만들기도 하였다. 산대를 산(筭, 算) 또는 주籌라 했는데, 해당하는 한자는 모두 대죽변竹에 속해있다. 수학을 중국인들은 산학 또는 주학이라고 하였다. (오른쪽 사진은 한양대학교 박물관에 소장되어 있는 산대이다.[3])

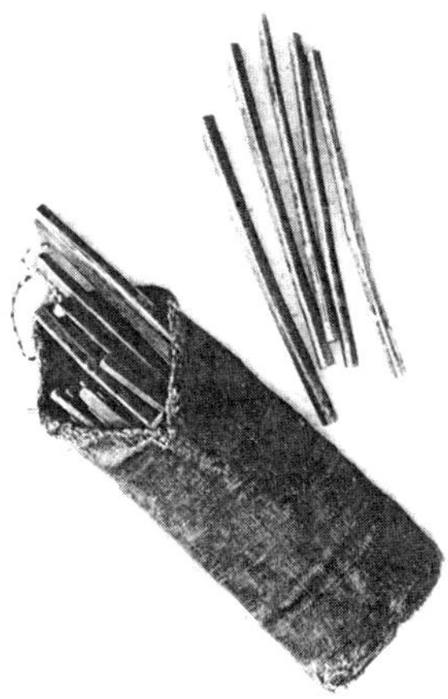

산대를 보자기에 싸 가지고 다니다가 수학 문제를 풀기 위해 계산을 하려면, 보자기를 풀어 펴고 그 위에 산대로 수를 표시하고 이리저리 산대를 옮기면서 계산하였기 때문에 이를 '포산布算' 이라고 한다. 다음 그림은 일본의 한 산학 책에 있는 포산 장면을 보여주는 삽화다.[4]

[3] 《과학동아》, 2000년 3월, p.104.

산대로 수를 나타낼 때는 일, 백, 만…의 자리의 숫자는 아래 그림의 첫 행과 같이 세우고, 십, 천…의 자리의 숫자는 둘째 행과 같이 옆으로 뉘어서 표현했다. 그리고 6 이상은 편의를 위해 위쪽에 5를 나타내는 산대를 놓는다.

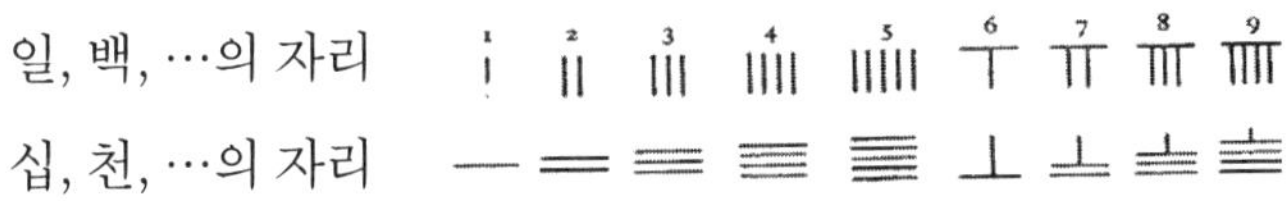

예를 들면, 오른쪽 그림에 나타낸 수는 위로부터 차례로 6537, 28301, 67714, 76620을 나타낸다. 여기서 알 수 있듯이, 빈 자리로 0을 나타낸다.

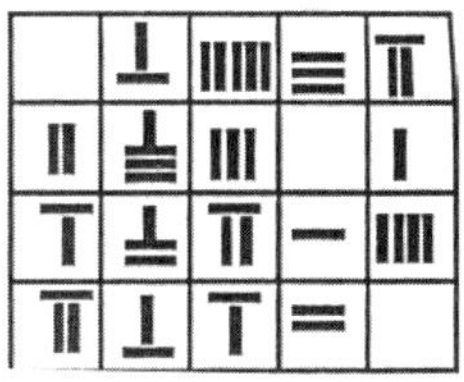

중국에서는 고대부터 음수를 사용했는데, 《구장산술》에도 음수가 등장한다. 양수와 음수를 구별하기 위해서, 양수는 빨간 산대로 음수는 검은 산대로 나타냈다. 또는 일의 자리를 나타내는 산대 위에 다른 산대를 비스듬히 올려놓는 방법으로 음수를 나타내기도 했다.

한편, 송 · 원 시대(960~1367)에는 산대에 의한 수 표시를 그대로 옮겨 쓴 주식籌式 숫자가 등장했다. 오른쪽과 같이, 이 경우에 각 숫자 사이에 간격을 두지 않고 꼭 붙여 썼으며, 빈 자리는 기호 ○로 나타

❹ Smith, D.E., *History of Mathematics* Vol. II, Dover Pub. Inc., 1958, p. 173.

내고,[5] 음수는 마지막 숫자에 빗금을 그어 나타냈다. 이와 같은 수 표현이 송 · 원 대와 그 이후의 산학서에 매우 많이 등장한다.

산대는 중국에서는 명나라의 15세기 중반까지 그리고 우리나라에서는 19세기에도 계산 수단의 대종을 이루었다.

구구법

고대의 곱셈 구구는 9×9=81에서 시작해서 2×2=4에서 끝난다. 이에 따라 '구구단' 또는 '구구법' 이라는 이름이 생겼다. 한漢대의 죽간에 있는 내용을 나타낸 오른쪽 그림에서 알 수 있듯이,[6] 1~2세기까지도 이와 같았다. 곱셈 구구가 1×1=1까지 확장된 것은 5세기와 10세기 사이로, 4~5세기에 발간된《손자산경》에 이와 같은 꼴이 있다.

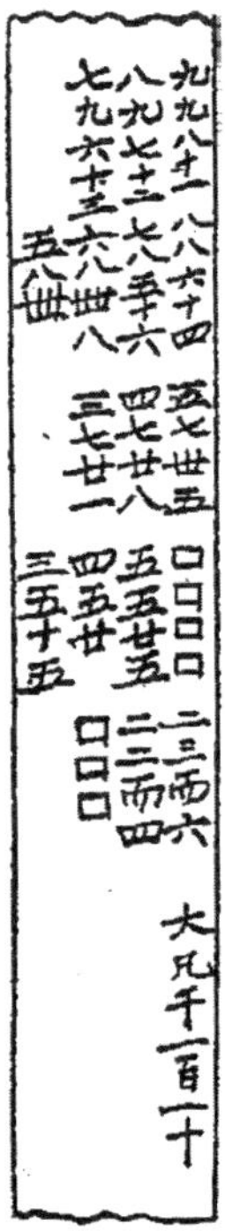

송宋대의 13세기 또는 14세기에 이 순서가 역전되어 현재와 같이 1×1=1부터 시작해서 9×9=81로 끝나는 곱셈 구구로 바뀌었다. 예를 들면, 조선 시대의 법령집인《경국대전經國大典》에 산학 채용고시의 출전으로 명시되어 있는《양휘산법》,《산학계몽》,《상명산법詳明算法》에는 모두 이와 같은 순서로 곱셈 구구가 나열되어 있다.

구구법은 중국에서 아주 오래 전부터 유래한 것으로 보이는데, 이와 관련된 춘추 시대(기원전 770~476)의 다음과 같은 이야기가 있다. 제齊나라의 환공桓公은 초현관招賢館을 만들어 뛰어난 인물을

[5] 남송 진구소(秦九昭)의 《수서구장(數書九章, 1247)》에 처음 등장했다.

[6] 李儼 · 杜石然 저/ 郭樹理 · 倫華祥 역, 中國 數學/ *Chinese Mathematics-A concise history*, Clarendon Press, 1987, p. 14.

등용하려고 했다. 오랫동안 기다렸지만, 아무도 응모하지 않았다. 1년 뒤 한 사람이 나타나서 환공에게 구구법을 말하면서 놀라운 지식이라고 뽐냈다. 환공은 이를 농담으로 생각하고 그에게 말했다. "당신은 구구법이 훌륭한 지식이라고 생각하는가?" 그러자 그 사람이 대답했다. "사실, 구구법을 아는 것이 어떤 능력이나 학식이 있음을 보여주기에 충분하지는 않습니다. 그러나 공께서 구구법만 아는 저를 등용하신다면, 틀림없이 유능하고 재주 많은 사람들이 관직에 나오려고 줄을 설 것입니다." 환공이 이를 온당한 주장이라고 생각해서, 그를 등용하고 환대했다. 그 뒤 한 달도 안 되어 곳곳으로부터 유능하고 재주가 출중한 사람이 많이 응모했다.

▣ 수학 서술 형식

중국의 수학은 중국어와 같이 매우 간결하다. 그리고 구체적인 수치를 이용해서 문제 중심으로 제시되는데, 상거래, 땅의 측정, 건설, 조세 등에 관한 실무적인 문제를 다루고 있다. 서술 형식은 《구장산술》에서 제시한 바에 따라 다음과 같이 '문제-답-해법'의 순서로 되어있다.

今有 … 問 … 幾何 [지금 …이 있다. …은 얼마인가?]
答曰 … [답은 …]
術曰 … [해법은 …]

여기서 해법은 문제를 풀어서 답을 얻는 과정(알고리즘)을 제시할 뿐이며, 그렇게 계산하는 이유를 밝히지는 않는다. 유휘와 같은 후세의 수학자가 해법의 원리와 정당성을 밝히는 주석을 붙이기도 했다.

주인

중국에서 주인疇人은 천문학자와 수학자를 동시에 뜻했다. 실제로, 수학과 천문학은 늘 뒤엉켜 있었다. 중국의 전통 수학은 천문학과 결부된 학문, 즉 역산曆算의 일부로서 역서를 작성하기 위한 수학과 더욱 실용적인 토목·건축·과세 등에 필요한 산학算學으로서의 수학으로 구분할 수 있다. 전자에 관한 가장 오래된 수학서가 《주비산경》이고 후자에 관한 고전이 《구장산술》이다.

청淸대의 《사고전서四庫全書》 자부子部 중 〈천지산법류天之算法類〉에서는 수학을 천문학과 관련이 있는 역산과 재정·회계·국가적인 토목공사 등을 다루는 산학의 둘로 나누어 다루고 있다.

장형 Zhang Heng, Chang Heng

張衡, 78~139

장형은 중국 후한(後漢, 25~220) 시대에 허난성河南省 난양南陽의 명문가에서 태어났고 자는 평자平子다. 오랫동안 한문학 교육을 받았고 여러 편의 문학 작품을 발표해서 상당한 명성을 쌓았다. 30세에 이르러 관심사가 문학에서 과학 문제로 바뀌었는데, 특히 천문학에 큰 흥미를 느꼈다. 수학과 관련해서는 3×3 마방진을 연구했고, 저서로는 《산망론算罔論》이 있다.

그는 116년경 조정의 부름을 받고 관직에 임명됐는데, 낭중郎中 · 상서시랑尙書侍郎 등을 지냈고, 나중에는 시중侍中 · 하간상河間相을 지냈다. 천문대장인 태사령太史令을 오랫동안 맡고 천문학에서 뛰어난 업적을 남겼으며, 중국 고대의 우주 구조에 관한 이론인 혼천설渾天設의 대표적 이론가였다.

그는 과학자 · 문학자로서 학문이 넓고 다재 다능했는데, 당시 6대 화가의 한 사람이었다.

문학자 – 최초의 칠언시

장형은 한문학에서 시인과 작가로서 20편이 넘는 작품을 남겼는데, 이를 통해 큰 명성을 얻었고 그 뒤 중국 문학에 지속적인 영향을 끼쳤다. 사부詞賻에 뛰어나 장안과 낙양의 풍속을 그린 〈서경부西京賦〉와 〈동경부東京賦〉 및 이를 합쳐서 〈이경부二京賦〉를 써서 사치에 빠져있는 세태를 풍자했다. 자신의 출생지인 난양을 찬미한 〈남도부南都賦〉, 〈사현부思玄賦〉, 〈귀전부歸田賦〉 등과 함께 《문선文選》❶에 수록되어 있다.

만년의 〈사수시四愁詩〉는 최초의 칠언시로 수작으로 꼽힌다.

정치가

장형은 조정의 부름으로 관리가 됐지만, 야망이 없었기에 여러 번 찾아온 승진 기회를 스스로 포기하기도 했다.

그는 당시 유행하던 속유俗儒들의 도참圖讖 신앙이 허위임을 강조하고 이를 금지 · 폐지하자는 상서를 올리기도 했다. 미신의 불합리함에 분노를 느낀 합리주의자였다. 권력자에 대해서도 엄격했기 때문에, 하간왕河間王의 보좌역으로 전출되기도 했다.

그는 수도洛陽에서 물러나 은거한 상태로 시간을 보내기도 했는데, 이때 우주의 본질과 여러 가지 과학적 주제를 탐구했다.

발명가 – 세계 최초의 지진계 발명

장형은 지남차指南車, 목조(木雕, 자동으로 나는 나무로 된 새), 기리고거記里鼓車 등을 고안했다. 톱니바퀴를 물시계와 연결하여 수운혼천의水運渾天儀를 발명했는데, 이것은 물시계의 낙수력을 원동력으로 삼아 지구의를 매일 균일하게 한 번 회전시켜 천체 현상의 움직임을 보여주도록 한 것이었다. 그가 만든 〈지형도地形圖〉는 당대唐代까지 전해졌다.

장형의 가장 뛰어난 발명품은 세계 최초의 지진계인 후풍지동의候風地動儀였다. 132년에 발명한 이것은 진원의 방향도 알 수 있었다.

❶ 중국 남조 시대 양무제의 장남 소현태자가 측근 문인들의 도움으로 편집한 문장 시부의 사화집(詞華集)이다. 800여 작품이 37종류의 문체로 구분되어 있다.

당시 지진은 모든 것을 파괴하는 가공할 위력만이 아니라 잘못된 통치에 대한 하늘의 징벌로 여겼다. 이에 따라 천문대장이었던 장형은 지진의 징후를 미리 정확하게 탐지할 의무가 있었다. 달걀 모양을 한 후풍지동의는 구리로 만들었는데, 위쪽에는 여덟 개의 용 머리가 각각 입에 구리 구슬을 물고 둘러서 있고 가운데에 추가 있었다. 아래쪽에는 여덟 마리의 개구리가 용 머리 바로 아래에 하나씩 둘러서 있다. 지진이 발생하면, 용의 입에 있던 구슬이 개구리의 입에 떨어져서 소리를 냈다.

후풍지동의는 138년 2월에 지진을 감지했고, 지진이 수도의 서쪽에서 발생했다는 사실도 알려줬다. 장형은 이를 황제에게 보고했는데, 당시 수도 낙양에서 지진을 느낀 사람은 아무도 없었다. 여러 날 뒤 수도로부터 북서쪽으로 1000km 이상 떨어진 곳에서 지진이 발생했다는 보고가 도착했을 때, 장형은 큰 명성을 얻었다.

▣ 천문학자 - 혼천설

장형은 천문天文과 역산曆算에 뛰어나 안제(安帝, 재위 106~125) · 순제(順帝, 재위 125~144) 때 태사령(太史令, 천문대장)을 두 번에 걸쳐 14년 동안 지냈다. 123년에 정밀한 천문 관측을 바탕으로 역법을 개정하기도 했다. 그리고 음양가였던 그는 선인들의 우주 기원과 변화에 관한 사상을 계승하여 천지만물의 발생과 발전 과정을 설명했다. 월식이 일어나는 원인을 정확하게 해석했는데, 지구의 그림자가 달을 가릴 때 생기는 현상이 월식이라고 주장했다.

그는 중국 고대의 우주 구조에 관한 이론인 혼천설渾天設의 대표적 이론가이기도 했다. 혼천설은 달걀의 껍질이 노른자를 둘러싸고 있듯이 우주도 구 모양의 하늘이 땅을 둘러싼 모습으로 되어 있다는 설로, 하늘은 그 모습이 둥글고 끝없이 일주 운동❷을 한다 하여 혼천渾天이라 하였다.

장형은 중국에서 최초로 천구의를 제작했는데, 이를 혼천의渾天儀라고 불렀다. 이는 천구의 대원에 대응하는 고리들 및 별과 행성을 정렬시키는 데 사용하는 중심 관으로 이루어졌다. 장형을 이것으로 이전보다 더 정밀한 별 지도를 작성할 수 있었다. 혼천설과 혼천의에 관한 《혼천의주渾天儀註》와 《영헌靈憲》 등의 천문 서적을 저술했다. 혼천설은 이러한 장형의 저서로부터 비롯된 것으로 보인다.

고대 중국에는 세 가지 우주론이 있었는데, 첫째가 개천설蓋天說이고 둘째가 선야설宣夜說이며 셋째가 혼천설이다.

개천설은 천원지방天圓地方에 바탕한 제1단계 개천설과 하늘은 삿갓蓋笠처럼 생겨서 쟁반 모양의 땅을 덮고 있다는 제2단계 개천설이 있다. 전자는 주周나라 초기에 성립됐고, 후자는 혼천설의 영향을 받아 전한前漢 말기에 완성됐다고 한다. 후한 말 조상이 주석을 붙인 《주비산경》에서 개천설이 논의되기 때문에 주비설이라 불리기도 한다. 하늘과 땅 사이는 8만 리(약 3만 6000km)이고, 북극 부분이 갓의 중심이 됐다고 한다. 하늘에 있는 태양이나 그 밖의 모든 천체는 북극을 중심으로 하여 원 위로 움직인다고 생각하고, 태양과의 거리가 멀고 가까움에 따라 밤과 낮이 생긴다고 설명하였다.

선야설宣夜說은 일월성신日月星辰은 허공에 떠 있어, 기氣에 의하여 움직이거나 정지하므로 그 운동은 극히 불확실하다고 주장한다.

한대漢代 이후의 학자들은 대부분 혼천설을 지지하였다. 이 점은 한국의 경우도 마찬가지로, 삼국 시대에 이 설이 도입된 이래 조선 초기에 이르기까지 정통적 우주관으로 자리잡았다.

❷ 日周運動, 지구의 자전 때문에 모든 천체가 천구와 함께 자구의 자전과 반대 방향으로 도는 것처럼 보이는 현상

수학자 – 원주율과 구의 부피 계산

중국에서는 전통적으로 원주율을 3으로 계산했는데, 《주비산경》과 《구장산술》 및 《주례》의 〈고공기〉에서도 한결같이 이와 같았다.

전한 시대의 기원 초에 유흠❸이 근사값 $\pi ≒ 3.1547$을 얻었다는 기록이 있다. 그러나 정확한 값을 얻기 위해 수학적으로 노력한 최초의 인물은 장형이다. 그는 구의 부피를 구하는 공식에서 $\pi=\sqrt{10}=3.1622\cdots$ 사용했다.❹ 장형은 일부 문헌에서 제곱근을 계산하지 않은 채로 인용했다. 이에 따라 그가 유리수와 무리수의 차이를 이해했었을 것이라는 말이 있다.

장형은 또한 구의 부피에 대한 공식을 외접하는 정육면체의 부피를 이용해서 만들었는데, 아주 정확하지는 못했다. 이에 대해 유휘는 《구장산술》의 제4권 소광에서 구의 부피 계산을 설명하면서, 장형의 계산에 대해 다음과 같이 비판했다.

> 장형의 주장은 〈역易〉의 음과 양 및 짝수와 홀수陰陽寄偶에 관한 관념적인 사상에 일치시키려고 한 것이며, 수치를 정밀하게 나타내는 데는 유의하지 않았다. 그러므로 그럴듯한 이유로 내세우고 있지만 (수학의) 원리를 무시한 것이기 때문에, 이것은 그의 오점이 아닐 수 없다.

❸ 劉歆(?~23), 중국 전한 말과 신(新)대의 학자.

❹ 《영헌》에서는 $\pi = 142/45 = 3.1555\cdots$을 사용했다고 한다.

유휘 Liu Hui

劉徽, 220?~280?

유휘는 중국 삼국 시대에 위(魏, 220~265)에서 태어났고 진(晉, 서진 265~316, 동진 317~420)대까지 살았다. 그의 경력은 확실하지 않으며, 그에 관해 알려진 사실은 아래에서 언급하는 두 가지 저술뿐이다.

그는 263년에 《구장산술九章算術》에 주석을 달았다. 단순한 주석에 그치지 않고 새로운 견해를 많이 추가하고 각종 계산의 정당성을 예리한 통찰력으로 확인시켜줌으로써, 수학자로서의 진가를 발휘한 귀중한 자료가 됐다. 원주율의 계산에서는 극한 개념을 알고 있었음을 보여주었고, 다양한 도형의 부피 계산에서는 뛰어난 기하학적 직관력을 보여주었다. 그의 저서 《해도산경海島算經》은 원래 《구장산술》 제9권 구고에 대한 부록으로 쓰여졌는데, 후세에 독립된 책이 됐다. 이는 측량에 관한 중국 최초의 수학 책이었다.

回 《구장산술》 주석

중국에서 수학(산학)은 중요한 주제였지만, 직업인으로서의 수학자는 대수롭지 않게 취급받았다. 이에 따라 수학 문헌은 세대를 거치며 전해졌고 수정·보완됐지만, 그에 관여한 수학자의 존재는 모호한 상태로 남아있는 경우가 많이 있다.

《구장산술》은 고대 중국의 수학 책 중 가장 중요한 것으로, 왕조 정치에서 관리가 실무에서 필요로 하는 수학을 총망라하고 있다. 유휘는 이 책이 원래 기원전 1000년 전에 쓰여졌을 것이라고 믿었지만, 현재 대부분의 역사학자는 분서갱유 뒤 기원전 200년경부터 유래했을 것으로 보고 있다. 《구장산술》은 진 · 한대를 거치면서 체계화되고 정립된 뒤 근세까지 중국을 포함한 동아시아의 수학에 막대한 영향을 끼쳤다. 서양 수학에서 유클리드의 《원론》이 차지하는 위치에 있었다는 말이 있다. 이 책은 제목 그대로 9권(장)으로 이루어졌으며, 모두 246개의 문제와 그 해법을 싣고 있다. 각 권의 제목과 주요한 수학 주제는 다음과 같다. [구체적인 내용은 관련 문헌을 참고하자.]

제1권 〈방전方田〉 38문항,	평면 도형의 넓이 계산, 분수 계산
제2권 〈속미速米〉 46문항,	금유술❶, 경율술, 기율술, 반기율술
제3권 〈쇠분衰分〉 20문항,	비례 배분(수열과 급수), 정비례, 복비례
제4권 〈소광少廣〉 24문항,	넓이 · 부피로부터 변 · 지름의 길이 구하기, 제곱근 · 세제곱근 풀이
제5권 〈상공商功〉 28문항,	입체 도형의 부피 계산
제6권 〈균수均輸〉 28문항,	정 · 반비례, 비례 배분, 복비례, 연비례
제7권 〈영부족盈不足〉 20문항,	영부족술(복가정법)과 그 응용
제8권 〈방정方程〉 18문항,	연립 일차 방정식
제9권 〈구고句股〉 24문항,	구고술(피타고라스의 정리)과 그 응용, 닮은 직각 삼각형을 이용한 측량.

제1권 〈방전〉에서 분수 계산의 약분에서는 유클리드 알고리즘(호제법)과

❶ 금유술은 인도의 브라마굽타에서 삼수법과 함께 소개하겠다.

같은 원리를 이용하고 있다. 제4권 〈소광〉에서 제곱근과 세제곱근 풀이 방법은 그 자체로도 훌륭한데, 일반적인 다항 방정식의 풀이 방법도 암시하고 있다. 제8권 〈방정〉에서는 연립 방정식을 계수만 나열하고 가우스 소거법과 같은 방법을 풀고 있다. 이 권의 제목으로부터 현재 사용하고 있는 수학 용어 '방정식'이 유래했다. 중국의 수학이 대수학적인 면에서 2000년 전에 이미 대단한 수준에 있었음을 보여준다.

원래의 《구장산술》에는 문제, 답, 해법만 있을 뿐이다. 해법은 답을 구하는 계산 과정(알고리즘)인데, 그런 과정을 이용하는 이유는 설명되어 있지 않다. 유휘는 바로 이런 해법의 정당성을 깊은 통찰력을 발휘해서 명확하게 설명했고, 그런 계산의 근거를 이루는 원리를 제시했다. 필요한 경우에는 그림도 이용했다고 하는데, 이는 전해지지 않는다. 이런 점에서 유휘의 주석은 서양 수학에서의 증명에 해당한다고 말할 수 있다.

回 할원술

《구장산술》 제1권 〈방전〉에서 제31, 32문의 해법에는 원의 넓이를 구하는 네 가지 공식이 제시되어 있다. 셋째 공식은 원의 넓이를 '지름을 제곱하여 3을 곱하고 4로 나누어' 구한다. 즉, 원의 반지름을 r, 넓이를 S라고 하면 다음과 같다.

$$S = \frac{3(2r)^2}{4} = 3r^2$$

즉, 원주율을 $\pi=3$으로 가정하고 있다.

유휘는 이에 대한 주석에서 원주율 $\pi=3$과 위의 공식을 사용해서 얻은 값은 원에 내접하는 정12각형의 넓이라고 지적했다(다음쪽 그림). 그리고 원의 정확한 넓이를 구하기 위한, 이에 따라 정확한 π의 값을 구하기 위한 방법을 제시했는데, 이를 '할원술割圓術'이라고 한다.

유휘가 《구장산술》 제1권 방전 제35, 36문의 활꼴 모양의 밭(弧田, 弧矢田) 문제에 대한 주석에서 제시했을 것이라고 청나라 산학자 대진(戴震, 1724~1777)이 추측한 그림

유휘는 원에 내접하는 정$2n$각형의 변의 길이로 정$4n$각형의 넓이와 변의 길이를 표현하는 점화 관계를 유도했고, 반지름이 1자인 원에 내접하는 정육각형에서 출발해서 위의 관계를 반복 적용해서 다음과 같이 정192각형의 넓이를 계산했다.

$$S_{192} = 3.141024(\text{제곱자})$$

이는 원의 넓이로 생각하면, 원주율을 π=3.141024로 택한 것과 같다. 유휘는 편의를 위해 원주율 $\pi=3.14=\frac{157}{50}$을 제시했는데, 후세에 이를 '휘율' 또는 '휘술'이라 불렀다.

유휘는 위의 과정을 반복하면 더 정확한 원주율을 얻을 수 있음을 알고 있었다. 여기서 그가 극한 개념을 이해하고 있었음을 알 수 있다.

그리스의 수학자 아르키메데스는 기원전 3세기에 원에 내접하고 외접하는 정다각형으로 원주율을 계산했었다. 유휘는 아르키메데스와 독립적으로 이 방법을 발견했는데, 내접하는 정다각형만 이용했다.

《해도산경》

《구장산술》 제9권 〈구고〉에서 다룬 측량 문제는 한 쌍의 직각 삼각형을 이용하는 단순한 상황에 관한 것이다. 예를 들어, 〈구고〉의 17번 문제는 다음과 같다.

지금 정사각형의 [성벽으로 둘러싸인] 마을이 있는데, 각 변은 200보다. 각 변의 가운데에 문이 나 있고, 동문을 나와서 15보 되는 곳에 나무가 있다. 남문을 나와서 몇 보를 가면 그 나무가 보이는가?

그런데 유휘가 쓴 《구장산술》의 서문에는 다음과 같은 문구가 있다.

나는 구수❷에 중차라는 개념이 있음을 찾아내어, 그 취지를 살려 바로 이 문제에 적용해 보았다. 무릇 지극히 높은 곳을 관측하고, 아주 깊은 곳을 측량해서 그 거리를 알아내려면, 반드시 중차를 이용해야 한다. 직각 삼각형들의 대응하는 변들 사이의 비율로서의 차를 두 번 이용해야 하므로, 중차라고 한다. …(중략)… 나는 오늘날 남아있는 역사 기록들을 참조하고, 또한 천지간의 사물들을 대략이나마 예시하면서 그 수치들을 고찰 · 논의하며, 그것들을 기록에 실어 산술의 묘미를 세상에 밝히려고 한다. 급작스럽게 중차에 관한 부분을 지어서 주해를 붙이고, 옛 사람들의 뜻을 연구하여 구고 아래에 덧붙였다. 높이를 재려면 두 개의 푯말을 쓰면 되고, 깊이를 측량하려면 두 개의 곱자가 필요하다. 외떨어진 것이 있으면 세 번 관측하고, 떨어진 데다 드넓기까지 한 걸 알아내려면 네 번 관측하면 된다.

❷ 《주례(周禮)》에 따르면, "구수는 방전, 속미, 차분, 소광, 상공, 균수, 방정, 영부족, 방요(旁要)를 일컫으며, 이 밖에 중차(重差), 석걸(夕桀), 구고가 있다." 나중에 차분(差分)은 쇠분으로 불렸다. 한편, 방요, 중차, 구고라는 용어에 대해 조선 산학자 황윤석(黃胤錫, 1729~1791)의 《산학입문(算學入門)》〈구장명수(九章名數)〉에 다음과 같은 설명이 있다.

지금 있는 주에 의거하면, 중차와 구고 및 방요는 서로 같고 이것은 하나의 구고법이다. 단 구고는 평면에서 측정한 것이고, 방요는 입체에서 측정한 것이며, 중차는 평면과 입체에서 통용되는 방법이다. 평면과 입체는 비록 다르나 그것이 구고가 되는 것은 같다.

이렇게 해서 유휘는 구고의 연속으로 '중차'를 지어 붙였다. 후세에 이 중차는 독립된 책인 《해도산경》이 됐다.

중차는 두 쌍 이상의 닮은 직각 삼각형을 이용하는 측량 방법으로, 바다에 있는 섬까지의 거리와 높이와 같이 실제로 도달할 수 없는 곳까지의 거리를 측량할 수 있다. 《해도산경》의 첫째 문제는 다음과 같다. (오른쪽 그림은 왕감의 《산학계몽술의》에 있는 이 문제 상황을 예시하는 그림이다.)

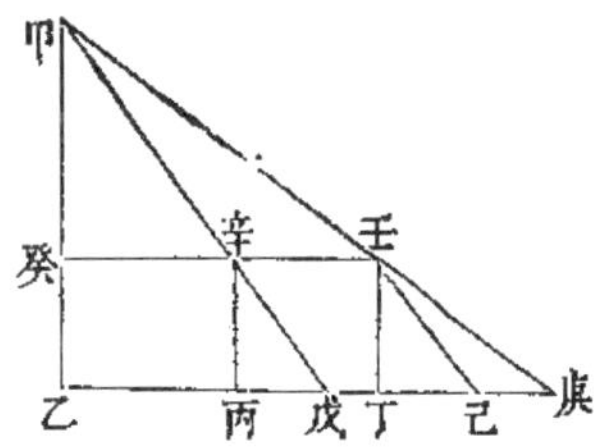

지금 바다 위의 섬을 바라보고 있는데, 높이가 각각 3장인 푯말을 두 개 세웠다. 앞과 뒤의 푯말은 가지런히 나란하고 그 사이의 거리는 1000보다. 앞의 푯말[辛丙]로부터 123보 물러나서 눈을 땅[戊]에 붙이고 바라보니 섬의 봉우리[甲]가 푯말의 끝과 함께 나란히 짝을 이루어 가지런하고, 다시 뒤의 푯말[壬丁]로부터 127보 물러나서 눈을 땅[庚]에 붙이고 바라보니 섬 봉우리는 또다시 푯말의 끝과 함께 나란히 짝을 이루어 가지런하다고 한다. 섬의 높이 및 앞의 푯말로부터 섬까지의 거리는 얼마인가?

《임꺽정》에서의 측량

홍명희의 소설 《임꺽정(林巨正, 화적편 2, 제8권, 50쪽)》에는 한 쌍의 닮은 직각 삼각형을 이용해서 측량할 수 있는 단순한 경우를 예시하고 있다.

서림이가 김억석이와 실없는 수작을 하는 동안에 황천왕동이와 길막봉이는 매로바위 밑에 와서 바위를 치어다보며 서너 길 되느니 못 되느니 눈어림을 다투고 있었다. 서림이가 와서 치어다보고

"이 바위 높이쯤은 긴 바지랭대두루 잴 수가 있을지 모르지만 잴 수 없다구 치더래

두 망해도望海圖 법만 알면 대번 바위 높이를 알 수가 있소. 그 아는 법은 조그만 나무때기를 바위와 같은 방향으로 세우구 그림자 길이를 재어보구 그 다음에 바위의 그림자 길이만 재어보면 바위 높이는 자연 알게 되우. 지금 가령 한 자 되는 나무때기의 그림자가 두 자가 되었는데 바위 그림자는 스무 자라구 하면 바위 높이는 열 자가 아니겠소." 수리數理를 알거냥하고 한바탕 잘 지껄이었다. …

위에서 망해도법望海圖法은 바다 가운데 있는 섬을 뭍에서 보고 그 거리를 헤아리는 셈법이다. 그런데 청淸대의 《고금도서집성古今圖書集成》에 실린 오른쪽 그림에서 알 수 있듯이, 망해도법은 위에서 제시한 문제 상황보다 복잡한 경우에 이용하는 방법으로 유휘의 《해도산경》에서 이용한 바로 중차의 방법이다.

조충지 Zu Chongzhi, Tsu Ch'ungchi

祖沖之, 429~500

조충지는 범양范陽에서 대대로 과학에 뛰어난 집안에서 태어났다. 어렸을 때부터 기계 다루는 솜씨와 과학적인 감각이 뛰어났다. 중국 남북조 시대의 남조 최초의 왕조인 송(宋, 420~479)에서 활동했는데, 효무제(孝武帝, 재위 454~464) 때 관리로 임명받았으며 관직은 장수교위長水校尉에 이르렀다. 이때, 수학과 천문학을 연구했다. 역법 〈대명력大明曆〉을 만든 천문학자이고, 《철술(綴術, 보간법)》을 저술한 수학자이며, 재능있는 발명가였다.

조충지는 자가 문원文遠이고, 문학에도 뛰어나서 10편의 소설을 저술했으며, 역易과 노장老莊의 의석, 논어論語와 효경孝經의 주註도 있었다.

回 천문학자 – 대명력

조충지는 어릴 때부터 역수曆數, 즉 천문 계산을 배울 기회가 있었다. 당시 과학자의 최대 관심사는 역법曆法이었는데, 조충지도 예외가 아니었다. 송나라 3대 문제(文帝, 재위 424~453) 때 채택된 하승천河承天의 〈원가력元嘉歷〉은 종래의 역법에 비해 정밀하긴 했지만 여전히 미비한 점이 많았다. 이에 조충지는 462년 〈대명력〉을 만들어 4대 효무제에게 바쳤다. 그러나 중신 대법흥戴法興의 반대로 시행이 늦어지던 중 시행을 앞두고 황제가 죽자 중지됐다.

조충지는 효무제가 죽은 뒤에는 관직에서 사임하고 과학 연구에만 몰두했다. 〈대명력〉은 그 뒤 아들 조훤❶의 노력으로 남조의 양(梁, 502~557) · 진(陳, 557~589) 두 나라에서 80년 동안 행해졌다.

〈대명력〉은 종래의 역법에 비하여 여러 가지로 개량됐다. 중국 역법사상 최초로 세차歲差의 영향을 고려한 것으로,❷ 종래의 역법에서는 19년에 7번의 윤달을 두었으나 391년 간 144개의 윤달을 두는 식으로 새로운 윤년 주기를 도입했다. 회귀년을 365.2428148일로 정했는데, 이것은 1199년에 나온 송대의 〈통천력統天曆, 회귀년을 365.2425일로 봄〉 이전의 중국 역법상 가장 우수한 수치다.

발명가 – 중국의 아르키메데스

조충지는 수학과 같은 순수 과학 이론뿐만 아니라 그것을 실제적으로 활용하는 일에도 비상한 관심과 특출한 능력을 보였다. 지남차(指南車, 늘 남쪽 방향을 가리키는 목상木象을 실은 수레)를 개량했고, 기기(敧器, 속이 비었을 때 쓰러지고, 적당히 물이 차 있으면 쓰러지지 않으나 가득 채우면 다시 쓰러지는 용기), 수구마(水臼磨, 수력으로 움직이는 절구), 목우유마(木牛流馬, 자동으로 움직이는 군량 운반차), 천리선(千里船, 쾌속선) 등을 만들었다. 또 물레방아 등 논을 개간하는 방법을 논했다. 이에 '중국의 아르키메데스' 라고 불릴 만했다.

《철술》 – 원주율

조충지는 수학자로서는 《구장산술》과 《해도산경》에 주註를 달았고, 원주율에 대한 매우 정확한 근사값을 제시한 《철술》 10편을 저술했다고 한다. 《수서隋書》 〈율력지律曆志〉에는 다음과 같은 기록이 있다.

❶ 祖暅(450?~520?, Zu Geng, Zu Xuan, Tsu Keng), 조훤지(祖暅之, Zu Geng Zhi)라고도 불린다.
❷ 중국에서 최초로 세차를 발견한 것은 아니다.

애초에 원주율을 대략 3으로 잡았었는데, 이것은 아주 엉성한 수치다. 유흠劉歆, 장형, 유휘, 왕번王蕃, 피연종皮延宗 등이 각각 새로운 원주율을 정했으나, 남조의 송나라 말기 남서주南徐州 종사사從事史인 조충지가 이것을 더욱 정밀하게 셈하여, 원의 지름이 1장일 때 원주는 3.1415927장보다 작고 3.1415926보다 크다는 사실을 알아냈다. 이것으로부터 밀률密率 $\frac{355}{113}$과 약률約率 $\frac{22}{7}$를 유도했다.

여기서 밀률은 정밀한 비율, 약률은 대강의 비율을 뜻한다. 약률은 아르키메데스가 기원전 250년경에 발견했었다. 밀률 $\frac{355}{113}=3.1415929\cdots$는 소수점 아래 여섯째 자리까지 정확한 근사값으로, 유럽에서는 1000년 이상 뒤인 1573년에야 독일 수학자 오토Otto가 계산했다.

그런데 당 시대의 이순풍은 《구장산술》에 주석을 달면서, $\frac{22}{7}$를 반복해서 밀률이라 불렀다. 이에 따라 그 뒤의 많은 산서에서 $\frac{22}{7}$를 밀률이라 불렀다.

▣ 구의 부피

《구장산술》 제4권 〈소광〉의 제24문과 답 및 해법은 다음과 같다.

> 부피가 1조 6448억 6643만 7500(세제곱)자의 구가 있다. 그 지름은 얼마인가?
>
> 답 : 1만 4300자
>
> 해법 : 부피의 자 수를 놓고, 16을 곱하여 9로 나눈 다음에 그 세제곱근을 구하면 지름을 얻는다.

즉, 지름이 d인 구의 부피를 $\frac{9}{16}d^3$으로 계산하고 있다. 이는 매우 거친 근사식으로, 실제의 부피 $\frac{\pi}{6}d^3$과 비교하면 원주율을 $\pi=\frac{27}{8}=3.375$로 계산한 것과 같다.

위의 공식에 따르면 $\pi=3$일 때, 한 모서리의 길이가 d인 정육면체의 부피는 d^3이고 이에 내접하는 원기둥의 부피는 $\frac{\pi}{4}d^3=\frac{3}{4}d^3$이며 구의 부피는 $\frac{16}{9}d^3$이므로, 세 도형의 부피 사이의 비는 $16:12:9$이다. 특히, 원기둥과 이에 내접하는 구의 부피의 비는 $4:3(=4:\pi)$이다. [아르키메데스가 밝힌 대로, 정확한 비는 $3:2$다.] 유휘는 주석에서 구에 대한 위의 공식이 정확하지 않음을 지적했는데, 정육면체에 내접하면서 수직으로 두 개의 원기둥의 공동 부분에 의해 만들어지는 입체 도형인 모합방개 牟合方蓋의 부피와 구의 부피의 비가 $4:\pi$라고 주장했다. 이는 정확하다. 그러나 그는 모합방개의 부피를 구할 수 없다고 솔직하게 고백했고, 겸손하게 이 문제의 해결을 후세에게 부탁했다.

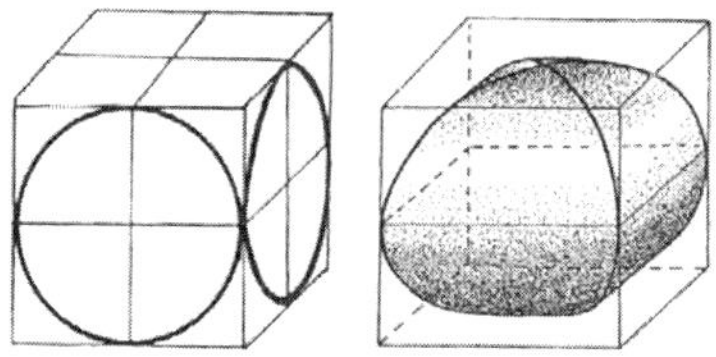

정육면체와 모합방개

그로부터 250년 뒤, 원주율에 대한 매우 정확한 근사값을 구했던 조충지의 아들 조훤이 이 문제를 해결했다. 그는 이른바 '카발리에리의 원리' ❸를 이용해서 유휘의 주장을 확인했고, 정육면체와 내접하는 모합방개의 부피의 비가 $3:2$임을 유도했다. 이에 따라 구의 부피 공식 $\frac{\pi}{4}\cdot\frac{2}{3}d^3=\frac{\pi}{6}d^3(=\frac{1}{2}d^3)$을 얻었다.

이제 카발리에리의 원리는 '조의 원리'라고 불러야 마땅할 것이다. 그런데 조훤의 이 연구 결과는 후세에 제대로 전달되지 않은 것으로 보인다.

❸ 17세기 이탈리아의 수학자 카발리에리(Bonaventura Cavalieri, 1598~1647)가 평면 도형의 넓이와 입체 도형의 부피를 구하기 위해 만든 원리

왕효통 Wang Xiaotong, Wang Hs'iao-t'ung

王孝通, 580?~640?

왕효통은 수(隨, 581~618)대에 인생의 전반기를 보냈다. 어린 시절에 수학에 흥미를 느끼고 《구장산술》을 공부했는데, 특히 유휘의 주석에 감동을 받았다고 한다. 당(唐, 618~907)대 초기에 산력 박사❶로서 태사승(太史丞, 천문대장)을 지냈다. 역법 개정을 주장했으며, 수학 저서로는 〈산경십서〉의 하나가 된 《집고산경緝古算經》이 있다.

《집고산경》

《집고산경》은 20문제로 이루어졌는데, 첫째는 천체에 관한 문제고 다음 13개는 토목 공사와 관련된 문제며 마지막 6개는 직각 삼각형과 관련된 문제다. 여기에는 모두 28개의 삼차 방정식이 나타나는데, 이를 기하학적으로 표현하고 풀었다. 이에 따라 《집고산경》은 삼차 방정식을 푼 가장 오래된 수학 책이었으며, 다음에 알아볼 이야의 '천원술'을 향한 첫걸음이었다.

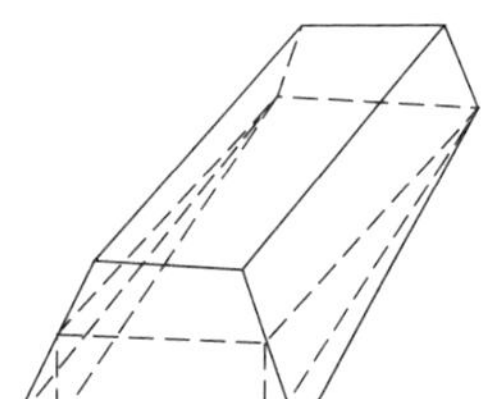

예를 들면, 제3문은 오른쪽 그림과 같이 밑면이 경사진 모양의 제방堤防과 관련된 문제다. 이 제방

❶ 算曆博士, 수학 및 천문 계산을 담당한 기술 관리

의 높이를 구하는 과정에서 삼차 방정식을 세웠으며, 이를 세제곱근 풀이에 따른 방법(대종개입방법, 帶從開立方法)에 따라 풀었다.

《집고산경》에서 다룬 삼차 방정식 $x^3+px^2+qx=r$의 계수는 모두 0 또는 양수이다. 근도 모두 양수인데, 단 한 개의 근만을 제시했다.

삼차 방정식의 유도 예

《집고산경》 제15문은 직각 삼각형(구고, 句股)에서 직각을 낀 짧은 변(구) a와 긴 변(고) b 및 빗변(현) c에 대해 ab와 $c-a$을 알고 a, b, c를 구하는 문제다.

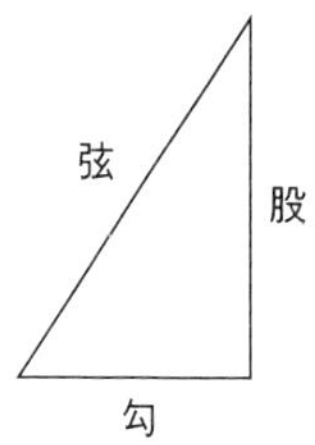

왕효통은 이 문제를 풀기 위해 먼저 피타고라스의 정리(구고술)로부터 등식 $b^2=c^2-a^2=(c-a)(c-a+2a)$를 얻고, 다음을 유도했다.

$$\frac{a^2b^2}{2(c-a)}=\frac{a^2\{(c-a)+2a\}}{2}=\frac{c-a}{2}\cdot a^2+a^3$$

이에 따라 $A=\frac{a^2b^2}{2(c-a)}$이고 $B=\frac{c-a}{2}$일 때 삼차 방정식 $A=Bx^2+x^3$을 풀면 $x=a$를 얻는다. [이제 b와 c를 쉽게 구할 수 있다.]

이순풍 Li Chunfeng, Li Ch'un-feng

李淳風, 602~670

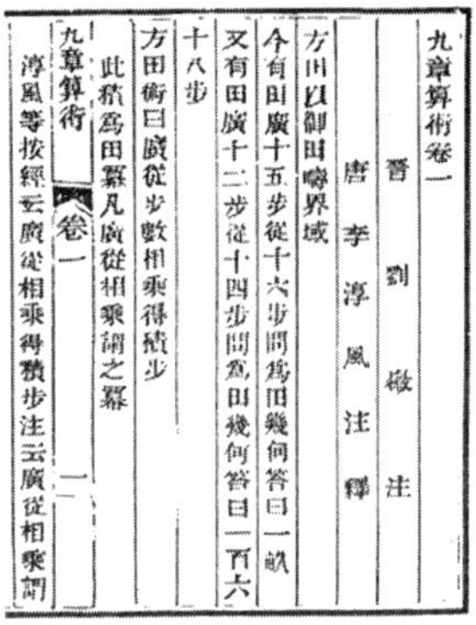

九章算術卷一

晉 劉 徽 注

唐 李 淳 風 注 釋

方田以御田疇界域

今有田廣十五步從十六步問爲田幾何答曰一畝

又有田廣十二步從十四步問爲田幾何答曰一百六十八步

方田術曰廣從步數相乘得積步

此積爲田羃凡廣從相乘謂之羃

九章算術 卷一 二

淳風等按經云廣從相乘得積步注云廣從相乘謂

《구장산술》

이순풍은 수隋대에 태어나 당唐대 초기에 최고의 지식인이자 과학자로 활동했다. 당 태종(이세민, 2대, 재위 626~649)의 '정관貞觀의 치治' 때인 627년에 천문관으로 태사국太史局에 있으면서 혼천의渾天儀를 만들어 천체의 운행을 관측했으며, 648년에는 태사령(천문대장)에 임명됐고, 665년부터 728년까지 사용된 역법 〈인덕력麟德曆〉을 제정했다. 역사가로서 진과 수 왕조의 역사서 《진서晉書》와 《수서隋書》의 편집에 참여해서, 천문, 점성, 도량형, 음악 부문을 담당했다.

이순풍은 수학에서 뛰어나고 독창적인 업적을 남기지는 않았지만, 고대 중국의 수학 문헌을 수집하고 주석해서 〈산경십서〉를 편찬하는 작업을 주도했다.

그는 도교도였던 아버지의 영향을 많이 받았는데, 과학적인 천문과 역법뿐만 아니라 신비로운 역학易學과 복서卜筮에도 정통했다고 한다. 사주 명리학에 뛰어났고, 예언자로서 스승遠天罡과 함께 예언서 《추배도推背圖》를 저술했다. 여기서 마지막 네 가지 일화는 이에 관해 인터넷에 게시된 글을 인용한 것이다.

산경십서

이순풍에 대해서는 《구당서舊唐書》〈이순풍전〉에 다음과 같이 씌어 있다.

> 현경 원년에 국사를 편찬한 공로에 의해 창락현행정관昌樂縣男에 봉해졌다. … 국자감의 산학 박사인 양술梁術, 태학 조교인 왕진유王眞儒 등과 함께 어명을 받고 오조 · 손자의 〈산경십서算經十書〉에 주석을 가하였다. 고종은 국학에서 사용토록 했다.

〈산경십서〉는 〈십부산경十部算經〉이라고도 하는데, '중국의 수학'에서 소개한 바와 같이 한대부터 당대까지 고대 중국 수학을 대표하는 10가지 수학 책을 말한다. 이렇게 주석한 〈산경십서〉의 각 권마다 첫머리에는 으레 다음과 같이 글이 적혀 있다.

> 당 왕조의 관리 … 이순풍 등이 황제의 칙령을 받들어 주를 달았다.
> (唐朝議大夫行太史令上輕車都尉臣李淳風等奉勅注釋)

이순풍 등이 교정 · 주석한 예를 들면, 《구장산술》 제4권 제11문에서 유휘가 잘못 말한 2부터 12까지의 자연수에 대한 최소 공배수를 수정해서 정확한 값 27720을 제시했으며, 그 책에 110개의 주석을 달았다. 이는 유용한 역사적 정보도 제공한다. 〈산경십서〉는 그 뒤 국자감에서 교과서로서 그리고 국가 시험의 출전으로 사용됐다.

당대의 수학 교육

수대부터 시작된 국가 고시 제도 속에 수학이 있기는 하였으나, 당대에 가서야 본격적인 수학 교육이 제도화되고, '산학算學'이라 불리는 학교가 국가 기관으로 설립됐다. 앞에서 이야기한 〈산경십서〉가 그 교과서로 사용됐다. 당시의 제도를 기록한 《당육전唐六典》에 의하면, 산학의 수업 연한을 7년이며, 학습 내용에 따라 다음과 같이 두 조로 나누었다.

[제1조]	[제2조]
《손자 · 오조》 1년	《철술》 4년
《구장 · 해도》 3년	《집고》 3년
《장구건》 1년	
《하후양》 1년	
《주비 · 오경》 1년	

《수술기유》❶와 《삼등수》❷는 공통 과목

回 당대의 수학 관리 등용 방법

수학에 관한 기술 관리는 명산과明算科의 고시에 합격한 자를 등용했다. 고시 방법은 《신당서新唐書》〈선거지選擧志〉에 다음과 같이 기록되어 있다.❸

(제1조 출신자에게는) 먼저 〈산경십서〉의 내용에 관해 대략적으로 문답을 한다. 이때 원리와 계산 방법을 모두 명확히 밝힐 수 있으면, 이것들에 통달한 것으로 일단 인정한다. 그 다음에는 《구장》 중에서 3문제, 《해도》 · 《손자》 · 《오조》 · 《장구건》 · 《하

❶ 數術記遺, 한나라의 서악(徐岳)이 202년경 지었다고 하는데, 주판에 대한 설명이 중국 책 중에서 처음 등장한다. 그 뒤 견란이 주석했는데, 견란의 저술이라는 말도 있다.

❷ 三等數, 동천(董泉)이 6~7세기에 쓴 책으로, 견란이 주석했다. '삼등수'는 세 가지 기수법을 말하는데, 하수(下數)는 '십만=억, 십억=조'와 같이 10배마다 새로운 수사(數詞)로 바뀌고 상수(上數)는 '만만=억, 만만억=억억=조'와 같이 억은 만의 만 배지만, 억 다음부터는 억 배마다 수사가 바뀐다. 중수(中數)는 현재 우리가 사용하는 기수법이다.

❸ 김용운 · 김용국, 《중국수학사》, 대우학술총서 · 자연과학 109, 민음사, 1996, p.175-76.

후양》·《주비》·《오경》 중에서 각각 1문제씩 출제하고, 이 10문제 중에서 6문제를 통과하고 《수술기유》와 《삼등수》의 내용을 기억하는지의 여부를 시험하는 문제 10가지 중 9문제의 답을 맞출 수 있으면 합격으로 한다.

(제2조 출신자에 대해서는) 먼저 《철술》과 《집고》의 대략에 관해 문답을 실시하여 원리와 계산 방법을 명확히 밝힐 수 있으면, 일단 합격한 것으로 인정한다. 그 다음에는 《철술》 중에서 7문제, 《집고》에서 3문제를 출제하여 그 중에서 6문제를 통과하고 《수술기유》와 《삼등수》의 내용을 기억하는지의 여부를 시험하는 문제 10가지 중 9문제의 답을 맞출 수 있으면 합격으로 한다. 그러나 처음에 〈산경십서〉의 대략을 묻는 문제에 탈락한 자는 나머지에서 10문제 중 6문제에 통과했다 하여도 합격시키지 않는다.

역리 점단[4]

이순풍의 친족 중에는 출가한 매씨妹氏가 있었다. 하루는 그를 찾아가서 지금 임신 중인데, 과연 아들을 낳을 수 있을지 태점胎占으로 판단하여 달라고 청했다. 이에 이순풍이 종이와 붓을 주면서 글자를 한 자 쓰라고 하자, 매씨는 원元 자를 써서 주었다.

이순풍은 글자를 받아보고 곧 역리(易理, 주역의 법칙)로 해석하고 점단(占斷, 점을 쳐서 판단함)하여 말했다. "元 자는 二八의 형形으로 역수易數로 보면 二와 八은 모두 음수陰數이고 또 그 모양은 손巽괘의 상이니, 팔괘八卦의 음양으로 보건대 손巽은 음괘陰卦이고 사람에 비유하면 장녀長女에 해당한다. 마침 첫 번째 임신이므로 딸을 낳을 것이 틀림없다."

아들을 간절히 바라고 있던 매씨는 이 말에 크게 실망했다. 그리고 미심

[4] 출처 《운곡의 역학칼럼》, 〈http://blog.naver.com/windy9x/80009154677〉에서 인용

쩍은 생각에 다른 점술인을 찾아가서 역시 元원 자로 다시 태점을 보았다. 그 점술인은 역학에 달통한 사람이 아니므로 손님이 바라는 뜻에 영합하여 말했다. "元 자는 주역 건괘乾卦의 괘사卦辭인 원형이정元亨利貞의 첫째 글자이고 또 건괘는 순양純陽의 괘이므로 반드시 아들을 낳을 것이다."

매씨는 크게 기뻐하면서 희망을 품고 집으로 돌아갔다. 그러나 해산할 때가 되어 막상 분만을 하고 보니, 여자 아이였다. 기대에 어긋난 매씨는 크게 실망하였으나 어쩔 수 없는 일이며, 이순풍의 점을 믿지 않고 다른 사람에게 다시 태점을 본 자신을 자책하면서 후회하였다고 한다.

▣ 측자測字 점단[5]

하루는 한 중년 남자가 이순풍을 찾아갔다. 그는 처가 해산할 때가 임박했는데, 아들인지 딸인지 알 수 없어 몹시 궁금하므로 태점으로 궁금증을 풀어달라고 간청했다. 이에 이순풍은 글자를 한 자 쓰라고 했다. 그는 용龍과 같이 훌륭한 자식을 염원하면서 龍 자를 썼는데, 좀 흥분해 있었기 때문에 손이 떨려서 글자의 획이 꼬불꼬불하고 비뚤어져 알아보기가 어려울 정도였다.

이순풍은 글자를 받아 보고는 고소를 금치 못했다. 그 남자는 그 쓴웃음을 이상하게 여기고 까닭을 묻자, 이순풍이 말했다. "그대가 쓴 龍 자는 획이 떨려 글자가 많이 뭉치고 왜곡되어 글자의 형상이 비뚤어져 있으니, 龍 자 같기도 하고 아닌 것 같기도 하므로 형세로 보아 난산이 될 것이오." 그 남자는 크게 놀라 어쩔 줄을 모르고 당혹스러워했다. 이순풍은 그 사람을 자세히 살펴보고는 다음과 같이 일러주었다. "그대를 보니 마음의 바탕이 착한 사람이므로 부인은 비록 난산이 될 것이나 흉한 지경에는 이르지 않을 것이며, 다만

[5] 출처 《운곡의 역학칼럼》, 〈http://blog.naver.com/windy9x/80009154721〉에서 인용

아이는 귀가 막혀 듣지를 못할 것이오."

그는 좀 안심을 하면서도 의문이 있는 듯 주저하다가 귀가 막혀 듣지를 못한다는 것이 무슨 뜻인지 자세히 말해 달라고 청했다. 이순풍이 설명했다. "그대가 龍 자를 쓰고 나서 그 아래에 점을 하나 더 찍었으니, 龍 자 아래 점이 이어져 있는 것이 흡사 농聾 자처럼 보인다. 聾은 귀머거리를 뜻하는 글자이니, 곧 귀가 막혀 듣지 못하는 것이 아니겠는가." 그러나 그 사람은 믿을 수 없다는 듯 재차 물었다. "그렇다면 태어날 아이가 귀머거리라는 말씀입니까?" 이순풍은 "그렇다."고 대답했다.

그 사람은 반신반의하면서 "그렇다면 태어날 아이가 아들인지 딸인지 그것이 궁금합니다."라고 말하자, 이순풍은 "반드시 아들을 낳을 것이다."라고 말했다. 그는 매우 미심쩍게 여기며 "선생님께서 그렇게 판단하시는 현기(玄機, 현묘한 이치)를 알고자 합니다."라고 질문했다. 이에 이순풍은 다음과 같이 설명했다. "그대가 물을 때 문득 밖을 내다보니 우리 집 문 밖에서 어린 사내아이가 오줌을 누는 것을 보았는데, 이는 아들을 낳을 조짐이 응한 것이므로 그렇게 판단한 것이다."

그는 이런 놀라운 이야기를 듣고 집으로 돌아갔는데, 3일 뒤에 부인이 비록 난산으로 고통은 받았으나 과연 아들을 낳았다. 그런데 그 아이는 이순풍이 점단한 대로 선천적으로 귀머거리였다.

임기臨機 점단[6]

이순풍의 이웃에 상인商人 부부가 살고 있었는데, 이들은 평소에 그를 존경하고 있었다. 하루는 상인의 처 송씨宋氏가 그를 방문했는데, 마침 그는 없

[6] 출처 《운곡의 역학칼럼》, 〈http://blog.naver.com/windy9x/80009154776〉에서 인용

고 그 아들이 있었다. 그 아들도 역리에 밝았으므로 송씨는 아들에게 남편이 외지로 장사를 나간지가 오래됐는데, 온다고 한 날짜에 돌아오지 않고 소식도 없으니 걱정이 된다고 하면서 점단을 청했다.

그때가 여름철 매우 더운 날이었다. 송씨는 그 아들에게 점을 청한 다음에 앉아서 부채질을 하고 있는데, 문득 부채의 종이가 빠져서 아래로 떨어지고 부챗살만 앙상하게 남는다. 이를 본 그 아들은 점단했다. "골육骨肉이 분리되는 상이니, 남편은 이미 이 세상을 떠났으므로 돌아올 가망은 절망적입니다." 이에 송씨는 이순풍 부자의 점이 신묘함을 익히 알고 있었으므로 기가 막혀 눈물을 흘리면서 밖으로 나갔다. 집으로 가는데, 날씨가 너무 더운데다가 눈물과 땀이 엉겨 답답함을 참을 수 없어서 길가의 나무 그늘에 앉아 저고리의 단추를 풀어헤치고 더위를 식히면서 마음을 진정하고 있었다.

이때 마침 밖에 나갔던 이순풍이 돌아왔다. 송씨는 단추를 잠글 겨를도 없이 황급하게 일어나 인사를 했다. 이순풍이 송씨가 눈물을 흘리는 연유를 묻자, 송씨는 점을 본 자초지종을 말했다. 이야기를 들은 이순풍은 송씨의 용태를 자세히 살펴봤다. 저고리의 단추를 풀어 헤치고 있는데, 그 용모가 매우 아름다운 것이 과부가 될 상이 아니라 생각하고 점단했다. "옛 글에 '천의견부(穿衣見父, 어버이를 볼 때는 옷을 입고) 탈의견부(脫衣見夫, 지아비를 볼 때는 옷을 벗는다)' 라고 하였으니, 부채에서 종이가 빠져 떨어진 것은 옷을 벗는 상이므로 무방하다. 오늘 저녁에 반드시 부부가 만나게 될 것이니, 빨리 집으로 가서 남편 맞을 준비를 하시오. 그리고 우리 아들이 말한 것은 판단을 잘못한 것이므로 염려하지 마시오."

송씨는 이순풍 부자의 견해가 같지 않으므로, 믿음과 의심이 교차했다. 여하간 마음이 좀 진정되어 그에게 감사하다고 인사하고 집으로 돌아갔다. 송씨는 이순풍의 말에 기대를 걸고 좀 쉬는 사이에 어느덧 저녁 때가 되어 저녁 식사를 준비하려고 부엌으로 가면서 밖을 내다봤다. 바로 그때 남편이 마당으로 들어왔다.

측천무후 예감[7]

당 태종의 '정관의 치'로 중국이 풍요에 겨운 630년경, 하루는 한 신하가 14살의 예쁜 처녀를 태종에게 바쳤다. 그녀의 이름은 무조武曌로 훗날의 그 유명한 측천무후였다. 임금은 첫눈에 반했고, 한시도 무조로부터 떨어질 줄을 몰랐다. 무조를 데려온 부하를 단숨에 홍문과학사로 임명했고, 그녀의 양아버지인 무호에겐 도독 자리를 주었다.

당시 이순풍은 사천감으로 있었다. 사천감이란 천문을 보고 정세를 분석하는 자리였다. 어느 날 하늘을 보다 뭔가를 감지한 그는 깜짝 놀라 결국 정사를 돌보지 않는 태종에게 진언을 했다.

> 폐하, 음이 성하면 양은 쇠하기 마련입니다. 신이 점을 쳐 본 즉 향후 당나라는 태자의 몸에 화가 미쳐 여자가 권력을 잡고 제위에 오르는 괘가 나왔습니다. 그리고 그 이름에는 무武자가 들어 있었습니다.

부드럽게 말을 꺼냈지만 태종도 그 말의 진의를 잘 알고 있었다. 무조를 너무 가까이 하지 말라는 것이었다. 생각조차 싫은 그는 고개를 흔들며 입을 열었다. "그렇지 않소. 어찌 부녀자가 천하를 논하겠소. 경의 생각은 틀렸소."

하지만 이순풍도 물러서지 않았다. 며칠이 지나도록 계속 간언을 하자 태

---

[7] 〈http://cafe.daum.net/nuclearpig〉 "추배도의 실체와 당나라 천문관인 이순풍의 일화"에서 발췌

종도 은근히 불안해지기 시작했다. 이순풍의 점술과 예지력은 스스로도 높이 평가하고 있었기 때문이었다. 결국 한 가지 제안을 했다. "그렇다면 이렇게 하자. 며칠 후 있을 과거 시험의 장원 급제자가 누구인지 내게 알려 주면 경의 말에 따르겠소."

일종의 시험이었다. 태종으로선 그만큼 무조와 떨어지기 싫었던 것이다. 잠시 침묵이 흘렀다. 눈을 지긋이 감고 생각에 잠겼던 이순풍의 입이 열렸다. "이번 장원 급제자는 '화견이인火犬二人의 걸傑' 이 될 것입니다."

태종의 입가에는 미소가 흘렀다. 이름 같지도 않은 이름을 대고 있지 않은가. 아무리 이순풍이 뛰어나다 하더라도 어찌 며칠 뒤에 있을 과거 시험의 장원을 맞출 수 있단 말인가. 속으로는 '그 귀여운 무조와는 헤어지지 않아도 되겠구나.' 하는 생각뿐이었다.

며칠 뒤 과거 시험이 열렸다. 물론 그때까지도 태종은 무조와 한시도 떨어지지 않고 있었다. 그러나 시험이 끝나고 장원 급제자의 이름이 적힌 종이가 올라오자, 태종은 소스라치게 놀라지 않을 수 없었다.

•

적인걸狄仁傑

이름을 파자破字 해 보니 이순풍이 말한 바와 똑같지 않은가. "경의 예지력은 정말 대단하구려. 알겠소 약속한 대로 행하리라." 역시 태종은 큰 인물이었다. 약속도 약속이지만 국가를 위해 무조와 헤어지기로 결심한 것이다. 태종은 결국 무조의 양아버지한테서 도독의 자리를 박탈하고, 무조에게도 궁궐 밖에 한 칸의 초가집을 지어 그 곳에 머물게 하곤 일체 궁궐 문에 들어오지 못하게 조치했다.

중국 역사상 가장 위대한 통치자로 평가받는 이세민의 '정관의 치' 는 그 뒤 그가 649년 세상을 떠날 때까지 20년 동안 빛을 발하게 된다.

그러나 알다시피 태종이 죽자 그의 아들 고종(재위 649~683)은 즉위하자마자 황후를 폐하고 측천무후를 정식 황후로 세우게 된다. 그리고 660년 고종이 병에 걸리자 무후가 직접 섭정을 시작한다. 664년 아버지의 유언을 뒤늦게 깨우친 고종이 측천무후를 폐위하려 했지만 실패로 돌아가고 측천무후가 모든 실권을 장악하는 '음이 양을 이기는' 사태가 벌어졌다.

결국 역사는 이순풍이 예언한 대로 흘러가고 말았다.

심괄 Shen Kua, Shen Gua

沈括, 1031~1095

심괄은 중국 북송(北宋, 960~1127)대의 학자 · 정치가로 자는 존중存中, 호는 몽계옹夢溪翁이다. 저장성浙江省 출생으로, 관리였던 아버지의 덕으로 고시를 거치지 않고 1054년 관직에 올라 지방 관리가 됐고, 오랫동안 여러 가지 업무를 맡았다. 1063년 국가 고시에 합격한 뒤에는 수도 개봉으로 나아갔다. 1069년 왕안석[1]의 정치 개혁(신법)이 시작되자 18명으로 이루어진 강력한 개혁 추진 집단에 속하게 됐는데, 수리 · 관개 · 군사 조직 등의 정책을 담당했고 수차에 걸쳐 여러 지방을 시찰하였다. 이런 경험을 바탕으로 상세한 입체 지도인 〈목도木圖〉를 작성했다. (그 뒤 1076년 황제의 요청으로 중국 전체를 척도 90만 분의 1로 23개의 지도로 작성한 책 《천하주현도天下洲縣圖》를 편찬했다.) 1072년에는 사천감(司天監, 천문대장)이 되어 천체 관측에 종사했고 관측 기기를 정비했다. 새로운 역법도 창안했는데, 이는 1075년부터 20년 동안 사용됐다. 군사 전략, 축성 기술, 병기에도 조예가 깊었기 때문에 1074년에는 병기감兵器監을 겸임했다.

당시 송나라는 북쪽에서 요遼나라의 압박을 받았는데, 그는 1075년 요나라에 파견되어 국경선 설정에 대해 공을 세웠다. 1076년 왕안석이 실각하자,

[1] 王安石(1021~1086), 북송 때의 정치가

이듬해 심괄도 탄핵되어 지방으로 좌천됐다. 지연주知延州로 있을 때 성곽의 보수를 시도했지만 다른 사람들의 반대로 무산됐다. 곧 이은 거란족과의 전투에서 6만 여 명의 한족이 죽는 참패를 당했는데, 이 때문에 그는 관직에서 추방됐다. 그 뒤 오랫동안 연금 상태에 있었는데, 이때 과학 연구에 몰두했다.

《몽계필담》

심괄이 관직에서 물러난 것은 과학계로서는 다행스러운 일이었다. 매우 박학했으며, 특히 천문 · 역법 · 수학 · 지리 · 본초 등에 탁월했기 때문에 그 뒤 과학 저술에 착수했다. 1086년부터는 윤주❷에 있는 자신의 정원 몽계원蒙溪園에서 붓과 대화를 나누었다고 하여 《몽계필담蒙溪筆談》 26권과 《보필담補筆談》 3권을 썼다. 이 책은 풍부한 과학 기사를 싣고 있는데, 나침반 · 역법에 대한 최초의 설명이 있으며, 화석의 기원 등에 대해 비교적 정확하게 설명했다. 또, 천문 · 산학 · 지도 제작법 · 광학 · 의학 등과 같은 다양한 주제에 대한 자신의 관찰을 기록하고 있다.

그는 몸이 허약해졌는데, 《몽계필담》의 집필로 나날을 보내다가 악처로 유명한 후처❸의 죽음에 충격을 받고 삶의 의욕을 잃었다고 한다.

극적술

심괄은 《몽계필담》 제18권에서 '쌓아놓은 바둑돌이나 층을 나누어 쌓아올린 흙 단壇 혹은 주점에 쌓아올린 술 단지와 같은 류' 와 같이 '비어있는 퇴적체' 를 말하는 극적隙積의 전체 개수 또는 부피를 구하는 방법을 제시했다.❹ 그는 《구장산술》 제5권 〈상공〉에서 다룬 여러 가지 입체 중에서 추동芻童의

❷ 지금의 장쑤 성(江蘇省) 전장(鎭江)

❸ 소크라테스의 아내 크산티페 이상으로 악처였다고 한다.

부피를 구하는 방법을 먼저 제시한다. 추동은 오른쪽 그림과 같이 정사각뿔대와 비슷한데, 서로 평형인 윗면과 밑면이 모두 직사각형으로, 그 부피 V는 다음과 같다.

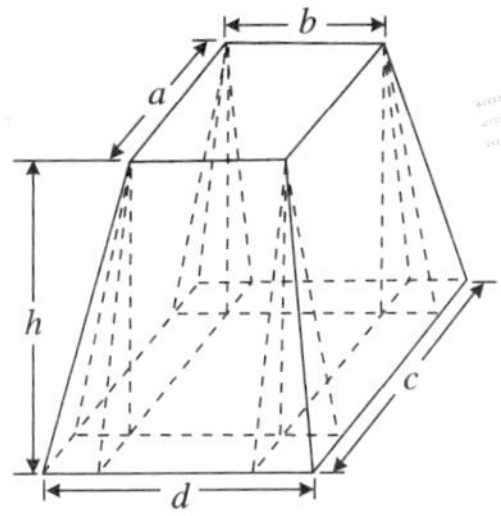

$$V = \frac{h}{6}\{(2b+d)a+(2d+b)c\}$$

이 공식은 주어진 입체를 오른쪽 위의 그림과 같이 여러 개의 단순한 입체로 나누고 각각의 부피를 구하여 확인할 수 있다. [유휘도 이와 같은 방법으로 부피를 구하는 과정을 설명하는 주석을 붙였다.]

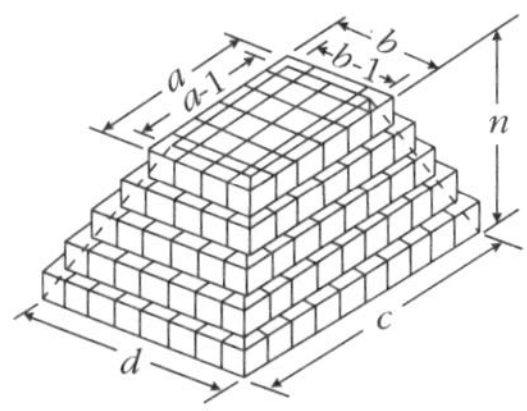

그런데 심괄은 이 추동의 방법을 오른쪽 가운데 그림과 같이 계단이 있는 입체인 극적에 적용하면 실제보다 작은 값을 얻는다는 사실을 관찰하고, 이에 적합한 다음과 같은 공식[극적술]을 (증명 없이) 제시했다.

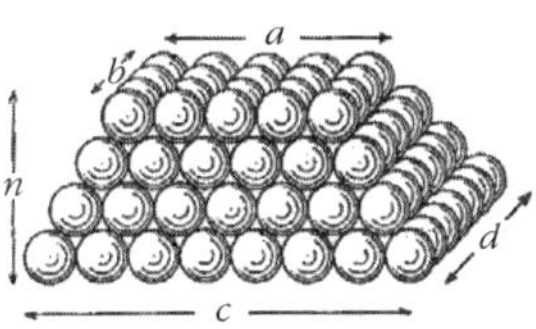

$$S = \frac{n}{6}\{(2b+d)a+(2d+b)c\}+\frac{n}{6}(c-a)$$

이 입체를 한 모서리의 길이가 1인 정육면체를 쌓아만든 것으로 생각하면, 위의 공식으로 얻은 값 S는 그 입체의 부피이면서 또한 쌓아올린 정육면

❹ 여기의 내용과 사진 중 일부는 다음 책을 참조했다. 심괄 지음/ 최병규 옮김, 《몽계필담》 하, 범우사, 2002, 10-12.

체의 개수를 뜻한다. 그러므로 앞의 그림과 같이 공을 쌓아만든 더미에 있는 공의 개수를 구하는 데 이용할 수 있다.

심괄의 극적술은 이계 등차 수열의 예다. 즉, 다음과 같이 계차(인접한 두 항의 차)의 계차가 일정하다.

	$ab,$	$(a+1)(b+1),$	$(a+2)(b+2),$	$(a+3)(b+3), \cdots$
일계 계차	$a+b+1,$	$a+b+3,$	$a+b+5,$	$\cdots$
이계 계차	$2,$	$2,$		$\cdots$

심괄의 극적술에서 시작된 고계 등차 수열에 대한 연구는 그 뒤 200~300년 동안 계속되는데, 나중에 양휘나 주세걸 등에 의해 퇴타술堆垛術 또는 타술垛術이라는 이름으로 더욱 발전된다.

이야 Li Ye, Li Yeh.

李冶, 1192~1279

이야는 중국 금(金, 1115~1234)나라 때 진정眞定의 난성[1]에서 태어나 원(元, 1206~1370)나라 때까지 활동한 한인漢人 수학자로, 자는 인경仁卿, 호는 경재敬齋다. 원래 이름은 이치(李治, Li Zhi, Li Chih)였는데, 황제의 이름과 같았기 때문에 나중에 이름을 바꾸어야 했다. 시호는 문정文正이다.

이야는 학자와 관료였던 아버지의 영향으로 수학 이외에도 널리 문학 · 역사 · 천문 · 철학 · 의학 등에 조예가 깊었으며, 87세로 세상을 떠날 때까지 많은 책을 저술했다. 그렇지만 현재까지 전해지는 것은 별로 없다. 수학에 관한 주요 저서로는 중국 수학사의 금자탑이라 불리며 현존하는 책 중에서 천원술天元術을 가장 먼저 체계적으로 설명한 《측원해경測圓海鏡, 1248》 12권 및 《측원해경》 해설을 겸한 천원술 입문서 《익고연단益古演段, 1259》 3권이 있다.

은둔 수학자

이야는 금나라 때 허난성河南省 균주鈞州의 지방 장관을 지냈는데, 1232년에 균주는 몽골에 함락됐다. 그는 변장하고 가까스로 북쪽으로 피신해서 산시성山西省의 여러 산간 지역에서 신분을 숨기고 15년 이상을 지냈다. 이때

[1] 欒城, 현재 허베이성(河北省)의 석가장(石家莊) 근처

처음으로 수학을 연구했다고 한다. 그 뒤 고향인 허베이성으로 돌아가서 봉용산封龍山 자락의 위안스元氏에 정착해서 오랫동안 은거하며 많은 후학을 양성했다.

이야는 은거하며 살았지만 당시 중국 북쪽에서 학자로서 널리 알려져 있었다. 몽골은 1234년에 금을 완전히 장악했고, 1271년 원으로 개명했다. 원의 세조 쿠빌라이 칸(1215~1294, 재위 1260~1294)은 그를 찾아내어 여러 가지 관직을 주었는데, 이야는 질병과 노령 등을 핑계삼아 항상 그런 자리에서 곧 물러났다.

이야는 이런 피신과 은둔 생활 중에 수학 공부에도 힘썼는데, 《측원해경》 서문에 다음과 같이 썼다.

> 나이가 들어 동연구용洞淵九容의 이론에 공명하여 이것을 아침저녁으로 깊이 새기며 지냈다. 그러나 이런 내용을 싫어하는 자들은 내 곁을 떠나고 말았다. 산중 생활은 한가로워서 이야기를 듣고자 하는 사람들이 많아 설명을 하는 동안에 170문제에 이르렀다.

《측원해경》

이야가 저술한 수학 책이 두 가지 전해지는데, 1248년에 쓴 《측원해경》과 1259년에 쓴 《익고연단》이 그것이다. 이것들은 13세기 중국 수학을 평가할 수 있는 중요한 의미를 지닌다. 측원해경은 현존하는 책 중에서 천원술天元術을 체계적으로 설명한 최초의 책이고, 《익고연단》은 천원술 입문서로 64문제로 이루어져 있다.

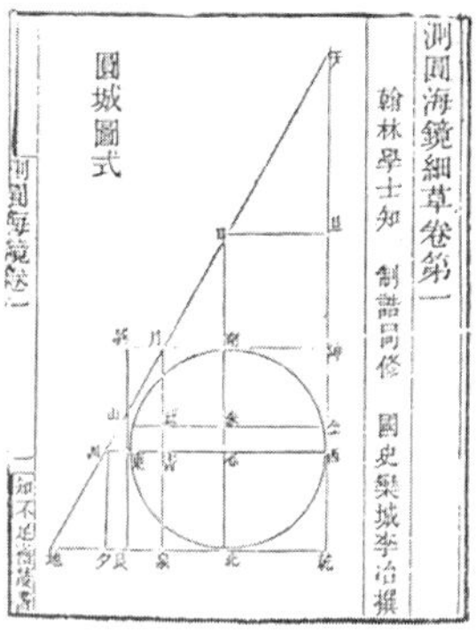

《측원해경》에서는 앞 쪽 그림에 나타낸 바와 같이 직각 삼각형과 내접원의 관계를 보여주는 〈원성도식圓城圖式〉에 관한 문제 170개만을 다루고 있는데, 문제 풀이는 천원술에 의한 고차 방정식의 유도로 시작된다. 이는 중국 고대 특유의 전통적인 기하학이며, 순수한 수학 책으로 실무 관리용이 아니다.

이야는 아들에게 《측원해경》을 제외한 모든 책을 불태워버리라고 유언했다고 한다. 이 책이 그에게 가장 자랑스러운 것이었기 때문이다.

천원술

일반적으로 실용적인 문제의 해를 구하는 데 방정식의 기법을 이용하기 위해서는 두 단계를 거쳐야 한다. 우선, 미지수를 정하고 문제의 조건에 따라 방정식을 세운다. 다음에는 방정식을 풀어 미지수의 값을 구한다. 11세기부터 13세기까지 중국의 수학자들은 고차 방정식을 푸는 일반적인 방법인 '증승개방법'[2]을 창안했을 뿐만 아니라, 주어진 조건으로부터 다항 방정식을 얻는 일반적인 방법도 고안했다. 이를 '천원술' 이라 한다.

천원술은 이야의 《측원해경》과 《익고연단》, 그 뒤 주세걸의 《산학계몽1299》에서 다루었는데, 주세걸의 《사원옥감1303》에서는 천원술과 함께 이의 확장인 사원술을 다루었다.

'천원天元' 은 '천天이라는 미지수元' 를 뜻한다.[3] '하나의 천원을 세워 … 라고 하자' 立天元一爲…는 말은 곧 미지수 'x를 …라고 하자' 라는 말과 같다. 계수는 산대 표현을 모방한 주식籌式 숫자로 나타내고 음수는 그 위에 빗금을 그어 표시했다. 원元은 미지수를 나타내고, 태太는 상수항을 나타낸다.

---

[2] 이에 대해서는 다음에 나오는 수학자 진구소에서 알아본다. 다음에 알아볼 진구서는 《수서구장(1247)》에서 증승개방법을 체계적으로 설명했지만, 방정식을 수립하는 체계적인 방법을 설명하고 있지 않다.

[3] 사원술에서는 이에 세 가지 미지수 '지원(地元), 인원(人元), 물원(物元)' 이 추가된다.

천원술을 예시하기 위해서 《측원해경》 제7권 제2문을 알아보겠다. 이 문제에 다섯 가지 해법이 제시되어 있는데, 그 중에서 두 번째 해법을 알아보겠다. 오른쪽은 이 문제와 두 번째 해법을 보여준다.

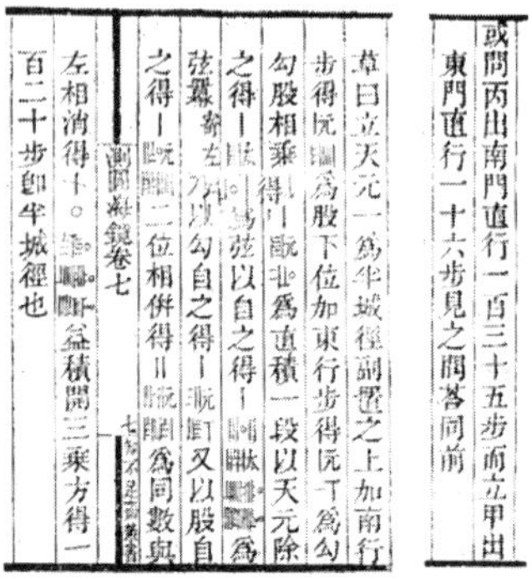
或問丙出南門直行一百三十五步而立甲出
東門直行一十六步見之問答同前

草曰立天元一爲半城徑副置之上加南行
步得 爲股下位加東行步得 爲勾
勾股相乘得 爲直積一段以天元除
之得 爲弦以自之得 爲
弦冪寄左 以勾自之得 又以股自
之得 二位相併得 爲同數與
測圓海鏡卷七
左相消得 益積開三乘方得一
百二十步即半城徑也

문제는 다음과 같다.

[지름과 둘레를 모르는 원형 성곽이 있다.] 병丙이 남문으로 나가 똑바로 135보 가서 섰다. 갑甲은 동문으로 나가 똑바로 16보 가니 서로 보였다. [성곽의 지름은 얼마인가?]

다음은 두 번째 해법을 번역해서 왼쪽에 나열하고, 오른쪽은 요즘의 방식으로 서술한 것이다.

하나의 천원을 성곽의 반지름이라 하고 위에 놓는다. 이에 남쪽으로 간 보수를 더한 다음을 고股라고 하자.

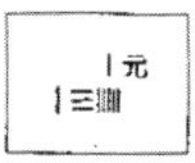

아래에 동쪽으로 간 보수를 더한 다음을 구勾라고 하자.

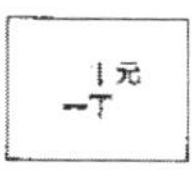

구와 고를 서로 곱하면 다음을 얻는다.

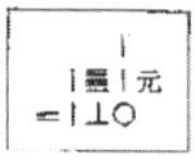

x를 원형 성곽의 반지름이라 하면, 아래 그림의 직각 삼각형 OAB에서 $\overline{OA} = x+135$이고 $\overline{OB} = x+16$이다.

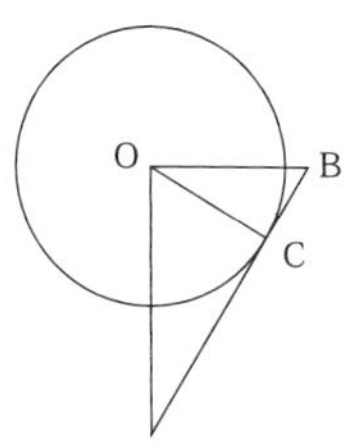

$$\overline{OA} \cdot \overline{OB} = (x+135)(x+16)$$
$$= x^2+151x+2160$$

이를 천원으로 나누어 얻는 다음은 현弦이다.

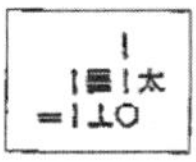

이를 제곱하여 얻은 다음 현멱을 왼쪽에 놓는다.

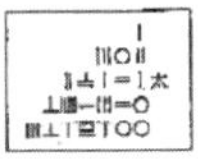

구를 제곱하면 다음을 얻는다.

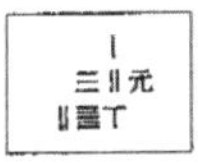

또, 고를 제곱하면 다음을 얻는다.

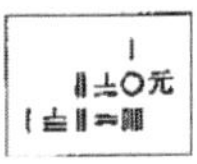

두 수를 서로 더하면 다음을 얻는다.

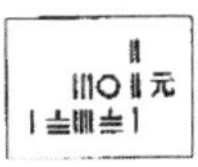

이는 왼쪽에 놓은 수와 같다. 서로 소거하면 다음을 얻는다.

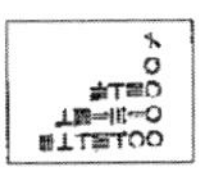

이 사차 방정식을 풀면 120보를 얻는데, 이것이 성곽의 반지름이다.

x로 나누어 얻은 다음은 현이다.

$x+151+2160x^{-1}$

$(2\triangle ABO = \overline{AB}\cdot\overline{OC} = \overline{OA}\cdot\overline{OB})$

이를 제곱하면 다음과 같다.

$$x^2+302x+27121 + 652320x^{-1}+4665600x^{-2} \cdots ①$$

변 OB의 제곱은 다음과 같다.

$$\overline{OB}^2 = (x+16)^2 = x^2+32x+256$$

또, 변 OA의 제곱은 다음과 같다.

$$\overline{OA}^2 = (x+135)^2 = x^2+270x+18225$$

위 두 값의 합은 다음과 같다.

$$\overline{OB}^2+\overline{OA}^2 = 2x^2+302x+18481 \cdots ② \quad (=\overline{AB}^2)$$

피타고라스의 정리에 의해 ①과 ②를 같게 놓고 정리하면 다음을 얻는다.

$$-x^2+8640+652320x^{-1} + 4665600x^{-2}=0$$

양변에 x^2을 곱하면 다음과 같다.

$$-x^4+8640x^2+652320x + 4665600=0$$

이를 풀면 원형 성곽의 반지름
x=120(보)를 얻는다.

이야는 방정식을 푸는 방법은 결코 설명하지 않고 오직 방정식의 구성 방법(천원술)만을 설명했다. 그렇지만 방정식의 풀이 방법인 증승개방법을 분명히 알고 있었을 것이다. 그는 차수가 높은 항의 계수를 위쪽에 배치했는데, 후세의 수학자들은 이와 반대로, 차수가 높을수록 아래쪽에 배치했다.

진구소 Qin Jiushao, Ch'in Chiushao

秦九韶, 1202~1261

진구소는 중국 남송(南宋, 1127~1279) 때 쓰촨성四川省에서 태어난 수학자로, 자는 도고道古다. 천부적으로 매우 영리했고 천문, 음악 이론, 수학, 건축에 뛰어난 재주가 있었다. 소년 시절에 수도 임안(臨安, 현 浙江省 杭州)로 가서 천문대의 학자太史에게서 역법을 공부했고, 어떤 은둔 학자로부터 수학을 배웠다. 아버지를 따라 쓰촨성으로 돌아가서 지방 관리가 되어, 평생 여러 지방에서 관직을 맡았다. 촉蜀나라로 진공해 온 원군元軍과 오랫동안 싸운 적도 있었다. 그 뒤 역학에 관한 지식이 인정되어 중앙 정부의 부름을 받고 임안으로 올라가 1244년에는 통직랑통판건강부通直郎通判健康府가 됐다. 1255년경에는 연강제치사참의관沿江制置司參議官에 올랐으나, 당시의 재상 오잠吳潛과 가까웠기 때문에 1260년 오잠이 실각하자 이에 연루되어 광둥廣東지방으로 유배됐다가 그곳에서 죽었다.

진구서는 1247년에 수학 책 《수서구장數書九章》을 저술했는데, 이 책에서 중국 전통 수학의 대표적인 업적으로 중국인의 나머지 정리와 관련된 연립합동식의 풀이인 '대연구일술大衍求一術'과 일반적인 고차 방정식의 해법인 '증승개방법增乘開方法'을 체계적으로 설명했다.

《수서구장》

《수서구장》은 18권으로 이루어져 있는데, 다음과 같이 2권씩 한 주제에 관한 문제를 9개씩 다루고 있다.

1. 대연류大衍類,	2. 천시류天時類,	3. 전역류田域類
4. 측망류測望類,	5. 부역류賦役類,	6. 전곡류錢穀類
7. 영건류營建類,	8. 군려류軍旅類,	9. 시물류市物類

앞의 두 류는 역법에 관한 것이고, 나머지는 정치 · 군사 · 시장 등과 관련된 수학 문제를 다루고 있다. 주목할 만한 내용으로 제1, 2권 대연류에서 다룬 대연구일술과 제3, 4, 6권 등에서 다룬 증승개방법은 아래 항목에서 자세하게 다루겠다.

《수서구장》에는 중국 최초로 영을 표시하는 독립된 기호로 원이 등장한다.

중국인의 나머지 정리와 대연구일술

'중국인의 나머지 정리'는 다음과 같이 《손자산경》 하권 제26문으로 처음 나타났다.

물건이 몇 개 있는지 총수는 알 수 없다. 다만, 3개씩 세면 2개가 남고 5개씩 세면 3개가 남고 7개씩 세면 2개가 남는다고 한다. 총수는 얼마인가?

답: 23

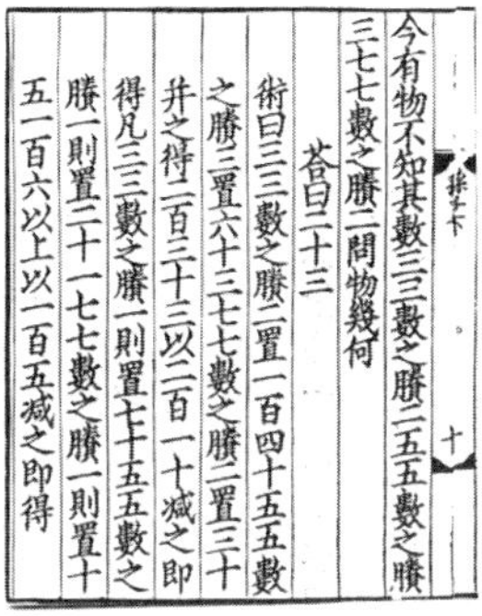
今有物不知其數三三數之賸二五五數之賸三七七數之賸二問物幾何
荅曰二十三
術曰三三數之賸二置一百四十五五數之賸三置六十三七七數之賸二置三十并之得二百三十三以二百一十減之即得凡三三數之賸一則置七十五五數之賸一則置二十一七七數之賸一則置十五一百六以上以一百五減之即得

이 문제를 현대식으로 나타내면 다음과 같은 연립 합동식이 된다.

$$x \equiv 2(\mathrm{mod}\,3)$$
$$x \equiv 3(\mathrm{mod}\,5)$$
$$x \equiv 2(\mathrm{mod}\,7)$$

이를 일반화해서 서로 소인 m_1, m_2, m_3, …에 대해 다음과 같은 연립 합동식을 생각할 수 있다.

$$x \equiv r_1(\mathrm{mod}\,m_1)$$
$$x \equiv r_2(\mathrm{mod}\,m_2)$$
$$x \equiv r_3(\mathrm{mod}\,m_3)$$
$$\vdots$$

이런 연립 합동식을 풀 때는 m_1, m_2, m_3, …의 최소 공배수 M과 각 $M_i = \frac{M}{m_i}$에 대해 다음을 만족시키는 μ_1, μ_2, μ_3, …을 먼저 구한다.

$$\mu_1 M_1 \equiv 1(\mathrm{mod}\,m_1)$$
$$\mu_2 M_2 \equiv 1(\mathrm{mod}\,m_2)$$
$$\mu_3 M_3 \equiv 1(\mathrm{mod}\,m_3)$$
$$\vdots$$

그러면 구하는 해는 $x = r_1\mu_1M_1 + r_2\mu_2M_2 + r_3\mu_3M_3 + \cdots$인데, M의 적당한 배수 nM을 뺀 최소의 해 $x = (r_1\mu_1M_1 + r_2\mu_2M_2 + r_3\mu_3M_3 + \cdots) - nM$을 구할 수 있다.

중국인의 나머지 정리는 당시의 천문학자들이 사용한 계산법과 깊은 관련이 있다. 중국의 천문학자들은 장기간의 천문 관측 기록에 의거해서 해와 달 및 다섯 행성의 운동 주기를 추산하고, 이런 천체의 주기 운동의 기점(상원적년, 上元積年)을 정할 필요가 있었다. 합동식은 이런 천문 계산에 필수적인 지식이었다.

위의 풀이 과정에서 μ_1, μ_2, μ_3, …을 구하는 단계가 결정적인데, 《손자산경》의 문제와 같이 단순한 경우는 시행착오로 쉽게 구할 수 있다. 그러나 상대적으로 복잡한 경우에는 시행착오로 구하기가 매우 어렵다. 진구소는 일반적인 경우에 이를 해결하는 알고리즘을 고안했는데, 그것이 바로 대연구일술 또는 간단하게 대연술이다. 이에 대해서는 관련된 책을 참고하자.

그런데 《수서구장》 뒤에 나타난 《양휘산법》이나 주밀周密의 《지아당잡초志雅堂雜鈔, 1290》에서는 손자의 문제를 이전과 같은 수준으로 다루고 있으며, 이야나 주세걸도 대연술을 언급하지 않았다. 명의 정대위는 《산법통종1592》에서 시구와 세 문제를 언급했는데, 3, 5, 7인 경우의 문제만을 다루고 있을 뿐이다. 그 뒤 중국에서 대연술을 설명한 것은 1803년 장돈인張敦仁의 《구일산술求一算術》에서였다.

서양에서 일차 합동식 문제는 18세기와 19세기에 오일러와 가우스 등에 의해 처음으로 체계적으로 연구됐다.

▣ 중국인의 나머지 정리의 해법 기억술

중국인의 나머지 정리의 해법에서 결정적인 단계는 다음을 만족시키는 $\mu_1, \mu_2, \mu_3, \cdots$을 구하는 것이다.

$$\begin{aligned}\mu_1 M_1 &\equiv 1(\mathrm{mod}\, m_1)\\ \mu_2 M_2 &\equiv 1(\mathrm{mod}\, m_2)\\ \mu_3 M_3 &\equiv 1(\mathrm{mod}\, m_3)\\ &\vdots\end{aligned}$$

《손자산경》의 경우에는 $\begin{matrix}2\cdot 35=70 \equiv 1(\mathrm{mod}3)\\ 1\cdot 21=21 \equiv 1(\mathrm{mod}5)\\ 1\cdot 15=15 \equiv 1(\mathrm{mod}7)\end{matrix}$인데, 여기에 등장하는 수 3, 70, 5, 21, 7, 15 및 3, 5, 7의 최소 공배수 105를 암송하기 위해 이런 수가

들어간 시를 지었다. 조선 시대 산학자 경선징의 《묵사집산법默思集算法》 중권 〈인잉구총문〉에는 다음과 같은 시가 있다.

3인이 70세까지 함께 가기는 드문데　三人同行七十稀
5마리의 봉새가 21일 전에 깃들인다.　五鳳棲前二十一
7월의 가을 바람이 십오[15]야에 일고　七月秋風三五夜
동지에서 한식까지는 105일이러라.　冬至寒食百五除

또, 조선 시대 황윤석의 《산학입문算學入門》에는 천산송天算頌이라는 제목으로 위의 시와 함께 다음 시를 소개하고 있다.[1]

천산송天算頌

[3, 5, 7은 모두 양에 속한다.[2] 따라서 천산이라 한다.]　[三五七皆屬陽 故曰天數]
세 사람의 친구들이 7순에 한가하게 쉴 때　三朋共暇七旬休
오봉루 앞의 옛날 무리들을 찾았다.　五鳳樓前訪昔儔
적벽강에 가을이 오면 만월도 차갑고　赤壁秋生寒月滿
개산에 봄이 가면 빽빽하게 꽃은 진다.　介山春盡落花稠

[친구 셋은 3을 말한다. 7순은 70을 말한다. 옛날 석昔은 21을 말한다. 가을이 온다는 것은 7월을 말한다. 달이 찼다는 것은 15를 말한다. 봄이 갔다는 것은 한식, 즉 3월이다. 동지부터 한식까지 105일이다.]

[三朋三也 七旬七十也 昔廿一也 秋生七月也 月滿十五也 春盡寒食三月也 由冬至至此一百五日也]

❶ 송대와 명대의 이와 같은 시가 또 있었다.
송대 三人同行七十稀　五老峰頭甘一餘　七月十五初秋夜　冬至寒食百五除
명 산법통종 三人同行七十稀　五樹梅花甘一枝　七子團圓正月半　除百零五便得知

❷ 양(陽)의 수를 천수(天數)라고도 한다.

경선징 《묵사집산법》 중권의 〈인잉구총문〉에는 다음과 같이 m_1, m_2, m_3이 차례로 5, 7, 8인 경우와 7, 9, 11인 경우에 대한 시와 문제가 또 있다.

$126(\equiv 2 \cdot 7 \cdot 9) \equiv 1 \pmod 5$
(1) $225(\equiv 5 \cdot 9 \cdot 5) \equiv 1 \pmod 7$에서 5, 126, 7, 225, 9, 280 및 5, 7, 9의 최
$280(\equiv 8 \cdot 5 \cdot 7) \equiv 1 \pmod 9$

소 공배수 315를 암기하기 위한 시와 이를 활용하는 문제

五人同居兩七九 七貴公侯五九五

重陽節滿八五七 冬至寒食三合除

지금 사물이 있는데, 그 수를 알지 못한다. 다만, 5개씩 세면 3이 남고, 7개씩 세면 1이 남으며, 9개씩 세면 2가 남는다. 원래의 수는 얼마인가?

$99(\equiv 9 \cdot 11) \equiv 1 \pmod 7$
(2) $154(\equiv 2 \cdot 77) \equiv 1 \pmod 9$에서 7, 99, 9, 154, 11, 441 및 7, 9, 11의 최소
$441(\equiv 500 - 59) \equiv 1 \pmod{11}$

공배수 693을 암기하기 위한 시와 이를 활용하는 문제

七月七日新月夕 螽斯生子九十九

重陽佳節風景好 兩叟同庚七十七

至月寒天酒價錢 半貫纔除五十九

六百九十三春和 除夜餘興倣此識

지금 사물이 있는데, 그 수를 알지 못한다. 다만, 7개씩 세면 3이 남고, 9개씩 세면 2가 남으며, 11씩 세면 1이 남는다. 원래의 총수는 얼마인가?

파스칼의 삼각형

이항식 $(a+b)^n$의 전개에 나타나는 계수들을 삼각형 모양으로 나열한 것을 통상 '파스칼의 삼각형'이라고 한다. 그런데 이런 수 배열은 파스칼보다 앞서 나타났는데, 아라비아 수학자 알카시al-Kashi는 1427년에 펴낸 책에서 $n=9$까지 전개했다. 유럽에서는 1527년에 독일 수학자 아피아누스Apianus가 펴낸 책의 표지에 등장한다.

그러나 중국에서는 이보다 훨씬 앞서 [《영락대전 1404~24》에 실린] 양휘의 《상해구장산법詳解九章算法, 1261》에서 북송의 가헌❸이 이를 발견했다는 말과 함께 오른쪽의 그림을 찾아볼 수 있다. 가장 오른쪽에 있는 그림은 주세걸의 《사원옥감》에 있는 것이다.

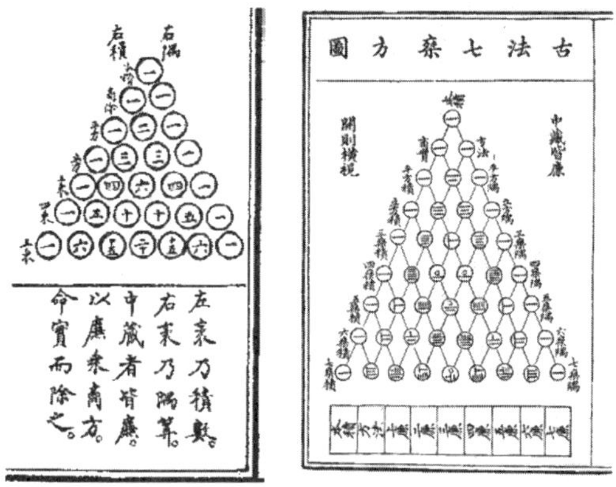

《상해구장산법》의 개방작법본원開方作法本源과 《사원옥감》의 칠승방七乘方

거듭제곱근 풀이와 고차 방정식의 해법

《구장산술》의 제곱근 풀이開方術에서 일반적인 이차 방정식의 해법인 대종개방법帶從開方法이 나왔는데, 이는 《구장산술》과 《장구건산술》에서 찾아볼 수 있다. 그리고 《구장산술》의 세제곱근 풀이開立方術에서 일반적인 삼차 방정

❸ 賈憲(1010?~1070?, Jia Xian, Chia Hsien), 북송의 역학자 초연(楚衍, Chu Yan)의 제자로 환관이었다고 한다. 그는 《황제구장산법세초(黃帝九章算法細草)》 등의 산학서를 썼다고 하는데, 현재 모두 분실된 상태다. 양휘가 가헌의 업적을 기록했기 때문에, 그를 알게 됐다.

식의 해법인 대종개립방법帶從開立方法이 나왔는데, 이는 왕효통의 《집고산경》에서 찾아볼 수 있다. 방정식의 풀이를 통틀어 개방법開方法이라고 한다.

양휘는 가헌의 또 다른 수학적 업적으로 임의의 거듭제곱근을 구하는 새로운 알고리즘을 고안했다고 기록했다. 이는 파스칼의 삼각형(개방작법본원)을 이용하는데, '증승개방법增乘開方法' 이라고 한다.

증승개방법을 개략적으로 다음과 같이 설명할 수 있다. 이를테면 N의 세제곱근 $\sqrt[3]{N}$을 구하는 것은 삼차 방정식 $x^3=N$의 풀이로 생각하는데, 해 $x=a+b+c$를 구하는 과정은 다음과 같다. 여기서 a, b, c는 필요한 단계에서 추측해야 하는데, $\sqrt[3]{N}=123$일 때 $a=100$, $b=20$, $c=10$을 나타낸다. 각 단계에서 추측한 값을 가장 아래부터 곱해서 위에 더하는 과정을 반복해서 새로운 실, 방, 염의 값을 결정한다.

	[1]	[2]	[3]	[4]
商	a	a	a	a
實	N	$N-a^2\cdot a=N-a^3$	$N-a^3$	$N-a^3$
方	0	$0+a\cdot a=a^2$	$a+2a\cdot a=3a^2$	$3a^2$
廉	0	$0+1\cdot a=a$	$a+1\cdot a=2a$	$2a+1\cdot a=3a$
隅	1	1	1	1

	[5]	[6]
商	$a+b$	$a+b$
實	$N-a^3$	$N-a^3-(3a^2+3ab+b^2)\cdot b=N-(a+b)^3$
方	$3a^2$	$3a^2+(3a+b)\cdot b=3a^2+3ab+b^2$
廉	$3a$	$3a+1\cdot b=3a+b$
隅	1	1

	[7]	[8]
商	$a+b$	$a+b$
實	$N-(a+b)^3$	$N-(a+b)^3$
方	$(3a^2+3ab+b^2)+(3a+2b)\cdot b=3(a+b)^2$	$3(a+b)^2$
廉	$(3a+b)+1\cdot b=3a+2b$	$(3a+2b)+1\cdot b=3(a+b)$
隅	1	1

	[9]	[10]
商	$a+b+c$	$a+b+c$
實	$N-(a+b)^3$	$N-(a+b)^3-\{3(a+b)^2+3(a+b)c+c^2\}\cdot c=N-(a+b+c)^3=0$
方	$3(a+b)^2$	$3(a+b)^2+\{3(a+b)+c\}\cdot c=3(a+b)^2+3(a+b)c+c^2$
廉	$3(a+b)$	$3(a+b)+1\cdot c=3(a+b)+c$
隅	1	1

증승개방법은 위의 세제곱근만이 아니라 임의의 거듭제곱근을 푸는 방법으로 일반화된다. 위에서 [5]와 [9] 단계에 이항 계수가 나타남에 유의하라.

제곱근과 세제곱근 풀이를 위한 산대 계산으로부터 대종개(립)방법이 유도됐듯이, 증승개방법을 일반적인 고차 방정식의 해법으로 일반화하는 것은 어려운 일이 아니다. 그러나 대종개(립)방법과 증승개방법에서는 최고차항의 계수(우)가 +1이어야 한다. 그리고 대종개(립)방법에서는 나머지 계수도 음이 아니어야 한다. 그러므로 증승개방법으로부터 일반적인 고차 방정식의 해법을 얻기 위해서는 이 한계를 극복해야 했다.

현존하는 문헌에 따르면 이를 처음으로 극복한 사람은 유익(劉益, Liu Yi, 12세기 후반~13세기 전반)이었다. 유익은 현재 전해지지 않은 책 《의고근원議古根

源》을 썼는데, 양휘는 《전무비류승제첩법(田畝比類乘除捷法, 양휘산법의 일부)》에 유익의 책에 있던 문제 중 20개를 기록되어 있다. 양휘는 그 책의 서문에서 유익이 양수 및 음수와 무관한 대종개방법을 처음으로 고안했다고 썼다. 이 중에서 이차 방정식(개방법과 대종개방법)과 관련된 문제는 다음과 같이 최고차항의 계수를 포함해서 모든 계수가 양수이거나 음수인 경우도 다루었다.

$$7x^2 = 9072, \quad -x^2 + 60x = 864, \quad -5x^2 + 228x = 2595$$

이런 이차 방정식은 대종개방법과 약간 다른 방법을 이용해서 풀었으며, 증승개방법을 사용하지는 않았다. 그런데 해가 한 자리 수이기 때문에 증승개방법의 장점이 명확하게 나타나지는 않았지만, 아래에 나타난 대로 다음 사차 방정식은 증승개방법으로 풀었다.

$$-5x^4 + 52x^3 + 128x^2 = 4096$$

商	4	4	4	4	4
實	4096	4096	4096	4096	4096−1024 · 4=0
三乘方法				256 · 4=1024	1024
上廉	128	128	128+32 · 4=256	256	256
下廉	52	52+(−5) · 4=32	32	32	32
隅	−5	−5	−5	−5	−5

가헌과 유익의 연구를 거쳐 증승개방법이 서서히 발전했으며, 13세기 중반에 이르러 진구소의 《수서구장》에서 임의 차수의 방정식에 대한 해법으로 일반화됐다. 이 책에서는 ($x^2 = a$ 꼴을 포함해서) 스무개의 이차 방정식, 한 개의 삼차 방정식, 네 개의 사차 방정식, 한 개의 십차 방정식을 다루고 있다. 예를 들면 다음과 같다.

$$4608x^3-3000000000\times 30\times 800=0,\quad -x^4+763200x^2-40642560000=0,$$
$$-x^4+15245x^2-6262506.25=0,\quad -x^4+1534464x^2-526727577600=0,$$
$$x^{10}+15x^8+72x^6-864x^4-11664x^2-34992=0$$

대부분의 문제에 대해, 진구소는 증승개방법에 의한 풀이의 각 단계를 산대로 계수를 나타낸 그림을 통해 보여주었다. 예를 들면, 사차 방정식 $-x^4+763200x^2-40642560000=0$의 해 $x=840$을 구하는 과정을 21개의 그림으로 나타냈다. 다음은 이를 압축해서 8개의 그림으로 제시한 것이다.

實	−40642560000
方	0
上廉	+763200
下廉	0
隅	−1

1. 방정식의 계수를 산대로 산판에 늘어놓는다. 여기서 실實은 상수항, 방方은 일차항의 계수, 상렴上廉은 이차항의 계수, 하렴下廉은 삼차항의 계수, 우隅는 사차항의 계수다.

商	8
實	−40642560000
方	0
上廉	+763200
下廉	0
隅	−1

2. 해가 두 자리 수이면, 방은 한 자리, 상렴은 두 자리, 하렴은 세 자리, 우는 네 자리 앞으로 이동한다. 해가 두 자리 수이면, 방은 두 자리, 상렴은 네 자리, 하렴은 여섯 칸, 우는 여덟 자리 앞으로 이동한다. 해의 가장 큰 백의 자리를 8로 추측한다.
 이는 아래부터 800을 곱하여 위에 더하지 않고 8을 곱해서 위에 더하기 위한 조치다.

商	8
實	+38205440000
方	+98560000
上廉	+123200
下廉	−800
隅	−1

3. 자리를 맞추어 8과 우 −1의 곱 −8(00)을 하렴 0에 더해서 −800을 얻고, 8과 하렴 −800(00)의 곱 −640000을 상렴 763200에 더해서 +123200을 얻고, 8과 상렴 +123200(00)의 곱 98560000을 방 0에 더해서 +98560000을 얻고, 8과 방 +98560000(00)의 곱 78848000000을 실 −40642560000에 더해서 새로운 +38205440000을 얻는다.

商	8
實	+38205440000
方	−826880000
上廉	−1156800
下廉	−1600
隅	−1

4. 자리를 맞추어 8과 우 −1의 곱 −8(00)을 하렴 −800에 더해서 −1600을 얻고, 8과 하렴 −1600(00)의 곱 −1280000을 상렴 +123200에 더해서 −1156800을 얻고, 8과 상렴 −1156800(00)의 곱 −925440000을 방 +98560000에 더해서 새로운 방 −826880000을 얻는다.

商	8
實	+38205440000
方	−826880000
上廉	−3076800
下廉	−2400
隅	−1

5. 자리를 맞추어 8과 우 −1의 곱 −8(00)을 하렴 −1600에 더해서 −2400을 얻고, 8과 하렴 −2400(00)의 곱 −1920000을 상렴 −1156800에 더해서 새로운 상렴 −3076800을 얻는다.

商	8
實	+38205440000
方	−826880000
上廉	−3076800
下廉	−3200
隅	−1

6. 자리를 맞추어 8과 우 −1의 곱 −8(00)을 하렴 −2400에 더해서 새로운 하렴 −3200을 얻는다.

商	8
實	+38205440000
方	−826880000
上廉	−3076800
下廉	−3200
隅	−1

7. 이제 방은 한 자리, 상렴은 두 자리, 하렴은 세 자리, 우는 네 자리 물린다.
해의 둘째 자리(십의 자리)로 4를 추측한다.

商	84(0)
實	
方	−955136000
上廉	−3206400
下廉	−3240
隅	−1

8. 자리를 맞추어 4와 우 −1의 곱 −4(0)을 하렴 −3200에 더해서 −3240을 얻고, 4와 하렴 −3240(0)의 곱 −129600을 상렴 −3076800에 더해서 −3206400을 얻고, 4와 상렴 −3206400(0)의 곱 −128256000을 방 −826880000에 더해서 −955136000을 얻고, 4와 방 −955136000(0)의 곱 −382054400000을 실 +38205440000에 더해서 0을 얻는다. 따라서 해는 840이다.

위의 풀이 과정은 서양의 루피니 · 호너의 방법과 일치한다. 호너(William George Horner, 1786~1837)는 이런 방법을 1819년에 발표했고, 루피니(Paolo Ruffini, 1765~1822)는 그보다 앞서 1804년에 발표했다.

양휘 Yang Hui

楊輝, 1238?~1298?

양휘는 중국 남송(1127~1279) 말에 전당(錢塘, 현재 항주)에서 태어났는데, 아호가 겸광謙光이었다. 그에 관해 알려진 바는 거의 없는데, 하급 관리를 지낸 것으로 보인다.

양휘는 민간 수학의 색채가 짙은 매우 훌륭한 수학 교과서의 편집으로 후세에 이름을 남겼다. 그의 대표적인 저작 《양휘산법楊輝算法》은 수학 교과서이자 계몽서로서 송대의 수학을 집대성하고 명대에 정착될 민간 수학의 기틀을 마련했다는 점에서 의의가 크다. 특히, 조선 시대의 법령집인 《경국대전》에 산학 채용고시의 출전으로 명시된 세 가지 책 중의 하나로, 우리나라 산학에도 크게 영향을 끼쳤다.

양휘의 저서는 당시 수학의 발달을 이해하는 데 대단히 중요한데, 그 전에 분실된 여러 가지 수학 책에 있던 문제들과 계산 방법을 수집해서 소개하고 있기 때문이다. 앞에서 이미 언급한 대로, 예를 들면 가헌의 개방작법본원(파스칼의 삼각형)과 증승개방법(거듭제곱근과 고차 방정식의 해법) 등과 같은 중요한 계산 방법은 양휘의 책을 통해 현재까지 전해졌다.

《양휘산법》

양휘는 여러 가지 수학 책을 썼다. 이미 언급한 《상해구장산법詳解九章算

法, 1261》 12권을 비롯해서 현재는 전해지지 않는 《일용산법日用算法, 1262》 2권을 썼다.

유명한 책 《양휘산법》은 다음과 같이 각각 고유한 이름이 붙은 7권으로 이루어져 있다.

1. 《승제통변본말乘除通變本末, 원제 乘除通變算寶, 1274》 3권
   상권: 《산법통변본말算法通變本末》
   중권: 《승제통변산보乘除通變算寶》
   하권: 《법산취용본말法算取用本末》
2. 《전무비류승제첩법田畝比類乘除捷法, 1274》 2권
3. 《속고적기산법續古摘奇算法, 1274》 2권

《승제통변본말》은 곱셈의 기초와 간단한 나눗셈을 소개하고 있다. 여기에 제시된 〈습산강목習算綱目〉은 당시 수학을 배우는 매우 인기 있고 실제적인 교수 요목이었다. 《승제통변산보》에서는 특수한 곱셈(신외가법)과 나눗셈(신외감법), 《법산취용본말》에서는 1부터 300까지의 범위에서 곱셈과 나눗셈의 계산법을 다루고 있다.

《전무비류승제첩법》은 상권에서 농지 측량, 하권에서는 고차 방정식의 해법을 소개하고 있다. 《속고적기산법》은 상권의 〈종횡도縱橫圖〉에서 낙서洛書 · 하도河圖와 함께 10차까지의 마방진 및 다른 형태의 수 배열 여섯 가지를 소개하고, 하권에서는 부정 방정식을 비롯해서 《해도산경》의 측량 문제를 다루고 있다.

부정 방정식

앞에서 소개한 중국인의 나머지 정리와 관련된 연립 합동식은 부정 방정식의 예다. 중국 수학에서 고려한 부정 방정식의 또 다른 예는 다음과 같이 3개의 미지수와 2개의 일차 방정식으로 이루어진 연립 방정식이다.

$$\begin{cases} ax+by+cz=d \\ x+y+z=d \end{cases}$$

이와 관련된 최초의 문제는 다음과 같은 《장구건산경》 하권의 제38문이다.

> 수탉 한 마리가 5전, 암탉 한 마리가 3전, 병아리 3마리가 1전이다. 100마리를 100전에 샀다면 각각 몇 마리인가?
>
> 답 : 4, 18, 78 또는 8, 11, 81 또는 12, 4, 84

이를 '백계문百雞問'이라 한다. 위의 문제를 풀기 위해 각각의 마리 수를 x, y, z라 하고 현대의 기호로 나타내면 다음과 같은 연립 방정식을 얻는다.

$$\begin{cases} 5x+3y+\frac{1}{3}z=100 \\ x+y+z=100 \end{cases}$$

미지수 x, y, z의 값을 자연수에서만 구한다면, 《장구건산경》에 제시된 답이 이 부정 방정식의 해 전부이다.

양휘는 《속고적기산법》 하권의 〈율분신率分身〉에서 이런 부정 방정식을 다루었는데, 제4문과 제5는 차례로 다음과 같다.

돈 100문으로 온감, 녹귤, 변귤을 합해 100개를 산다. 온감 한 개는 7문, 녹귤 한 개는 3문, 변귤 세 개는 1문이라면, 각각 몇 개씩 사는가?

답 : 온감 6개, 녹귤 10개, 변귤 84개

순주는 1말에 7관, 행주는 1말에 3관, 이주는 3말에 1관이다. 돈 10관을 써서 술 10말을 산다면 각각 얼마씩 사야 하는가?

답 : 순주 6되, 행주 1말, 이주 8말 4되

위 두 문제를 미지수 x, y, z와 현대적인 기호를 사용해서 각각 다음과 같은 부정 연립 방정식의 풀이로 나타낼 수 있다.

$$\begin{cases} 7x+3y+\dfrac{1}{3}z=100 \\ x+y+z=100 \end{cases}, \qquad \begin{cases} 7x+3y+\dfrac{1}{3}z=10 \\ x+y+z=10 \end{cases}$$

각 부정 방정식은 자연수 또는 양수의 범위에서 여러 개의 해가 존재한다. 그러나 양휘는 한 가지 해의 제시로 만족했다.

▣ 양휘의 퇴타술

《구장산술》에서 이미 등차 수열과 등비 수열의 합을 다루고 있다. 이미 알아본 대로 북송의 심괄은 직사각뿔대 꼴로 쌓아올린 물건(술통)의 개수에 관한 합의 공식(극적술)을 통해 고계 등차 수열의 합을 구하는 문제를 성공적으로 다루었다.

양휘는 《상해구장산법》과 《산법통변본말》에서는 다음과 같이 네 가지 형태의 급수와 관련된 문제를 다루고 있다.

1. $S = a \cdot b + (a+1)(b+1) + (a+2)(b+2) + \cdots + (c-1)(d-1) + c \cdot d$
$= \frac{n}{6}\{2(2b+d)a + (2d+b)c\} + \frac{n}{6}(c-a)$

2. $S = 1^2 + 2^2 + 3^2 + \cdots + n^2 = \frac{n}{3}(n+1)\left(n+\frac{1}{2}\right)$

3. $S = a^2 + (a+1)^2 + (a+2)^2 + \cdots + (b-1)^2 + b^2 = \frac{n}{3}\left(a^2+b^2+ab+\frac{b-a}{2}\right)$

4. $S = 1+3+6+ \cdots + \frac{n(n+1)}{2} = \frac{n}{6}(n+1)(n+2)$

그런데 위에서 첫째는 물론 심괄의 극적술에 나타나는 공식이고, 나머지 세 가지는 모두 이의 특별한 경우이다.

양휘의 마방진

양휘는 《속고적기산법》은 상권의 〈종횡도縱橫圖〉에서 낙서洛書·하도河圖와 함께 10차까지의 마방진 및 다른 형태의 수 배열 여섯 가지를 소개하고 있다. 명의 정대위는 《산법통종1592》의 마지막 권 〈난제 3難題三〉에서 〈종횡도〉를 거의 그대로 다시 다루었다. 조선 시대의 최석정崔錫鼎은 《구수략九數略》의 〈하낙변수河洛變數〉에서 〈종횡도〉의 모든 마방진 및 [취육도聚六圖를 제외한] 다른 수 배열을 소개했으며, 자신이 창안한 여러 가지 다른 마방진과 수 배열도 추가했다.

마방진은 가로줄과 세로줄 및 대각선에 있는 수들의 합이 일정한 수의 정사각 배열을 뜻한다. 양휘가 제시한 마방진 중에서 크기별로 한 개씩만 제시하면 다음과 같다.

하도河圖❶

4	9	2
3	5	7
8	1	6

화십육도花十六圖

2	16	13	3
11	5	8	10
7	9	12	6
14	4	1	15

오오도五五圖

1	23	16	4	21
15	14	7	18	11
24	17	13	9	2
20	8	19	12	6
5	3	10	22	25

육육도六六圖

13	22	18	27	11	20
31	4	36	9	29	2
12	21	14	23	16	25
30	3	5	32	34	7
17	26	10	19	15	24
8	35	28	1	6	33

칠칠도七七圖

46	8	16	20	29	7	49
3	40	35	36	18	41	2
44	12	33	23	19	38	6
28	26	11	25	39	24	22
5	37	31	27	17	13	45
48	9	15	14	32	10	47
1	43	34	30	21	42	4

팔팔도八八圖

61	4	3	62	2	63	64	1
52	13	14	51	15	50	49	16
45	20	19	46	18	47	48	17
36	29	30	35	31	34	33	32
5	60	59	6	58	7	8	57
12	53	54	11	55	10	9	56
21	44	43	22	42	23	24	41
28	38	37	27	39	26	25	40

구구도九九圖

31	76	13	36	81	18	29	74	11
22	40	58	27	45	63	20	38	56
67	4	49	72	9	54	65	2	47
30	75	12	32	77	14	34	79	16
21	39	57	23	41	59	25	43	61
66	3	48	68	5	50	70	7	52
35	80	17	28	73	10	33	78	15
26	44	62	19	37	55	24	42	60
71	8	53	64	1	46	69	6	51

백자도百子圖❷

1	20	21	40	41	60	61	80	81	100
99	82	79	62	59	42	39	22	19	2
3	18	23	38	43	58	63	78	83	98
97	84	77	64	57	44	37	24	17	4
5	16	25	36	45	56	65	76	85	96
95	86	75	66	55	46	35	26	15	6
14	7	34	27	54	47	74	67	94	87
88	93	68	73	48	53	28	33	8	13
12	9	32	29	52	49	72	69	92	89
91	90	71	70	51	50	31	30	11	10

❶ 양휘는 하도와 낙서(洛書)를 바꾸어 불렀다.

〈종횡도〉에는 다음과 같이 마방진이 아닌 수의 배열도 있다.

취오도聚五圖

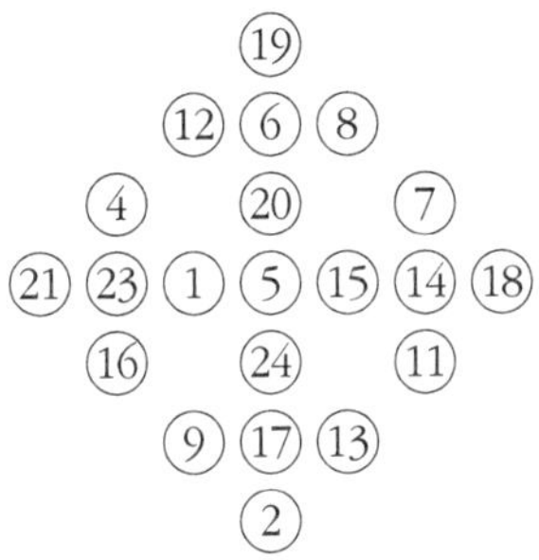

취육도聚六圖

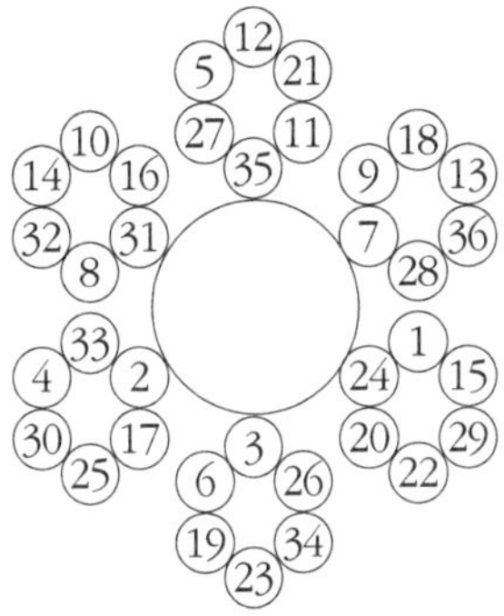

취오도는 3, 10, 22를 제외한 24까지의 자연수를 배열하는데, 5, 6, 14, 17, 23을 중심으로 십(十)자 꼴로 배열된 다섯 개의 수의 합이 모두 65이다. 중심을 이루는 수 5, 6, 14, 17, 23의 합도 65이고, 가장 중심의 5와 가장 바깥쪽에 있는 네 수 19, 18, 2, 21의 합도 65이다.

취육도는 1부터 36까지의 수를 합이 111인 6개씩의 수의 무리 6개로 나누고, 각 무리를 정육각형의 꼭지점 위에 나타낸 뒤에 이를 원의 둘레에 차례로 나타낸 것이다. 위의 그림에서 아래쪽 세 개의 육각형은 원본 상태가 명확하지 않아서, 합이 111이 되도록 임의로 조합해서 만들었다.

❷ 이 백자도는 엄밀하게 말하면 마방진이 아니다. 조선 시대의 산학자 홍정하(洪正河)는 《구일집(九一集)》에서 이의 잘못을 지적하고 바로 잡았다. 백자도에서 첫째와 둘째 가로줄을 서로 바꾸고, 아홉째와 열째 가로줄을 서로 바꾸면 마방진이 된다.

취팔도聚八圖

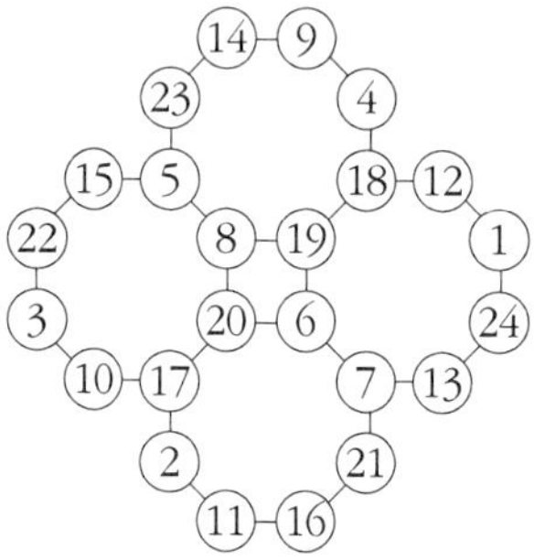

횡구도橫九圖

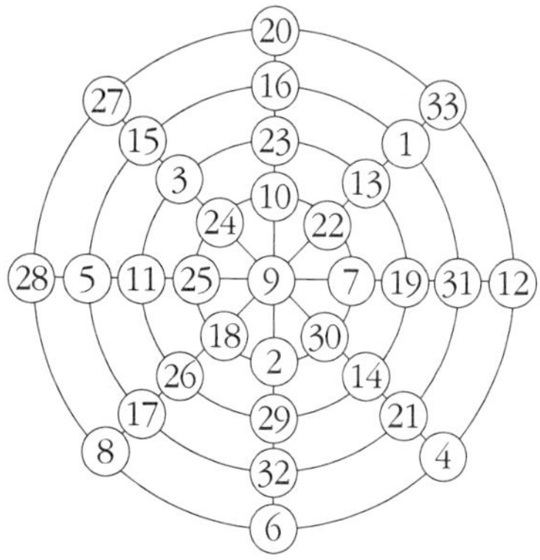

취팔도는 1부터 24까지의 자연수를 변을 공유하는 네 개의 팔각형을 형성하도록 배열하는데, 각 팔각형 위에 있는 여덟 개의 수의 합은 항상 100이 되도록 한다.

횡구도는 1부터 33까지의 자연수를 9를 중심으로 교차하는 네 개의 선분 위에 배열하는데, 네 선분 각각의 위에 있는 아홉 수의 합 및 9를 중심으로 한 네 원 각각의 위에 있는 여덟 수와 중심에 있는 수 9의 합이 항상 147이 되도록 했다.

팔진도八陳圖

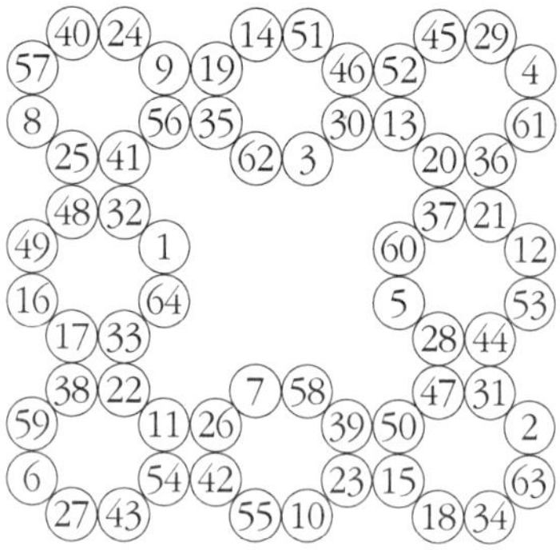

팔진도는 1부터 64까지의 자연수를 여덟 개씩 여덟 개의 무리로 나누어 팔각형으로 배열하는데, 각 무리에 속하는 여덟 수의 합은 항상 260이다.

연환도漣環圖

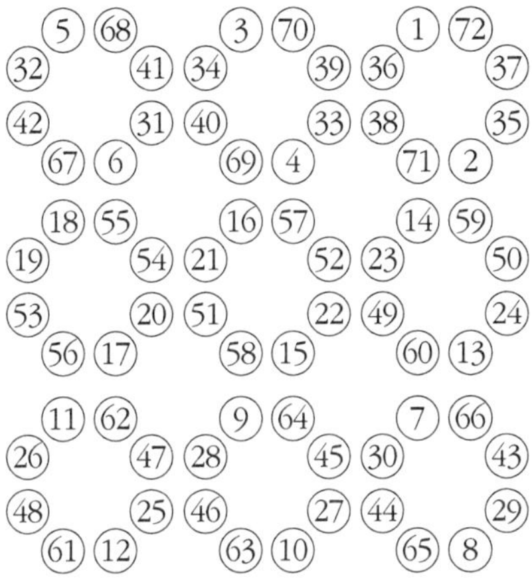

연환도는 1부터 72까지의 자연수를 여덟 개씩 아홉 개의 무리로 나누어 팔각형으로 배열하는데, 각 무리에 속하는 여덟 수의 합은 항상 292가 되도록 한다. 위의 배열에서 가로 또는 세로로 연이어 있는 두 수의 합은 72, 73, 74 중의 하나임을 확인할 수 있다.

주세걸 Zhu Shijie, Chu Shihchieh

朱世傑, 1260?~1320?

주세걸은 중국 원(元, 1271~1368)나라 초기에 옌산(燕山, 베이징 부근)에서 태어난 수학자로, 자는 한경漢卿이다. 당시 유명한 수학자로서 20여 년 동안 중국을 두루 돌아다녔으며, 많은 제자가 그에게 배우기 위해 여러 곳에서 몰려들었다고 한다. 이런 점에서 주세걸은 방방곡곡을 여행한 중국 최초의 전문 수학자이며 또한 수학 교육자였다.

이런 사실 이외에 주세걸의 생애에 대해 알려진 것이 별로 없다. 산학에 관한 저작으로는 《산학계몽算學啓蒙, 1299》 3권과 《사원옥감四元玉鑑, 1303》 3권이 유명하다.

《산학계몽》

《산학계몽》은 3권(20장, 259문제)으로 이루어진 초보자용 교재로, 곱셈과 나눗셈 방법에서 시작해서 기초적인 내용을 제시하며 고차 다항식의 풀이와 천원술로 끝을 맺는다. 당시 과학으로서 수학의 다양한 면과 내용을 거의 모두 포함하고 있다. 단순한 것에서 복잡한 것까지 완비된 이 책은 입문을 위한 매우 훌륭한 교과서였다.

이 책은 발간된 뒤 중국에서는 곧 사라졌지만, 한국과 일본에서는 기본적인고 중요한 교재로 광범위하게 사용됐다. 특히, 조선 시대의 법령집인 《경국대전》에 산학 채용고시의 출전으로 명시된 세 가지 책 중의 하나로, 우리나라 산학에 대단히 큰 영향을 끼쳤으며 여러 차례 중간됐다. 1658년에는 우리나라를 거쳐 일본에도 건너가 일본 수학에 큰 영향을 끼쳤다. 그리고 1660년에 우리나라에서 중간된 《산학계몽》이 중국으로 다시 들어가서 중국 수학의 전통을 되살리게 했다.

▣ 사원술

《사원옥감》은 3권(24장, 288문제로)으로 이루어졌는데, 주요한 주제는 연립 이차 방정식과 연립 고차 방정식의 풀이다. 연립 일차 방정식은 《구장산술》에서 이미 다루었는데, 여기서는 미지수가 2, 3, 4개인 연립 고차 방정식을 다루었다. 미지수가 4개인 연립 방정식이 7문제, 미지수가 3개인 연립 방정식이 13문제, 미지수가 2개인 연립 방정식이 36개 있다.

《사원옥감》은 천원술을 발전시킨 사원술四元術을 다루고 있는데, 사원이란 천원天元 · 지원地元 · 인원人元 · 물원物元의 네 가지 미지수를 뜻한다. 이에 따라 일원 고차 방정식 이론인 천원술을 다원 고차 연립 방정식의 해법에까지 확대했다. 네 가지 미지수를 x, y, z, u로 나타낸다면, 이것들로 표현된 다항식은 그 계수를 아래와 같은 방법으로 나열해서 표기했다.

$$
\begin{array}{ccccccccc}
 & \vdots & \vdots & \vdots & \vdots & \vdots & \vdots & \vdots & \\
\cdots & y^3u^2 & y^2u^2 & yu^2 & u^2 & zu^2 & z^2u^2 & z^3u^2 & \cdots \\
\cdots & y^3u & y^2u & yu & u & zu & z^2u & z^3u & \cdots \\
 & & & & \boxed{yz} & & & & \\
\cdots & y^3 & y^2 & y & & z & z^2 & z^3 & \cdots \\
 & & & \boxed{xu} & & & & & \\
\cdots & xy^3 & xy^2 & xy & x & xz & xz^2 & xz^3 & \cdots \\
\cdots & x^2y^3 & x^2y^2 & x^2y & x^2 & x^2z & x^2z^2 & x^2z^3 & \cdots \\
\cdots & x^3y^3 & x^3y^2 & x^3y & x^3 & x^3z & x^3z^2 & x^3z^3 & \cdots \\
 & \vdots & \vdots & \vdots & \vdots & \vdots & \vdots & &
\end{array}
$$

예를 들면, $x+y+z+u$와 $(x+y+z+u)^2=x^2+y^2+z^2+u^2+2xy+2xz+2xu+2yz+2yu+2zu$는 각각 다음과 같이 표현된다.

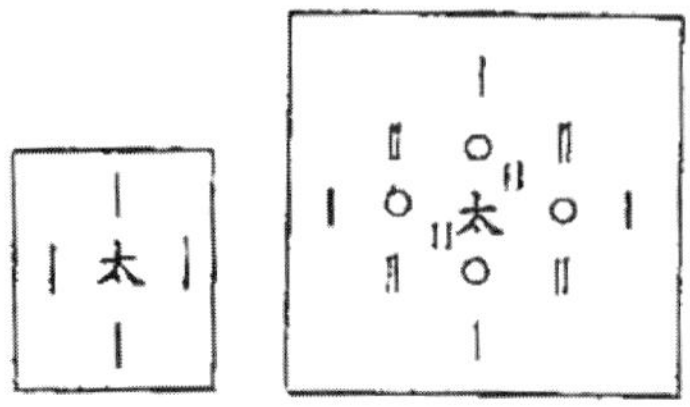

오른쪽 그림은 이렇게 사원으로 표현된 방정식을 연산하는 장면을 보여준다.

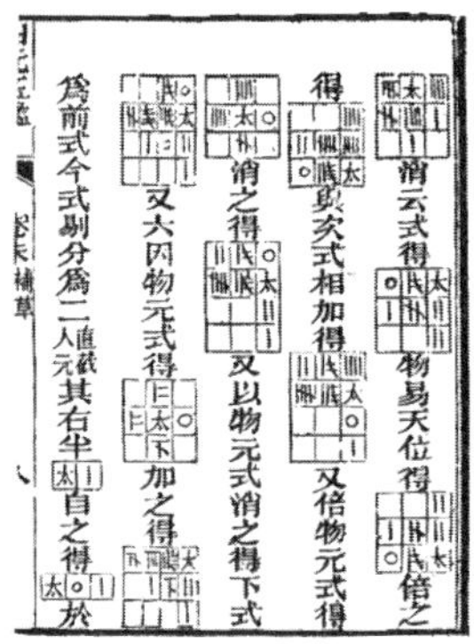

《사원옥감》은 연립 고차방정식의 풀이와 함께 14차까지의 고차 방정식을 제시했는데, 이는 당시 중국 대수학이 절정을 이루었음을 예시한다.

▣ 급수 연구

《사원옥감》의 또 다른 주요한 점은 유한 급수의 합을 구하는 문제다. 심괄의 극적술은 후세에 퇴타술 또는 타술이라 불렸으며, 《양휘산법》, 《사원옥감》 등에서 깊이 다루어졌다. 주세걸의 연구가 결정적이었는데, 《사원옥감》에는 여러 가지 급수의 합을 구하는 39개의 문제가 있다. 유형별로 다음과 같이 나뉘어진다.

1. $\sum_{k=1}^{n} k = \frac{n(n+1)}{2!}$ 교초적交草積

2. $\sum_{k=1}^{n} \frac{k(k+1)}{2!} = \frac{n(n+1)(n+2)}{3!}$ 삼각타三角垜

3. $\sum_{k=1}^{n} \frac{k(k+1)(k+2)}{3!} = \frac{n(n+1)(n+2)(n+3)}{4!}$

철성형타撤星形垜, 삼각락일형타三角落一形垜

4. $\sum_{k=1}^{n} \frac{k(k+1)(k+2)(k+3)}{4!} = \frac{n(n+1)(n+2)(n+3)(n+4)}{5!}$

삼각철성형타三角撤星形垜, 철성경락일형타撤星更落一形垜

5. $\sum_{k=1}^{n} \frac{k(k+1)(k+2)(k+3)(k+4)}{5!} = \frac{n(n+1)(n+2)(n+3)(n+4)(n+5)}{6!}$

삼각철성경락일형타三角撤星更落一形垜

6. $\sum_{k=1}^{n} k \cdot k = \frac{n(n+1)(2n+1)}{3!}$ 사각타四角垜

7. $\sum_{k=1}^{n} k \cdot \frac{k(k+1)}{2!} = \frac{n(n+1)(n+2)(3n+1)}{4!}$ 남봉형타嵐峰形垜

8. $\sum_{k=1}^{n} k \cdot \frac{k(k+1)(k+2)}{3!} = \frac{n(n+1)(n+2)(n+3)(4n+1)}{5!}$

삼각남봉형타三角嵐峰形垜, 남봉경락일형타嵐峰更落一形垜

일반적으로 1~5는 다음과 같이 요약할 수 있다.

$$\sum_{k=1}^{n} \frac{k(k+1)\cdots(k+p-1)}{p!}$$

$$= \frac{n(n+1)\cdots(n+p-1)(n+p)}{(p+1)!}$$

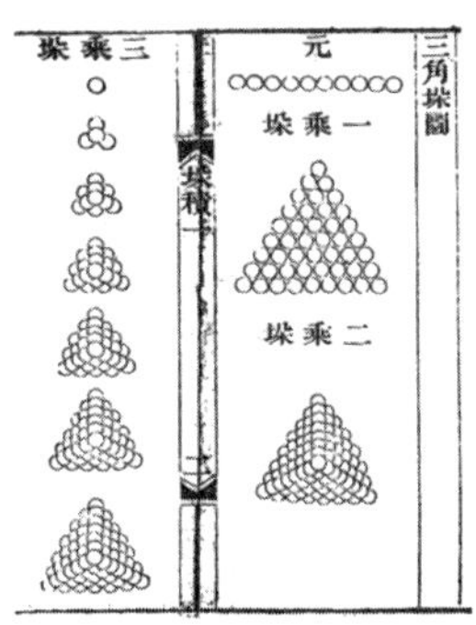

이선란의 《타적비례垜積比類》에 있는 삼각타

그리고 6~8은 다음과 같이 요약할 수 있다.

$$\sum_{k=1}^{n} k \cdot \frac{k(k+1)\cdots(k+p-1)}{p!} = \frac{n(n+1)\cdots(n+p)\{(p+1)n+1\}}{(p+2)!}$$

보간법

중국에서는 수학과 천문학이 서로 영향을 주고받으면서 발전했다. 천문학은 역법의 계산과 관련된 문제로 끊임 없이 수학에 그 해결을 요구했고, 수학의 새로운 이론은 천문 계산에 정밀한 수학적 방법을 제공했다.

중국 천문학의 금자탑인 《수시력授時曆, 1280》은 수학과 천문학 사이의 이런 긴밀한 상호 작용을 극명하게 보여준다. 이 역법의 성공은 고계 등차 수열의 합에 관한 수학을 활용해서 천문 계산과 관련된 고차 보간식補間式 문제를 해결할 수 있었기에 가능했다. 이런 지식은 13세기에 고차 방정식의 해법(천원술, 증승개방법)과 여러 가지 수열의 합에 관한 연구 성과였다. 수시력의 작성을 통상 곽수경(郭守敬, 1231~1316)의 공적으로 돌리지만, 이론적인 면에서 공헌한 사람은 왕순(王恂, 1235~1281)이었다. 그는 천문학뿐만 아니라 수학에도 정통한 학자로 당대 손꼽히는 존재였다.

《수시력》에는 고차 보간식이 쓰이는데, 그 보간법인 초차술招差術은 주세걸의 《사원옥감》에서 4차식까지 확대되어 다루어지고 있다. 주세걸은 중국 수학사에서 처음으로 정확한 고차 보간 공식을 쓰고 있는데, 이는 그가 급수의 연구를 통해서 얻는 성과였다.

정대위 Cheng Dawei, Ch'eng Ta-wei

程大位, 1533~1606

정대위는 중국 명(明, 1368~1644)나라 안후이성安徽省 시우닝현休寧縣에서 태어난 민간 수학자로, 자는 여사汝思이고 호는 빈거賓渠다. 20세 때 양자강 유역에서 상업에 종사하면서, 수학에 흥미를 갖게 됐다. 강남江南 등지를 여행하는 동안에 진귀한 수학 책을 구하여 연구하였다.

정대위는 수십 년 동안의 어려운 연구 끝에, 예로부터 전하여 오는 수학을 편집하여 《신편직지산법통종新編直指算法統宗》, 간단히 《산법통종算法統宗》 17권(595문제)을 1592년에 간행했다. 이는 《구장산술》의 형식에 따른 통속 수학서지만, 송 · 원 시대에 발달한 방정식 · 방진 · 주산도 취급하고 있다. 독창적인 내용이 별로 없지만 이 책은 중국에서 한 세기 이상 대단한 인기를 누렸는데, 전국의 모든 수학자는 이를 집에 소장했다고 한다. 그 판본도 수십 종류에 이르며, 한국과 일본에 보급되어 큰 영향을 끼쳤다.

고급 수학의 퇴보

송 · 원 시대 중국 전통 수학의 화려한 발전은 오래 지속되지 못했다. 원말부터 수학은 퇴보하기 시작했는데, 15세기에 이르러 명의 수학자 중 일부는 천원술과 사원술을 거의 이해하지 못하는 지경이 됐다.

수학의 퇴보에는 여러 가지 이유가 있다. 가장 중요한 점은 수학 발달의

원천이 당시 중국 사회의 실질적인 사회 · 경제적 요구와 분리되어 있었다는 사실이다. 당시에 이차 또는 고차 방정식의 풀이가 필요한 문제가 구체적인 생산이나 일상 생활의 구체적인 요구로부터 나오지는 않았다. 게다가, 연립 고차 방정식과 관련된 실질적이고 적절한 예를 찾을 수 없다. 고계 등차 수열의 합 또는 보간법을 필요로 하는 문제도 마찬가지였다. 천원술의 실용적인 응용을 찾기도 매우 어렵다. 물론, 소수 민족 출신의 과학자 사극건沙克件의 《하방통의河防通議, 1321》와 왕순과 곽수경의 《수시력》은 천원술을 사용했다. 그러나 《하방통의》에서는 이차 방정식만을 사용했고, 명대의 천문학자들은 《수시력》에 있는 수표만을 이용했을 뿐이다. 그런 수표를 만드는 방법은 놀랐다.

또, 위와 같은 수학의 많은 내용은 이해하기 어려웠다. 이에 따라 많은 수학 지식이 잊혀졌다.

정대위의 《산법통종》에는 제곱근과 세제곱근 풀이와 대종개방법과 대종개립방법을 다루고 있다. 개방작법본원(파스칼의 삼각형)도 실려 있지만, 이의 활용은 언급하고 있지 않다. 이에 따라 당시에 증승개방법이 잊혀졌을 뿐만 아니라 개방작법본원을 이용한 제곱근 풀이 방법을 이해하는 사람도 없었음을 알 수 있다.

回 민간 수학의 약진

상공업의 발달과 함께 이를 소재로 하는 (수준이 그다지 높지 않은) 민간 수학이 원에서 명으로 계승되어, 명에서 전성기에 이르렀다. 서민 생활의 많은 소재를 담고 있는 주세걸의 《산학계몽》을 꼽을 수 있는데, 이보다 수준이 더 낮은 순전히 서민 상대의 계몽적인 산학서로는 원 말기에 정거丁巨가 쓴 《정거산법丁巨算法, 8권, 1355》과 가형賈亨의 《산법전능집算法全能集, 2권》을 들

수 있다.

명 초에 나온 안지제安止齊의 《상명상법詳明算法, 2권》은 문자 그대로 대중적인 계몽 수학서이다. 수학 내용은 《산학계몽》이나 《양휘산법》에 훨씬 미치지 못하지만, 일반 독자의 호응은 꽤 높았었다. 조선 관영 수학의 교재(조선시대의 법령집인 《경국대전》에 산학 채용고시의 출전으로 명시된 세 가지 책 중의 하나)로 채택된 것도 그런 이유에서였을 것이다.

중국에서의 주판

고대의 수 체계는 수를 효율적이고 경제적으로 표현하는 데 부족할 뿐만 아니라 그 자체를 조작해서 연산하기가 거의 불가능했다. 이에 따라 수의 표기와는 별도로 효율적인 계산을 위한 보조 도구가 필요했는데, 대표적인 것이 주판 또는 산반❶이며 특히 동양에서는 산대(산가지, 산목)가 사용됐다.

주판의 역사는 매우 오래되어 3000~4000년 전의 메소포타미아에서는 모래 또는 땅 위에 줄을 긋고 돌을 올려놓는 모래 산반을 이용했다. 2500년 전의 이집트, 그리스, 로마 등에서는 나무나 돌 판 위에 줄을 긋고 그 위에 뼈나 상아로 만든 작은 공을 놓고 계산하는 선 주판을 이용했다. 그 뒤 로마에서는 청동 판 위에 홈을 파고 단추와 같은 공을 부착한 홈 주판을 이용했다. 유럽에서 주판은 인도 · 아라비아 수 체계가 전래되고 널리 보급된 뒤인 18세기에는 자취를 감추게 된다. 그 뒤 19세기에 러시아의 주판은 퐁슬레(J.V. Poncelet, 1788~1867)가 다시 도입했다.

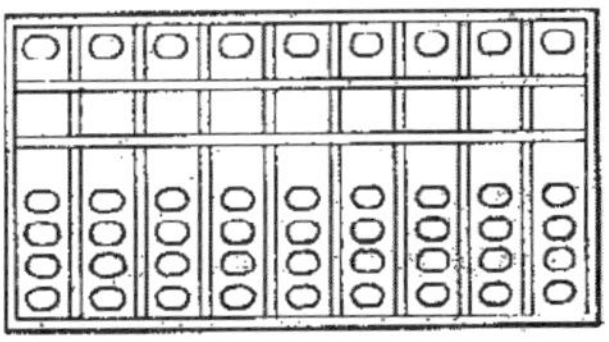

《수술기유》의 주판

❶ 1970년대의 교과서에서는 '주판'과 '주산'을, 그 뒤에는 '수판'과 '수판셈'이라 하고 있다.

로마의 홈 주판이 비단길을 통해 중국으로 전해졌다고 하는 주장도 있지만, 그 진위는 확실치 않다. 어쨌든, 한나라의 서악徐岳이 지은 《수술기유數術記遺, 202?》에 주산이라는 명칭 및 오늘날과 비슷한 형태의 주판 사용법이 기록되어 있다. 그 뒤 《철경록輟耕錄, 도종의陶宗儀 저, 1366》과 《괴년대상사언잡자魁年對相四言雜字, 1371》에도 주판이 언급되어 있다.

명나라 때부터 상업의 발달과 함께 산대보다 더 간편하고 빠른 계산 도구인 주판이 널리 이용됐다. 더욱 효율적인 계산을 위해 개발된 산대셈의 계산 원리를 이어받고 나눗셈 구구와 같이 암송을 통한 기계적인 계산 방법을 개발했기 때문에, 동아시아에서 주판은 탁월한 계산 도구로 오랫동안 사용됐다. 하원택夏源擇의 《지명산법指明算法, 2권, 1439》과 같이 주판의 계산 방법을 설명한 민간 수학서가 다수 발간되기도 했다.

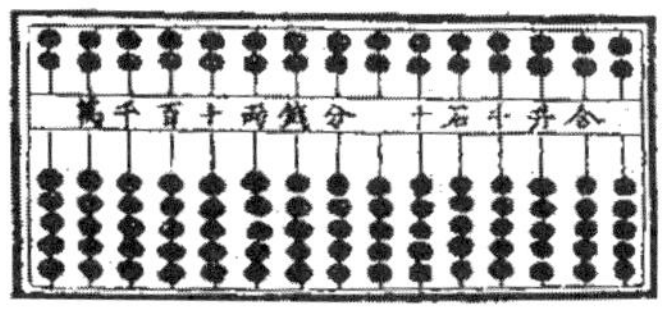

《산법통종》의 주판

대단히 인기 있던 정대위의 《산법통종》에도 주판의 사용법이 기록되어 있는데, 이 책은 '주산의 책'으로 불릴 정도였다.

우리나라에는 고려 시대에 수판이 이용된 흔적이 있다고 한다. 최석정(1646~1715)의 《구수략九數略》에 주산에 대한 기록이 보인다. 우리나라에서 주판은 19세기에야 널리 이용되기 시작한 것으로 보인다.

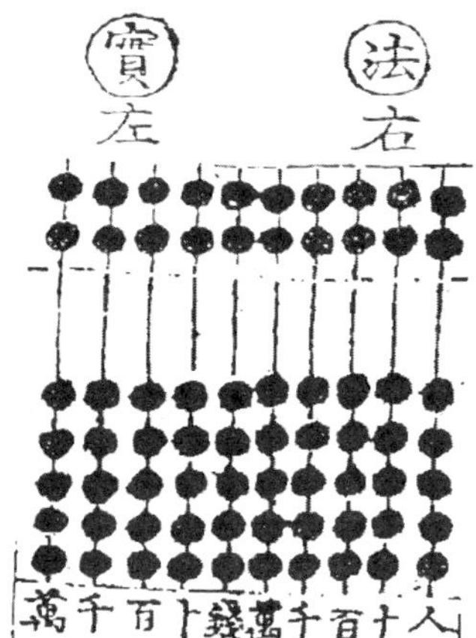

《구수략》의 주판

서광계 Xu Guangqi, Hsu Kuang-chi

徐光啓, 1562~1633

서광계는 중국 명(明, 1368~1644)대 말기의 정치가이자 학자다. 원래 상하이上海의 상인 출신으로, 자는 자선子先이고 호는 현호玄扈다. 1597년 베이징北京에서 향시鄕試에 장원급제했지만, 이듬해 회시會試에는 실패했다. 마테오 리치가 제작한 만국 지도를 보고 감탄하여, 1600년 그를 난징南京에서 만났다. 1601년의 회시에서도 낙방하고 다시 난징으로 갔는데, 베이징으로 간 마테오 리치 대신에 다로차로부터 영세를 받고 천주교 신자가 됐다. 세례명은 포오로保祿다. 1604년 회시에 합격하고 진사進士가 된 뒤 베이징에 머물 때, 마테오 리치로부터 천문 · 역산 · 지리 · 수학 · 수리水利 · 무기武器 등의 서양 과학을 배웠다.

서광계는 진사가 된 뒤에는 순조롭게 승진해서 정부의 고위직을 두루 거쳤다. 1623년에 예부 우시랑禮部 右侍郞이 됐고, 탄핵으로 실각했다가 1628년에 예부 좌시랑禮部 左侍郞이 되어 농업 진흥에 힘썼으며,❶ 1630년에 예부 상서禮部 尙書가 됐다. 1632년에는 동각대학사東閣大學士를 겸임했고, 이듬해에는 태자대보太子大保 · 문연각文淵閣 대학사大學士의 직위도 곁들여졌지만, 그 해에 병사했다. 그는 명 14대 만력제(萬曆帝, 재위 1572~1620) 말부터 17대 숭정

❶ 서광계는 농학 연구에도 힘써 일생의 대저이며 중국 농서의 집대성인 《농정전서(農政全書)》 60권을 편찬했다(1639년 간행).

제(崇禎帝, 재위 1627~1644)까지 '만인지상 일인지하'의 위치에 있었다고 한다. 시호는 문정文定이다.

回 마테오 리치와 서양 수학의 최초 도입

마테오 리치

마테오 리치(Matteo Ricci, 利瑪竇, 1552~1610)는 이탈리아 출신으로 로마의 예수회(耶蘇會, 1540년 창설) 대학을 다녔는데, 당대의 유클리드로 불린 클라비우스[2]로부터 5년 동안(1572~1577) 수학을 배웠다. 선교사가 되어 1582년에 마카오에 도착했고, 다음 해에 중국 본토인 광주廣州로 물건을 사러 들어가서는 그곳의 관리에게 해시계, 자명종, 지도, 천구의 등을 주었다. 그 뒤 그는 활동 영역을 점점 더 내륙으로 넓혔다. 예수회의 학식이 높은 많은 회원과 함께 서구의 선진 과학을 중국에 전했고, 중국의 사상과 문화를 서양에 소개함으로써 세계 문화사의 관점에서 중요한 위치에 있었다. 16세기 말부터 18세기까지 두 세기 동안 수백 명의 [대부분 예수회] 선교사가 중국에서 지속적으로 활동했다. 이들은 대부분 중국 이름도 가졌다.

마테오 리치는 포교를 위해 스스로 중국어를 익히고 유교 경전을 연구했다. 중국식 의상을 입고 여러 계층의 사람과 사귀었다. 1599년부터 난징에 거주하다가, 1601년 북경을 방문해서는 황제에게 자명종과 만국지도를 바쳐 호감을 얻었다. 이때부터 베이징에 거주했다. 수학에 상당한 정도의 소양과 조예가 있었기에 중국 제자들에게 수학을 가르쳤고, 서광계와 《기하원본幾何原本》을 번역했으며 이지조(李之藻, 1565~1630)의 도움을 받아 《동문산지》[3]를

[2] Christophus Clavius(1537~1612), 독일 출신으로 로마의 예수회 대학 교수였다. 수학과 천문학에 모두 능통했으며, 갈릴레오와 케플러의 친구였다.

저술했다.

마테오 리치가 중국에 들어갈 당시, 중국의 역법인 대통력은 부정확했는데, 특히 가장 두드러진 오류는 일식과 월식의 예보였다. 이렇게 해서 서양 수학이 중국에 유입된 첫 단계에서는 역법의 개정에 초점이 맞추어졌다. 이 단계는 마테오 리치의 중국 도착 때부터 청의 옹정제(雍正帝, 재위 1722~1735) 대까지 150년 이상 지속됐다.

《기하원본》

서광계는 유럽의 서적들을 중국어로 번역한 최초의 중국인으로, 마테오 리치와 함께 수학 · 수력학 · 지리학에 대한 유럽의 서적들을 번역했다. 이중 가장 유명한 것은 수학자들에게 큰 영향을 미친 유클리드의 《원론》 중 처음 6권을 마테오 리치와 공역[4]한 《기하원본》을 1607년까지 출판했다.

당시 중국에서는 천원술을 포함해서 전통 수학의 빛나는 업적이 거의 잊혀졌었고, 《구장산술》을 포함해서 〈산경십서〉도 분실된 것으로 생각했었다. 중국의 훌륭한 전통 수학을 접해보지 못한 서광계는 서양 수학을 적극적으로 받아들였다. 《원론》 전체의 번역을 원했지만, 마테오 리치는 그러고 싶지 않았다. 서광계는 귀납적인 동양 수학과 다른 서양 수학의 공리적 방법에 대해 《기하원본》의 서문에 다음과 같이 썼다.

《기하원본》은 명백한 것으로부터 특별한 세목으로 그리고 의혹으로부터 확실함으

❸ 同文算指(1613), 마테오 리치와 이지조의 공저로, 클라비우스의 《실용 산술 개론(Epitome arithmeticae practicae, 1585)》을 바탕으로 정대위의 《산법통종》을 비롯한 중국의 수학서에서 많은 문제를 발췌해서 엮었다. 여기서 서양 수학의 산술 지식을 소개했지만, 숫자는 인도 · 아라비아 숫자가 아니라 여전히 한숫자를 이용했다.

❹ 利瑪竇口譯光 徐光啓筆受, 마테오리치가 말로 번역하고 서광계가 기록함.

로 진행한다. 쓸모 없게 보이는 것이 매우 쓸모 있는데, 사실 이것은 모든 것의 기초다. [공리와 공준이 쓸모 없게 보이지만, 사실 '모든 것의 기초' 다.] 이것이 무수히 많은 현상의 기초를 이루고 온갖 이론을 위한 수단이라는 말은 진실이다.

그는《기학원본잡의幾何原本雜議》에서 그 책을 다음과 같이 설명했다.

이 책에는 네 가지 '불필요' 가 있는데, 의심할 필요가 없고, 억측할 필요가 없으며 시험할 필요가 없고 개정할 필요가 없다. 그리고 네 가지 '불가능' 이 있는데, (달리) 생각하려해도 불가능하고 반박하려해도 불가능하며 줄이려해도 불가능하고 앞뒤로 위치를 고쳐 파악하려해도 불가능하다. 또, '세 가지 극단적인 일의 조화로 말미암아 세 가지 가능한 일三至三能' 이 있다. 지극히 애매한 것至晦 같으면서도 사실은 지극히 명백至明하여, 그 명백함明에 의해 다른 애매성을 밝힐 수 있다. 지극히 번거로운 것至繁 같으면서도 사실은 지극히 간단至簡하여, 그 간단함簡에 의해 다른 번거로움을 간단히 할 수 있다. 지극히 어려운 것至難 같으면서도 사실은 지극히 쉬우며至易, 그 용이함易에 의해 다른 어려움을 쉽게 만들 수 있다. 용이함易은 간단함簡에서 생기고 간단함은 명백함明에서 생기므로, 그것은 결국 명백함으로 돌아간다.

청대의 수학자들은 이 서양 수학의 고전을 진지하게 연구하기도 했으며, 그 내용을 전문적으로 검토한 책도 나왔다.《원론》의 나머지 부분은 [제13권의 부록은 제14권과 서기 3세기에 추가된 제15권을 포함해서] 250년이 지난 1857년에 이선란과 와일리가 완성했다.

명말의 수학

고대부터 중국의 수학은 서양에 비해 손색이 없었고, 오히려 앞선 분야도 많았다. 그러나 명말에 이르러 과거의 수학 유산조차 거의 전해지지 않는 형편이었다. 서광계가 서양 수학의 번역판인 《동문산지》의 머리말에 쓴 다음 구절에 당시 수학계의 황폐한 모습이 잘 드러난다.

> 수학算學之學은 근세 수백 년 동안 크게 뒤쳐져 있다. 그 이유로는 두 가지를 꼽을 수 있다. 첫째는 유학理學이 형이상학적으로 흘러 현실을 소홀히 한 탓이다. 둘째는 수의 미신에 빠진 점수술(요망지술)이, 수에는 심오한 이치理가 내재되어 있으며 이것으로 과거나 미래를 밝힐 수 있다고 그릇 주장한 탓이다. 결국 심오한 이치는 커녕 현실을 제대로 구명하지 못하고 있다.

▣ 종교와 전쟁

서광계는 중국 천주교회의 기틀을 마련하기도 했다. 1607년 아버지가 사망하자 상하이로 귀향했다. 이듬해 천주교 교리를 자신에게 처음으로 가르쳐준 라자로 카타네오郭居靜를 상하이로 초빙해서 교회를 개설했다. 이듬해에는 상하이 서교西郊의 쉬자후이徐家匯에 천주교당을 설립했다. 이렇게 천주교 부흥에 힘썼지만, 1616년 심최沈漼가 일으킨 교난狡難에서는 교회를 보호하는 데 성공하지 못했다.

그런데 그에게 교회를 부활시킬 수 있는 기회가 찾아왔다. 당시 허약한 명군明軍은 만주족의 침략에 대항해 싸우기가 벅찼다. 이에 서광계는 서양의 무기인 대포 · 철포를 사용하고 서양 전술을 채용해야 한다고 황제를 설득했다. 1619년 명군이 중국 동북부에서 패하자 훈련의 필요성을 상신하여 소첨사少詹事 겸 허남도 어사河南道御使가 되어 통주通州에서 새로운 군사 전술로 군대를 교육했다. 또, 서양 대포를 주조하기 위해 1616년의 교난으로 마카오에 추방중이던 롱고바르디❺ 등의 선교사들을 소환하는 데 성공했다.❻

서광계가 건설한 쉬자후이의 천주교당은 그가 죽은 뒤에도 중국 예수회의 중심이 됐다. 그렇지만 그가 죽은 뒤 천주교는 중국에서 전과 같은 영향력을 얻을 수는 없었다.

서광계의 역법 연구

명말에 이르러 서양 과학의 수입은 예전과는 달리 엄청난 충격을 주었다. 특히, 천문학은 일식이나 월식과 같은 천체 현상의 예보에서 서양 과학이 중국의 전통 과학에 비해 월등히 우수하다는 사실이 밝혀졌다. 명의 역법인 〈대통력大統曆〉은 원의 수시력을 계승한 것으로 17세기 초까지 3백여 년 동안 실시됐다. 이 역법에 의한 계산은 실제의 관측과 일치하지 않았지만, 천문대欽天監의 기술 관리들은 그 오류를 수정·보완하는 작업을 엄두조차 내지 못하고 있었다. 13세기에 아라비아로부터 전해진 역법 계산에 근거한 〈회회력回回曆〉도 있었지만, 이것에도 역시 심각한 오류가 있었다.

선교사들은 역법 개정을 통해 중국의 지식층과 교제하고 궁극적으로 황제의 신임을 얻고자 했다. 이에 관한 지식의 한계를 느낀 마테오 리치는 역법 계산에 능통한 선교사의 중국 파견을 요청했다. 이 시기에 중국에 간 선교사 중에서 역법 계산으로 이름을 남긴 사람은 대포 제작과 관련해서 언급한 롱고바르디를 비롯해서 다음과 같다.

테렌츠(Johann Terrenz Schreck, 鄧玉函, 1576~1630) 스위스 출신, 1621년 중국 도착

아담 샬(Johann Adam Schall von Bell, 湯若望, 1591~1666) 독일 출신, 1622년 중국 도착

---

❺ Niccolo Longobardi(龍華民, 1559~1654), 이탈리아 출신의 예수회 선교사로 1597년 중국에 부임했다. 총포 주조 및 역법 계산에도 참여했다.

❻ 그러나 만주족도 바로 서양의 무기를 들여와서 1644년 중국 전체를 정복했다.

로오(Giacomo Rho, 羅雅谷, 1593~1638) 이탈리아 출신, 1624년 중국 도착[7]

1610년 일식이 발생했는데, 이의 예보에 실패했다. 이에 일부 관리는 서양의 역법 계산 방법을 채택하자고 주장했지만 다른 사람들의 반대에 부딕쳤다. 그런데 1629년에 일식이 또 발생했다. 이 해에 정부는 일식 발생 시기를 예측하는 공개 경쟁을 실시했는데, 경쟁에 참가한 중국파(대통력)·회교파(회회력)·서양파의 3학파 중에서 서광계가 대표로 나선 서양파가 가장 정확하게 예측했다. 이에 따라 서광계는 역법 개정의 책임자로 임명받았고, 명말 역법 개혁의 중추적인 인물이 됐다. 당시 이지조도 함께 임명받았다.

서광계 등의 건의로 숭정제(崇禎帝, 재위 1627~1644)는 1629년에 새 역법을 마련하기 위한 기구 신법역국新法曆局을 설치했고, 천문학에 정통한 예수회 선교사들로 하여금 유럽 천문학 서적을 번역시키는 동시에, 천체 관측 기구를 제조하게 했다. 서광계는 롱고바르디, 테렌츠, 아담 샬, 로오를 역법 개정을 위한 보조자로 추천했고, 이들의 도움을 받아 1631년부터 1634년까지 모두 137권의 서양 역법 책을 번역해서 다섯 차례에 걸쳐 황제에게 바쳤다. 이것이 그 유명한 《숭정역서崇禎曆書》[8]다. 서광계는 1633년에 죽기 전에, 역법 개정을 계속할 후임자로 이천경(李天經, 1579~1659)을 추천했는데, 네 번째와 다섯 번째 역법 중정은 이천경이 담당했다.

수구파守舊派의 반대와 오랫동안의 논쟁 끝에 숭정 말인 1643년에 드디어

❼ 그 뒤 청나라 초기에 중국에 가서 역법 계산에 종사한 선교사로 스모골렌스키(Jean Nicolo Smogolenski 또는 Smogulecki, 또는 Smogulecki, 穆尼閣, 1611~1656, 폴란드 출신, 1646년 중국 도착)와 페르비스트(Ferdinand Verbiest, 南懷仁, 1623~1688, 벨기에 출신, 1659년 중국 도착) 등이 있다. 특히, 난징에서 전도하던 스모골렌스키는 설봉조(薛鳳祚, ?~1680)와 방중통(方中通, 1633~1698)을 제자로 두었다. 그리고 설봉조와 함께 《역학회통(曆學會通, 1652, 1654)》을 편찬했는데, 이 중 두 권에는 로그를 도입한 〈비례사전신표(比例四錢新表)〉와 〈비례대수표(比例對數表)〉가 포함되어 있다.

❽ 이는 지구 중심설에 바탕을 둔 유럽의 천문학자 티코 브라헤의 관측 결과를 바탕삼은 방대한 내용이다.

가장 오류가 적은 서양의 방법에 근거한 새 역법이 공포됐다. 그러나 곧 만주군이 만리장성을 넘어 침입했고 명 왕조는 멸망했다. 왕조가 청淸으로 바뀌었지만 역법 계산과 편찬은 선교사의 몫으로 남았다. 아담 샬이 1645년부터 최고 책임자가 됐고, 이 해부터 서양 신법에 의한 〈시헌력時憲曆〉이 반포됐다.

아담 샬은 《숭정역서》를 수정하고 발전시킨 《서양신법역서西洋新法曆書, 모두 100권의 책》를 편집해서 황제에게 바쳤다. 《숭정역서》와 《서양신법역서》는 당시 중국에 도입된 천문학과 역법 계산뿐만 아니라 수학을 알려주는 귀중한 역사적 자료가 되고 있다.

수학에 관한 것은 모두 40권으로 된 〈법원法原〉에서 주로 다루어져 있다. 당시 유럽 천문학의 수학적 기반은 주로 기하학과 삼각법이었다. 따라서 《숭정역서》의 수학도 기하학과 삼각법이 중심이며, 특히 평면 삼각법과 구면 삼각법에 관한 것이 많다. 그런데 이런 수학은 그 뒤 중국 수학에 영향을 거의 끼치지 못했다.

▣ 용어 '기하'의 유래

서광계의 《기하원본》은 라틴어를 중국어로 번역한 최초의 책이다. 이 책을 번역할 때, 많은 수학 용어를 고안해야 했다. 매우 적절하게 번역한 전문용어는 아직도 중국은 물론 한국과 일본에서 사용되고 있다. 당시 처음 도입된 수학 용어의 예를 들면 점(點, point), 선(線, line), 직선(直線, straight line), 곡선(曲線, curve), 평행선(平行線, parallel lines), 각(角, angle), 직각(直角, right angle), 예각(銳角, acute angle), 둔각(鈍角, obtuse angle), 삼각형(三角形, triangle), 사변형(四邊形, quadrilateral) 등이다.

그런데 용어 '기하'의 유래에 대해 양주동[9]은 수필 〈몇 어찌〉에 다음과 같이 썼다.

내가 중학교의 전 과정을 단 1년간에 수료하는 J중학 속성과速成科에 입학한 것은 3·1 운동 이듬해였다. 그 때까진 고향에서 한문학에 몰두하고 있었다.

한문학이라면 노상 무불통지無不通知를 자처하는 나였으나, '처녀작', '삼인칭' 같은 신식 말 때문에 크게 고심苦心하던 중이어서, 나는 참으로 부푼 가슴을 안고 신학문新學問을 배우러 들어갔던 것이다.

나는 개학 전날, 교과서를 사 가지고 하숙에 돌아와 큰 호기심을 가지고 훑어보았다. 그러던 중, '처녀작', '삼인칭'에 못지 않은 참 기괴한 또 한 단어를 발견했는데, 그게 곧 '기하幾何'라는 것이었다. '기하幾何'의 '기幾'는 '몇'이란 뜻이요, '하何'는 '어찌'란 뜻의 글자임이야 어찌 모르랴만, 이 두 글자로 이루어진 '기하'란 말의 뜻은 도무지 알 수가 없었다. '기하'라? '몇 어찌'라니?

첫 기하 시간이었다. 나는 자리를 정돈하고 앉아서 선생님을 기다렸다. 이윽고 선생님께서 들어오셔서 우리들의 예를 받으시고, 막 강의講義를 시작하려 하실 때였다. 맨 앞줄에 앉았던 나는 손을 번쩍 들고,

"선생님, 대체 '기하幾何'가 무슨 뜻입니까? '몇 어찌'라뇨?" 하고 질문을 했다. 선생님께서는 이 기상천외奇想天外의 질문을 받으시고, 처음에는 선생님을 놀리려는 공연한 시문試問으로 아셨던지 어디서 왔느냐, 정말 그 뜻을 모르느냐 하고 물으셨다. 그러나 곧, 나에게 아무 악의惡意도 없음을 알아채시고, 그 말의 유래由來와 뜻을 가르쳐 주셨다. 가로되, 영어의 '지오메트리(geometry, 측지술)'를, 중국 명明나라 말기의 서광계徐光啓가 중국어로 옮길 때, 이 말에서 '지오(geo, 땅)'를 따서 '지허(幾何'의 중국음)'라 음역音譯한 것인데, 이를 우리는 우리 한자음漢字音을 따라 '기하'라 하게 된 것이라고.

"알겠느냐?"

"예"

❾ 梁株東(1903~1977), 시인 · 국문학자

"너, 한문은 얼마나 배웠느냐?"

"사서삼경四書三經 제자백가諸子百家 무불통지無不通知입니다."

"그런데, '기하' 의 뜻을 모른다?"

"한문엔 그런 말이 없습니다."

"허허. 그런데, 너 내일부터는 세수 좀 하고 오너라."

"예"

사실 나는 '기하' 란 말의 뜻과 그 미지未知의 내용을 생각하는 데 너무 골똘했던 나머지, 세수하는 것도 잊고 등교했던 것이다.

그런데 '기하' 라는 용어는 중국에서 서광계보다 훨씬 이전부터 사용됐다고 한다. 한 중국 사람은 중국의 기하가 서양으로 가서 geometry가 되지 않았을까 하고 추측했다.

강희제 Kangxi, K'ang-hsi

康熙帝, 1654~1722

명말청초에 서양 수학이 중국에 유입되는 첫 단계에서 주요한 역사적 사건으로 다음의 네 가지를 꼽는다.

(1) 초기 단계에서 유클리드의 《기하원본》과 클라비우스의 《실용 산술 개론》 번역
(2) 명말청초에 서양 역법 계산을 위한 수학 지식의 활용
(3) 매문정(梅文鼎, 1633~1721)의 수학 연구
(4) 강희제 재위시 《수리정온數理精蘊》의 편집

위에서 처음 두 가지는 서광계와 관련해서 다루었다. 여기서는 나머지 두 가지를 중국 청나라 제4대 황제인 강희제와 관련해서 언급하겠다.

강희제는 순치제(順治帝, 1638~61, 재위 1643~61)의 셋째 아들로, 본명이 현엽玄燁/玄曄이고 연호가 강희다. 아버지 순치제가 젊은 나이로 죽자 7세도 되지 않았을 때 즉위했다. 1667년 13세 때부터 대신의 자문을 받아가며 정사에 참여하기 시작했고, 1669년부터는 친정하기에 이르렀다. 1681년 삼번의 난을 평정하고 1683년에는 타이완까지 정벌해서 중국 전체를 확실하게 장악했다. 전쟁으로 피폐화된 경제를 복구했으며, 러시아의 일부 지역과 외몽골을 합병

시켰고 티베트에까지 세력 판도를 넓혔다.

국내외 정치에서의 성공은 문화에도 반영되어 4만 2000자의 한자가 수록된 《강희자전康熙字典, 1716》을 출판했고, 10만 권으로 이루어진 중국 최대의 백과사전인 《고금도서집성古今圖書集成, 1726》의 편찬도 시작했다. 4개의 대외 무역항을 개항했고, 또한 예수회를 중심으로 한 선교사들로부터 서양의 학문과 기술을 도입하게 했다. 중국에서 처음으로 위도를 나타낸 정밀한 지도 《황여전람도皇與全覽圖》를 작성시켰다. 천문학과 역법 계산 및 수학에도 강한 흥미를 가졌던 강희제는 중국 역대 황제 중에서 재위 기간이 61년으로 가장 길다. 시호는 인황제仁皇帝고, 묘호는 성조聖祖다.

강희제의 수학 사랑

강희제는 학문을 매우 좋아했다. 학문에 대한 그의 열정은 나이가 들면서 더욱 커졌는데, 과로로 병석에 누웠을 때도 책을 놓지 않을 정도였다. 특히, 강희제는 상당히 긴 시간 동안 수학을 공부했으며, 상당히 많은 수학 책을 번역시켰다. 유럽의 새로운 지식과 기술을 열심히 받아들였으며 많은 예수회 선교사들을 고용했다. 강희제는 수학에 능통한 예수회 선교사 제르비용, 부베로부터 수학을 배웠다. 《정교봉포正教奉褒》에는 다음과 같은 구절이 있다고 한다.

> 강희제는 1689년 12월 25일 페레이라❶, 제르비용❷, 부베❸, 토마❹를 내정內廷으로

❶ Thomas Pereyra(徐日升), 포르투갈 출신 선교사
❷ Jean-Francois Gerbillon(1654~1707), 프랑스 출신, 1687년 중국 도착
❸ Joachin Bouvet(1656~1730), 프랑스 출신, 1687년 중국 도착
❹ Antoine Thomas(安多), 프랑스 출신 선교사

> 불러들였다. 황제는 그들에게 그 날부터 매일 양심전養心殿에 들러 교대로 측량 등 서양 과학을 만주어로 자신에게 강의해달라고 명했다. 황제는 시간이 날 때마다 학문에 열중했다. 그는 측량, 측정, 계산, 천문, 기하, 논증 등 여러 분야를 좋아했다. 수도에 있을 때나 하계 궁전에 머물 때나 지방을 여행할 때도 제르비용과 다른 사람들을 수행하게 했다. 매일 또는 하루 걸러 한 번씩 그들은 서양 지식을 강의했다. 이와 동시에 황제는 궁전에서 사용한 강의록을 만주어로 번역시켰다. … 수년 동안 제르비용과 다른 사람들은 황제에게 강의했고, 황제는 그들에게 항상 상을 주었다.

제르비용은 다음과 같이 말했다고 한다.

> 우리는 매일 새벽 4시에 내정으로 가서 황제를 기다렸다. 해가 진 뒤에도 숙소로 돌아갈 수 없었다. 매일 정오 두 시간 전부터 정오 두 시간 뒤까지 우리는 황제 곁에서 유클리드의 기하학 또는 물리학 또는 천문학 등을 강의했다. 우리는 또한 역법 계산 방법과 대포 조준 방법도 실제로 설명했다. 숙소에 돌아간 뒤에 우리는 또다시 다음 날의 업무를 위해 준비해야 했는데, 밤 늦게야 잠자리에 들었다. 이런 일이 자주 있었다.

강희제를 위해 강의 자료로 사용된 손으로 쓴 수학 교재가 아직도 남아 있다. 이와 더불어 《기하원본幾何原本》, 《산법찬요총강算法簒要總綱》, 《차근방산법절요借根方産法節要》, 《삼각형추산법론三角形推算法論》, 《측량고원의기용법測量高遠儀器用法》, 《비례규해比例規解》, 《팔선표근八線表根》 등이 있다. 이것들은 《수리정온》의 편집을 위한 참고 자료가 됐다.

강희제는 외국 선교사뿐만 아니라 매문정과 진후요陣厚燿와 같이 수학에 능통한 중국 사람을 불러서 수학 문제를 논의했다. 매문정의 손자 매곡성(梅穀成, 1681~1763)을 불러서 궁정에서 가르치기도 했다. 황제가 직접 황손들에게 기하학을 가르치기도 했다.

回 《수리정온》

《수리정온》의 편찬은 강희제가 지휘한 중요한 사건의 하나였다. 1712년 진후요는 황제에게 국익에 도움이 되는 확실한 수학 교재의 편찬을 건의했다. 강희제는 즉시 매곡성에게 명안도(明安圖, 1672?~1764), 하국종河國琮 등과 함께 편찬 과제를 맡겼다. 거의 10년 뒤인 1721년에 100권으로 이루어진 《율력연원律曆淵源》이 완성됐는데, 이는 다음과 같이 세 부분으로 이루어진다.

《역상고성曆象考成》 42권, 천문과 역법 규칙
《수리정온數理精蘊》 53권, 다양한 종류의 수학
《율여정의律呂正義》 5권, 음악 이론

이 책들은 강희제가 죽은 다음 해인 1723년에 인쇄됐다. 《수리정온》은 당시 중국에 새로 도입된 서양의 수학 지식을 수집해서 논리적이고 체계적인 순서로 다루었다. 고대 중국의 수학에 대한 비교 연구로 시작하는데, 당시 일부 중요한 책이 분실됐었기 때문에 입수 가능한 전통 수학의 지식은 제한됐었다. 이는 당대 수학 지식의 모든 면을 망라했기 때문에, 당시 수학 수준을 보여주는 수학 백과 사전으로 생각할 수 있다. 강희제의 명으로 간행됐기 때문에, 나라 전체로 보급됐고 이에 따라 매우 널리 유통되어 엄청난 영향을 끼쳤다.

그런데 《수리정온》에 포함된 《기하원본》은 선교사 제르비용의 강의록에 근거하는데, 사실 이는 당시 프랑스에서 매우 인기있던 기하학 교과서를 번역한 것이다. 정리의 증명과 순서가 유클리드의 《원론》과 차이가 매우 많이 나고, 서광계의 번역과도 큰 차이를 보인다.

▣ 매문정

명말에(주로 17세기 초반 40년 동안에) 서양 수학이 중국에 들어온 뒤인 청초에 매문정이 저술한 다양한 수학 책이 등장했다. 그리고 1723년에는 《수리정온》이 출판됐다. 이는 서양 수학이 처음 도입된 초기 단계 뒤에, 당시의 중국 수학자들이 새로 도입된 다양한 종류의 수학적 방법을 흡수했고 중국에 전래된 수학 지식을 소화할 수 있었음을 보여준다.

매문정은 안후이성安徽省 쉬안청현宣城縣 출신으로, 자는 정구定九고 호는 물암勿菴이다. 서양 수학이 중국에 처음 도입된 시기에 자랐지만, 27세에야 역법 계산과 수학을 배우기 시작했고, 향시를 치른 33세 때(1666년) 서양 역법 계산에 관한 책을 구입했다. 그리고 42세 때 《숭정역서》를 처음으로 입수했다. 그 뒤 [친구의 추천으로 《명사明史》의 《역지曆志》 편찬에 참여했지만] 모든 관직을 사양하고 평생을 수학과 역법 계산 공부에 몰두했다.[5]

《기하원본》, 《동문산지》, 《측량전의(삼각법에 관한 로오의 책)》 등 유럽계 수학을 깊이 연구했고, 대수, 기하, 삼각법 등을 포함해서 80권 이상의 책을 저술했다. 대부분의 사람이 어려운 수학 문제로 생각하는 것을 단순하고 쉽게 이해할 수 있도록 제시했다. 그의 연구는 그 뒤 《수리정온》의 편집에 대단히 큰 영향을 끼쳤다.

매문정의 많은 후손이 수학에 능통했는데, 특히 손자 매곡성은 1761년에 매문정의 저작을 정리한 《매씨총서집요梅氏叢書輯要》을 주석을 달아 편찬했다. 매문정의 저작은 당시에 전래된 서양 수학의 거의 모든 면을 다루고 있

[5] 인도 · 이슬람의 역법과 서양 천문학을 연구했는데, 그 성과로 《역학의문(曆學疑問)》을 저술해서 강희제에게 바쳤으며, 1705년 황제가 남순(南巡)할 때 역학에 관해 담론을 나누기도 했다.

다. 그는 단순한 수집가가 아니었는데, 그것을 융합하려는 초기의 과제를 수행했고 일부 진전된 연구를 시행했다. 중국의 고법古法을 부활했고 유럽 수학의 중국적인 변용을 시도했다. 이를테면 유럽에 보급된 인도 · 아라비아 기수법을 도입하면서도 숫자의 가로쓰기를 종래의 한숫자漢數字에 의한 세로쓰기로 고쳐 나타냈고, 네이피어 막대를 중국식의 주산籌算으로 바꾸었다.

그런데 매문정은 고대 중국의 수학을 언급하기는 했지만, 당시 여러 가지 제약 때문에 중국 고대 수학인 〈산경십서〉와 송 · 원대 진구소, 주세걸 등의 책을 읽을 수 없었다. 그렇지만 매곡성은 궁궐에 초청되어 당시 서양의 대수학인 차근법❻을 배웠는데, 나중에 이야의 《측원해경》을 읽고 이 수학책에 담긴 천원술과 차근법이 원리가 같다는 사실을 깨달았다.

전통 수학의 복원

강희제의 뒤를 이은 옹정제(擁正帝, 재위 1722~1735)는 쇄국 정책을 폈다. 이는 도광제道光帝가 재위(1820~1850)할 때 일어난 아편 전쟁(1840년) 뒤까지 계속됐다. 120년 이상 지속된 이 시기에 서양 수학의 번역과 보급은 중단됐고, 서양의 새로운 수학 지식은 중국에 거의 들어갈 수 없었다. 이에 따라 중국 수학자들은 이전에 도입된 수학 연구에 몰두할 수밖에 없었고, 이를 세심하게 분석해서 진전된 연구 성과를 거두기도 했다.

이 시기의 또 다른 중요한 업적은, 고대 중국 수학에 대한 광범위한 연구와 복원이었다. 《수리정온》은 중국 수학과 서양 수학의 공존이었고, 강희제 말기부터 추진된 《고금도서집성(1726년 간행)》에서는 전통에 대한 자각과 재인식 속에 외래 과학이 퇴조하고 전통 과학과 수학이 부활하기 시작했으며,

❻ 서양의 방정식 해법으로, 미지의 근(根)을 x로 가정(借)한다고 해서 차근(借根)이라는 명칭이 생긴 것으로 보인다.

건륭제(乾隆帝, 재위 1735~1795) 때 완성된 《사고전서四庫全書》에서는 전통 수학이 완전히 복원됐다. 자부子部의 수학 부분을 담당한 대진(戴震, 1724~1777)은 삼각법을 '구고할원'으로 부르는 등 전통에 강하게 집착했다. 당시 중국의 전통 수학의 복원 내용을 다음과 같이 나누어볼 수 있다.

1. 《수리정온》·《고금도서집성》·《사고전서》 등과 같은 다양한 총서의 편찬
2. 대진 등에 의한 〈산경십서〉의 복원
3. 《수서구장》·《양휘산법》·《측원해경》·《익고연단》·《산학계몽》·《사원옥감》 등 송·원 산서의 복원
4. 완원(阮元, 1764~1849) 등에 의한 천문·역법·수학 등에서 활동한 역대 인물들에 관한 전기인 《주인전疇人傳》의 편집

이선란 Li Shanlan, Li Shan-lan

李善蘭, 1811~1882

이선란은 중국 청나라 말기의 대표적인 수학자로, 자는 임숙壬叔이고 호는 추인秋紉이다. 저장성浙江省 하이닝海寧 출신으로, 10세[또는 일설에 의하면 8세] 때 《구장산술》을 공부하면서 수학의 매력에 빠졌는데 15세 때는 서광계가 번역한 《기하원본》을 읽었다. 이야의 《측원해경》과 같은 송 · 원 시대의 산서를 접한 뒤에는 수학에 대한 관심이 더욱 높아졌다. 1845년 자싱嘉興에 체재하며 많은 수학자들과 개인적으로 교유하면서 수학의 대한 이해를 높였고, 쇄국 정책으로 서양의 고등 수학을 접하기 전에도 로그, 무한 급수, 조합론 등 수학의 여러 분야에서 독창적인 연구 결과를 얻었다.

이선란은 아편 전쟁 뒤 서양 수학이 중국으로 두 번째 들어간 시기에는 자연스럽게 서양의 새로운 수학 지식을 소개하는 중요한 인물이 됐다. 영국의 선교사들과의 공동 번역을 통해 서양 수학의 최신 지식을 도입하는 데 공헌했다. 이렇게 해서 서양 수학에도 친숙해졌지만, 그의 연구는 실제로 중국 전통 수학에 근거했다. 그는 서양 수학의 형식을 그대로 따르지 않고 중국 수학의 기초 위에서 자연스럽게 전개했다. 중국 수학의 전통을 버리지 않았으며 서양에서 이룩한 발전을 무시하지 않았다는 점에서 그를 높이 평가하게 된다.

이선란은 자신이 감수한 수학 교과서 《산학과예算學課藝》의 서문에 다음과 썼다고 한다. "중국의 전통(수학)과 서양의 신 지식을 융합하여 옛 성인의 뜻을 전한다."

이선란의 저서 13종 24권이 1867년에 《칙고석재산학則古昔齋算學》이라는 제목으로 출판됐다. 그는 1869년부터 죽을 때까지 대학으로 승격한 베이징의 동문관同文館에서 산학총교습算學總敎習의 자리에 있으면서 후진을 지도했다.

▣ 독창적인 수학 연구

이선란은 유한 급수의 합에 관한 뛰어난 연구서 《타적비례垜積比類》 4권을 썼는데, 이는 중국 수학의 전통적인 퇴타술을 발전시킨 것이다. 제1권에서는 다음과 같이 일반적으로 나타낼 수 있는 삼각타三角垜를 다룬다.

$$\sum_{r=1}^{n}\frac{1}{p!}r(r+1)(r+2)\cdots(r+\overline{p-2})(mr+\overline{p-m})$$

$$=\frac{1}{(p+1)!}n(n+1)(n+2)\cdots(n+\overline{p-1})(mn+\overline{p-m+1})$$

여기서 m=1, 2, 3, 4에 따라 네 가지 체계가 나타난다. 그리고 각 체계에서 p=1, 2, 3, 4, …를 선택함에 따라서 여러 가지 하부 체계에 대한 공식을 얻는다. 네 가지 체계의 공식들은 모두 공통된 양상을 갖고 있는데, 각 체계에서 앞선 공식의 결과는 언제나 다음 공식의 일반항이다. 예를 들면, p=1일 때의 결과는 바로 p=2에 대한 급수의 일반항이고, p=2일 때의 결과는 p=3에 대한 급수의 일반항이며, 이와 같이 계속된다.

제2권부터는 처음 n개의 자연수의 p제곱의 합 $\sum r^p$과 관련된 연구로 파스칼의 삼각형의 일반화된 형태도 등장하는데, 제3권에는 삼각자승타三角自乘垜에 관한 결과로 다음과 같은 공식이 등장한다.

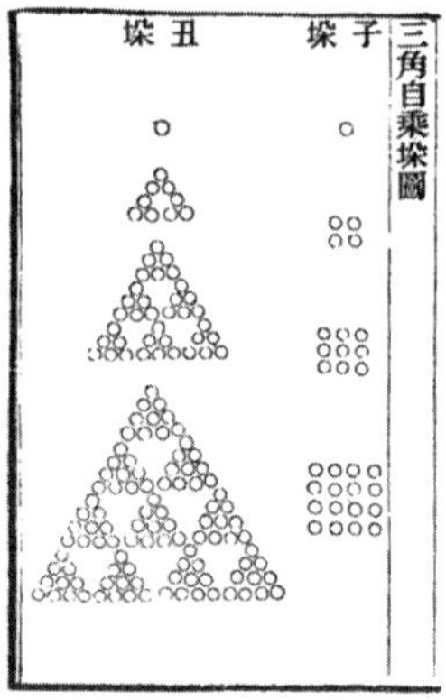

$$\sum\left(f_p^r\right)^2=\sum_{i=1}^{p+1}\left\{\left(A_p^i\right)^2\sum_{r=1}^{n-i+1}f_{2p}^r\right\}$$

여기서 $f_p^r=\frac{1}{p!}r(r+1)(r+2)\cdots(r+\overline{p-1})$이고 A_p^i는 이항식 $(a+b)^p$의 전개에서 i째 항의 계수를 나타낸다. 이것이 세계적인 명성을 얻는 '이선란의 항등식'이다.

이선란은 〈고수근사법考數根四法〉이라는 수론에 관한 논문을 1872년에 처음 발표했는데, 여기서 소수를 판정하는 데 이용되는 페르마의 작은 정리를 증명하면서 동시에 그 정리의 역이 참이 아님을 지적했다. 이 결과는 유럽보다 훨씬 뒤에 얻었지만, 이선란은 서양의 영향을 받지 않은 상황에서 이를 독자적으로 발견했다.

이선란은 또한 1846년 이전에 저술한 《방원천유方圓闡幽》, 《호시계비弧矢啓秘》, 《대수탐원對數探源》 등을 통해 독창적인 첨추구적술尖錐求積術을 이용한 적분법 및 원주율 · 로그 · 삼각함수와 관련된 무한 급수를 연구하기도 했다. 서양의 수학이 중국에 다시 들어오기 전에 미적분학에 매우 가까이 접근했던 중국 수학자의 한 사람이었다.

▣ 서양 수학의 번역

1840년에 발발한 아편 전쟁에서 패배한 중국은 더 이상 쇄국 정책을 계속할 수 없었다. 1858~60년 천진 조약과 북경 조약이 체결된 뒤, 서양을 배우기 시작해야 한다는 양무파洋務派가 득세했고 서학西學이 유행했다. 아편 전쟁 뒤는 서양 수학이 중국에 들어간 두 번째 시기였다. 이 시기에는 해석 기하학, 미분 적분학, 확률론 등이 고등 수학이 들어갔는데, 교육 체계의 혁신과 교과서의 변화도 이루어졌다. 서양 지식의 시급한 흡수를 위해 외국어 습득과 외국 서적 번역을 목적으로 동문관同文館이 1862년에 설립됐는데, 1868년에는 대학으로 승격되어 천문 · 산학의 두 과로 이루어진 천산관天算館이 신설됐다.

서양 고등 수학의 도입에는 1850년대와 1860년대에 이선란이 번역한 여러 권의 책이 큰 몫을 담당했다.❶ 이선란은 1852년 상하이로 가서 영국인 와일리(Alexander Wylie, 1815~87)를 알게 됐는데, 그 뒤 와일리와 함께 다음과 같은 책을 번역했다.

1. 《기하원본幾何原本》: 1852~56년에 유클리드의 《원론》 후반 9권 번역
2. 《대수학代數學》: 1859년에 드 모르간의 《대수학 원론ElementsofAlgebra, 1835》 번역
3. 《대미적습급代微積拾級》: 1859년에 루미스Elias Loomis의 《해석 기하학과 미분 적분학 원론 18장Eighteen Chapters of Elements of Analytic Geometry and of Differential and Integral Calculus, 1851》 번역
4. 《담천談天》: 허셜F.W. Herschel의 《천문학 개요Outlines of Astronomy, 1849》 번역
5. 뉴턴의 《자연 철학의 수학적 원리Principia mathematica philosophiae naturalis》 중 몇 개의 장 번역

이선란은 또한 영국 선교사인 애드킨스Joseph Edkins와 함께 《원뿔 곡선론Theory of Conic Sections》의 3장을 1866년에 번역 · 출판했고, 훼웰William Whewell의 《역학 기초론An Elementary Treatise on Mechanics》을 《중학重學》이라는

❶ 1870년대에는 화형방(華蘅芳, 1833~1902)이 또다시 여러 권의 수학 책을 번역했다.

제목으로 1867년에 번역 · 출판했다. 이것은 뉴턴 역학이 중국에 소개된 최초의 경우였다.

용어 '대수학'과 미분 적분 기호

이선란은 대수학의 특별한 면을 다음과 같이 묘사했다. "변수 또는 미지의 상수와 같은 수를 나타내는 데 문자를 사용한다. … 문자는 또한 자주 사용되는 복잡한 상수를 대신한다." 그래서 그는 'algebra' 라는 이름을 가진 이 수학 분야를 '수를 대용하는 지식' 인 '대수학代數學' 으로 적절하게 번역했다.

이선란의 《대미적습급代微積拾級》은 해석 기하학과 미분 적분학을 중국에 최초로 도입시킨 번역으로, 그 뒤 수십 년 동안 이 분야의 교과서로 사용됐다. 이 책의 머리말에는 라이프니츠의 표기법을 사용했다고 했지만, 실제로는 중국식으로 바꾸었다. 예를 들면, 미분을 위해 사용된 기호는 '彳' 인데, 이는 작을 미 '微' 의 부수다. 적분을 위한 기호는 '禾' 인데, 이는 쌓을 적 '積' 의 부수다. 이에 따라 '$\int 3x^2 dx$' 는 '禾三天⼆ 彳天' 과 같이 나타냈다. 여기서 '天' 은 변수 x를 나타낸다.

인도

주요 인물

아리아바타
브라마굽타
바스카라

인도의 수학

거의 4000년 전에 폐허가 된 모헨조다로Mohenjo-daro와 하라파Harappa에서의 발굴을 통해, 고대 인도에 고도의 문명이 존재했음이 밝혀졌다. 그러나 당시의 수학 책은 전해지지 않는다. 브라만 교의 기본 경전인 《베다Veda》의 부록으로 기원전 8세기와 2세기의 600년 사이에 여러 사람이 주요 내용을 저술한 고대 인도의 종교 문헌 《술바수트라스Śulvasūtras, '끈의 법칙'》에는 제단을 설계하는 과정이 설명되어 있는데, 제단을 제작하는 분명한 기하학적 규칙들을 구체적으로 표현하고 피타고라스의 정리를 익히 알고 있었음을 보여준다. 일차와 이차 방정식 및 원주율과 $\sqrt{2}$의 근사값도 다루고 있다.

기원전 3세기 중엽에는 현재 우리가 사용하고 있는 숫자의 시조인 브라흐미Brahmi 숫자가 나타나기 시작했고, 자이나 교의 수학에서는 수학적 무한 개념이 흥미롭게 전개됐다. 그 뒤에는 천문학의 연구를 위해 수학이 발전했는데, 굽타 왕조(320~550?) 시대에 쓰여진 천문학 개요서와 같은 책 《싯단타Siddhanta》의 하나에서는 원주율 π의 근사값으로 $3\frac{177}{1250}$을 사용했으며 삼각함수인 사인의 개념을 도입했다.

인도 사람들은 계산에 월등했고 여러 가지 대수학의 방법을 고안했으며 현재의 자릿수 체계(위치 기수법)의 발달에 크게 공헌했다. 그러나 고대 인도 수학은 주로 경험적이었으며, 그리스 수학에서 찾아볼 수 있는 표현의 명확함과 논리성 및 엄밀한 증명과 같은 특징들이 결여되어 있다.

석가모니의 시험

아주 옛날의 인도 사람들은 거대한 수의 계산에 대단한 솜씨를 보였다. 예를 들면, 석가모니가 젊었을 때 자신이 사랑한 여성과의 결혼 승낙을 얻어내기 위해 치러야 했던 시험에 관한 이야기가 전해진다. 그는 기본적인 원자를 나란히 연결해서 길이가 1 '마일' 인 직선을 형성하기 위해 필요한 원자의 개수를 구하라는 질문을 받았다. 석가모니는 그 수를 다음과 같이 구했다. 일곱 개의 기본적인 원자는 매우 미세한 먼지 한 알을 형성하고, 매우 미세한 먼지 일곱 알은 미세한 먼지 한 알을 형성하며, 미세한 먼지 일곱 알은 바람에 날린다 등등. 그는 이렇게 한 단계 한 단계 진행해서, 1 '마일' 의 길이까지 드디어 도달했다. 이런 인자들의 곱은 15자리 수를 형성했다.

아소카 왕

분명히 수학자는 아니지만, 그럼에도 불구하고 수학사에서 중요한 역할을 했던 사람이 종종 등장한다. 그런 사람으로 기원전 약 274년부터 약 232년 사이에 살았던 인도 마우리아Maurya 왕조의 아소카Aśoka 왕이 있다. 그와 수학 사이의 관계는, 당시 인도의 중요한 모든 도시에 세웠던 거대한 돌 기둥 중 일부가 아직도 보존되고 있는데, 그런 기둥 중 일부에 현재 우리가 사용하고 있는 숫자가 유래한 최초의 흔적이 남아있다는 사실에 의존한다.

인도 · 아라비아 수 체계

인도 · 아라비아 수 체계는, 그것을 발명한 인도 사람들과 그것을 채택해서 서 유럽에 전파한 아랍 사람들의 이름을 따서 붙인 이름이다. 앞에서 알아본 대로, 이 수 체계의 역사는 기원전의 아소카 왕까지 거슬러 올라간다. 고대의 다른 예는 인도에서 푸나Poona 근처 산의 동굴 벽에 나타난 기원전 100

년경의 단편적인 기록들과 나식Nasik에 있는 동굴들 안에 서기 200년경에 새겨놓은 몇 개의 비문에서 찾아볼 수 있다.

그렇지만 고대의 이런 예에는 영에 대한 기호가 없으며, 위치 기수법에 대한 결정적인 개념도 드러나지 않는다. 인도에서 위치 기수법과 영의 기호가 정확하게 언제 도입됐는지는 알 수 없지만, 서기 800년 이전의 어느 시점이라는 사실은 틀림없다. 왜냐하면 페르시아의 수학자 알콰리즈미는 서기 825년에 출판한 책에서 그와 같이 완벽해진 인도의 수 체계를 설명했기 때문이다.

이 새로운 숫자가 언제 어떠한 방법으로 유럽에 처음으로 도입됐는지도 명확하게 밝혀지지 않았다. 십중팔구 지중해 연안의 상인과 여행자가 전달하는 역할을 맡았을 것이다. 그 숫자는 10세기의 에스파냐 문헌에 나타나는데, 그 문헌은 서기 711년에 이베리아 반도를 침략해서 그곳에 수백 년 동안 머물렀던 아랍 사람들이 에스파냐에 도입한 것이었다. 기본적인 계산 알고리즘과 함께 그 체계는 알콰리즈미의 책을 12세기에 라틴 말로 번역한 책과 그 뒤 이 분야에 대한 유럽 사람들의 연구를 통해, 특히 피보나치의 《산반의 책》과 같이 영향력이 매우 컸던 책에 의해 널리 퍼졌다.

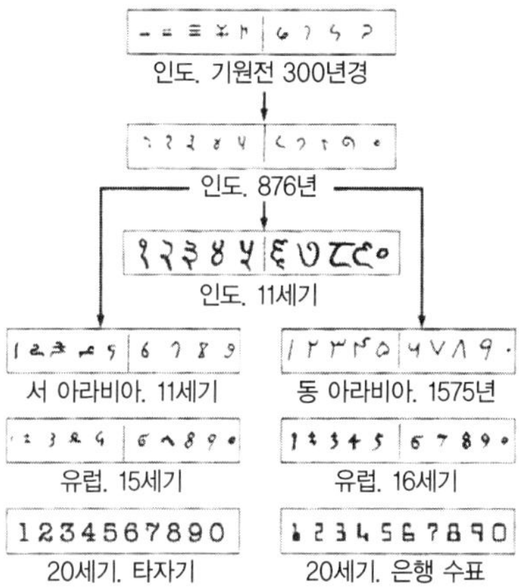

인도 · 아라비아 숫자의 변천 과정

인도 수학의 중국 전파

중국 남북조 및 수 · 당 시대(316~907)에 인도로부터 불교가 전파되면서,

중국과 인도 사이에 천문학, 의학, 음악, 예술 등의 교류가 활발하게 이루어졌다. 수나라의 기록에 의하면, 인도의 천문학과 수학을 중국어로 번역한 《파라문산법婆羅門算法》 3권, 《파라문음양산력婆羅門陰陽算曆》 1권, 《파라문산경婆羅門算經》 3권 등 3종의 책이 있었다. 중국에서 이것들은 외국의 수학 책을 중국어로 번역한 최초의 일이었다.

당나라 초기부터 인도의 많은 천문학자가 중국에서 활동했는데, 천문대에서 공식적인 지위를 차지했었다. 가장 유명한 사람으로 천문대장을 맡았던 레벤시타Levensita가 있다. 그는 718년에 인도의 책을 번역한 《구집력九執曆》을 펴냈다. 이 책에 실린 수학 주제로는 원을 360도로 1도를 60분으로 나누는 그리스의 방법, 0°부터 90°까지를 24단계로 나누어 3°45′ 간격으로 사인 값을 계산한 수표, 인도 숫자 등이다. 그런데 이런 인도 수학은 중국 수학에 거의 영향을 주지 못했다.

중국 수학에 영향을 준 인도 수학은 큰 수와 작은 수의 명수법이었다. 이런 것은 불경을 통해 아주 초기에 도입됐는데, 송 · 원 시대에는 그런 수 이름이 중국의 수학 책에 채택됐다. 예를 들어 주세걸의 《산학계몽1299》에는 다음과 같이 인도에서 전래된 수 이름이 기록되어 있다.

數詞	수사	크기	뜻 또는 출처	비고:19세기 이후
極	극	10^{88}	최고, 최상	10^{48}
恒河沙	항하사	10^{96}	갠지스 강의 모래	10^{52}
阿僧祇	아승기	10^{104}	불경「화엄경」	10^{56}
那由他	나유타	10^{112}	불경「화엄경」	10^{60}
不可思議	불가사의	10^{120}	상상할 수 없는	10^{64}
無量數	무량수	10^{128}	셀 수 없는 수	10^{68}
須臾	수유	10^{-64}	잠시	10^{-15}
瞬息	순식	10^{-72}	눈 깜빡할 사이	10^{-16}
彈指	탄지	10^{-80}	손가락을 튀길 동안	10^{-17}

虛	허	10^{-104}	비다	허공 10^{-20}
空	공	10^{-112}	없다	
淸	청	10^{-120}	맑다	청정 10^{-21}
淨	정	10^{-128}	깨끗하다	

탄지와 허 사이에 찰나刹那 10^{-88}(19세기 이후에는 10^{-18})과 육덕六德 10^{-96}(19세기 이후에는 10^{-19})이 있다.

▣ 용어 zero의 기원

현재 사용되고 있는 단어 영zero은 아라비아 단어 sifr를 라틴어로 표현한 zephirium에서 유래했다. 그런데 아리비아 단어 sifr는 인도 단어 슈냐sunya의 번역이다. 이 인도 단어는 '빔' 또는 '없음' 을 의미한다. 13세기 네모라리우스❶는 아라비아의 sifr로부터 독일어 cifra를 도입했다. 그리고 이 단어로부터 현재의 단어 cipher❷가 유래했다.

▣ 라플라스의 찬사

인도 사람들이 발명한 수 체계는 분명히 수학의 발달에 엄청나게 크게 기여했는데, 라플라스❸는 이를 다음과 같이 아주 명확하게 말했다.

> (각각 자리값과 절대적인 값을 지닌) 열 개의 기호를 사용해서 모든 가능한 수를 표현하는 교묘한 이 방법은 인도에서 출현했다. 오늘날에 생각하면 그 발상이 매우 단순해서 그것의 의미와 심대한 중요성을 더 이상 바르게 판단할 수 없다. 그 단순성은 계

❶ Jordanus Nemorarius(1225~1260), 독일의 수학자

❷ 영의 기호, 제로, 아라비아 숫자, 암호, 계산하다, 암호문으로 쓰다 등의 뜻이 있다.

❸ Pierre-Simon Laplace(1749~1827), 프랑스의 수학자

산을 용이하게 만들어주는 방법에 있으며, 산술을 가장 유용한 발명품의 위치에 올려놓았다. 이 발명의 중요성은, 고대의 두 위인 아르키메데스와 아폴로니오스도 이를 고안해내지 못했다는 사실을 고려할 때 더 쉽게 알 수 있다.

바크샬리 원고에 있는 임시 위치법

《바크샬리 원고Bakshali manuscript》라고 부른 익명의 산술 책이 인도 북서부의 바크샬리에서 1881년에 발굴됐다. 이것은 자작나무 껍질 70쪽으로 이루어져 있다. 이것의 유래와 제작 연도에 대한 추측이 여러 가지 있었는데, 서기 3세기부터 12세기 사이의 어느 시기일 것으로 어림잡고 있다. 《바크샬리 원고》의 문제 중 일부는 1로 환원시키는 일종의 '임시 위치법rule of false position'으로 풀려 있다. 예를 들면, 다음과 같은 문제가 있다.

> B는 A의 두 배를 주고, C는 B의 세 배를 주며, D는 C의 네 배를 주는데, 이들은 더해서 132를 주었다. A는 얼마를 주었는가? 미지의 양을 1로 택하자. 그러면 A가 준 양은 1이고, B는 2, C는 6, D는 24 등의 양만큼 주었고, 이것들의 합은 33이다. 132를 32로 나눈다. 몫 4는 A가 준 양이다.

그리스와 인도 수학의 비교

그리스 수학과 인도 수학 사이에는 많은 차이점이 있다. 첫째, 수학을 연구한 인도 사람들은 대체로 스스로를 천문학자로 생각했는데, 이에 따라 인도의 수학은 일반적으로 천문학의 보조적인 역할을 담당했다. 반면에, 그리스 사람들에게 수학은 독립적인 존재였으며, 그 자체에 대해 연구했다.

둘째, 카스트 제도 때문에, 인도에서 수학은 거의 전적으로 성직자가 연구했다. 그리스에서 수학은 이를 연구하려는 모든 사람에게 문호가 개방되어 있었다.

셋째, 인도 사람들은 뛰어난 계산가였지만 평범한 기하학자에 불과했다. 반면에, 그리스 사람들은 기하학에서는 뛰어났지만 일반적으로 계산적인 연구는 등한시했다. 인도의 훌륭한 삼각법마저도 본질적으로 산술적이었지만, 그리스의 삼각법은 본질적으로 기하학적이었다.

인도 사람들은 수학을 시로 썼는데, 때로는 명확하지 못하고 신비로운 언어로 썼다. 그리스 사람들은 명확하고 논리적으로 표현하려고 애를 썼다.

인도의 수학은 주로 경험적인 것으로 증명이나 유도 과정은 거의 제시하지 않았다. 그리스 수학의 뛰어난 특성은 엄밀한 증명의 강조에 있다.

인도의 수학에서는 우수한 수학과 열등한 수학이 나란히 나타나는 반면에, 그리스 사람들은 우수한 것과 열등한 것을 구별하는 본능이 있는 것처럼, 우수한 것은 보존하고 열등한 것은 버렸다.

아리아바타 Ā ryabhata

476~550

아리아바타는 현재 인도의 파트나Patna 근처에서 태어난 유명한 천문학자이자 수학자다. 그는 자이나 수학의 마무리이자 천문학과 수학의 새로운 출발점이었다. 499년에 천문학 책 《아리아바티야Aryabhatiya》를 운문으로 썼는데, 이 책은 산술, 대수, 평면 · 구면 삼각법도 다루고 있다. 삼각형과 원의 넓이에 대한 정확한 공식, 연분수, 이차 방정식, 처음 n개의 자연수의 합 및 제곱수와 세제곱수의 합, 제곱근과 세제곱근, $3°45'$ $(=90° \div 24)$ 간격의 사인 함수표, 원주율 π의 근사값 3.1416, 계수가 정수인 일차 방정식 $by=ax\pm c$의 정수해 등도 포함되어 있다. 당시의 인도 수학을 집대성한 이 책은 인도 수학에 지대한 공헌을 했는데, 1000년이 지난 뒤에도 인도에서 이용됐다. 그리스에서 유클리드의 《원론》이 차지했던 위치와 다소 비슷했다. 1874년에 유럽에 번역 소개되기도 했다.

시로 쓴 수학 책

《아리아바티야》는 운문으로 쓰여졌다. 인도에서 이런 시적인 기술 방법은 고대에 매우 흔했다. 기원전 1세기경 카스트 제도가 만들어지면서 성직자들인 브라만 계급은 대대로 종교 지식을 전수했다. 그런데 카스트 제도의 하위 계층 사람들이 자신들의 지식을 배우는 것을 방지하기 위해서 문서보다는 입에서 입으로 전수하는 안전한 방법을 택했다. 그리고 중요한 내용을 쉽게 암기하기 위해서 시의 형태로 쓰여졌다. 이런 전통적인 방법은 종교적인 문헌만이 아니라, 수학과 천문학 지식의 전수에도 적용했다.

거꾸로 풀기

인도 사람들은 천부적인 산술학자였으며, 대수학에서 주목할 만한 공적을 남겼다. 많은 산술 문제를 '거꾸로 풀기inversion' 방법으로 풀었는데, 이것은 주어진 정보를 역으로 계산하는 방법이다. 예를 들어, 아리아바타가 제기한 다음 문제를 고려해 보자.[1]

> 밝게 빛나는 눈을 가진 아름다운 소녀는 거꾸로 푸는 방법을 올바르게 알고 있다는 듯이 다음 문제의 답을 나에게 말했다. 어떤 수에 3을 곱하고 그 곱의 $\frac{3}{4}$만큼 증가시킨 다음에 7로 나누고, 그 몫의 $\frac{1}{3}$만큼 줄인 다음에 제곱하고 52만큼 줄이며,제곱근을 취하고 8을 더한 다음에 10으로 나누면 2일 때, 그 수는 얼마인가?

거꾸로 풀기 방법은 수 2에서 출발해서 역으로 계산해 나아간다. 그러면 $(2\times10-8)^2+52=196$, $\sqrt{196}=14$, $14\times\frac{2}{3}\times7\times\frac{4}{7}\div3=28$과 같이 계산해서 답 28을 얻는다. 문제에서 10으로 나누라는 지시가 있으면 10을 곱하고, 8을 더하라는 지시가 있으면 8을 빼며, 제곱근을 구하라고 하면 제곱을 취하고 이와 같이 계속한다는 사실에 주목하자. 각 연산을 그것의 역 연산으로 대치시키는 과정이 '거꾸로 풀기' 라는 이름을 설명한다. 물론, 이 과정은 이 문제를 현대적인 방법으로 풀 때 우리가 실행하는 것과 정확하게 같다. 즉, x가 찾으

[1] 이 문제는 바스카라의 《릴라바티》에 나온다.

려는 수를 나타낸다면, 다음 방정식을 얻는다.

$$\left\{\sqrt{\left(\frac{2}{3}\times\frac{7}{4}\times 3x\div 7\right)^2-52}+8\right\}\div 10=2$$

이 방정식을 풀기 위해서, 양변에 10을 곱하고 양변에서 8을 뺀 다음에 양변의 제곱을 취하는 과정을 시행한다.

아리아바타의 착각

《아리아바티야》는 118연의 운문으로 이루어진 책인데, 약 3분의 1인 33연이 수학에 관한 내용으로 66개의 수학 법칙을 증명 없이 제시하고 있다. 이 중에는 다음과 같이 것이 있다.

- 삼각형의 넓이는 높이와 밑변 길이의 반의 곱이다. 이 넓이와 높이의 곱의 반은 모서리가 여섯 개인 입체 도형[삼각뿔]의 부피다."
- 원 둘레의 반에 지름의 반을 곱하면 그 원의 넓이가 된다. 이 넓이에 그 자체의 제곱근을 곱하면 구의 부피가 된다."

위의 두 명제는 이차원의 경우는 옳지만 삼차원의 경우는 옳지 않다. 이는 그리스 사람들이 연역적 과정을 수학에 도입한 뒤에도 오랫동안 인도의 수학은 경험적인 상태로 남아있었다는 사실을 지적한다.

용어 sine(사인)의 유래

사인 함수를 제외하고, 삼각 함수의 현재와 같은 이름의 의미는, 각을 반지름이 1인 원의 중심각으로 택했을 때 각 삼각 함수의 기하학적 해석으로부터 명확하다. 예를 들면, 다음 그림에서 원의 반지름이 1이면 $\tan\alpha$와 $\sec\alpha$의 값은 각각 접선tangent segment CD와 할선secant segment OD의 길이로 주어진다. 물론 코탄젠트cotangent는 '여각의 탄젠트complement's tangent'를 의미하고, 코시컨트cosecent, 코사인cosine 등도 마찬가지다. 탄젠트, 코탄젠트, 시컨트, 코시컨트 등의 함수는 여러 가지 다양한 이름으로 불렸었는데, 현재와 같은 이름은 16세기 말 이후에야 등장했다.

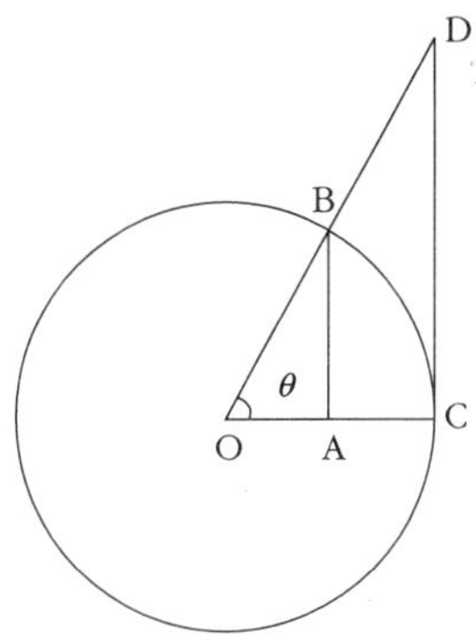

그러나 사인sine의 유래는 매우 복잡하다. 인도의 수학자 아리아바타는 이것을 ardha-jya(반-현) 또는 jya-ardha(현-반)이라 불렀다. 그리고 이를 줄여서 단순히 jya현이라 불렀다. 아랍 사람들은 jya로부터 발음 나는 대로 jiba라는 말을 만들어냈다. 그리고 모음을 생략하는 아랍 사람들의 습관에 따라서 jiba는 jb로 쓰였다. 그런데 아랍 말에서 jiba는 아무런 뜻을 갖지 않는다. 산스크리트어를 전혀 모르고 단지 아랍 말만을 아는 그 뒤의 저자들은 의미 없는 단어인 jiba의 약자로 사용된 jb를 접하고는 이를 jaib로 대체시켰다. jaib는 같은 글자들을 갖고 있으며 '협곡' 이나 '만' 을 뜻하는 아랍 말이다. 그보다 더 뒤에 크레모나의 제라르도는 1150년경 아랍어에서 라틴어로 번역할 때 아랍어인 jaib를 그와 같은 뜻의 라틴어인 시누스sinus로 대체시켰다. 그래서 현재 사용되고 있는 사인sine이 나타났다.

인공 위성 아리아바타

1975년 4월 19일, 인도 최초의 과학 위성이 러시아의 우주선 발사 기지에서 러시아의 로켓 운반선에 실려 성공적으로 발사됐다. 그 위성은 '아리아바타' 라고 명명됐다.

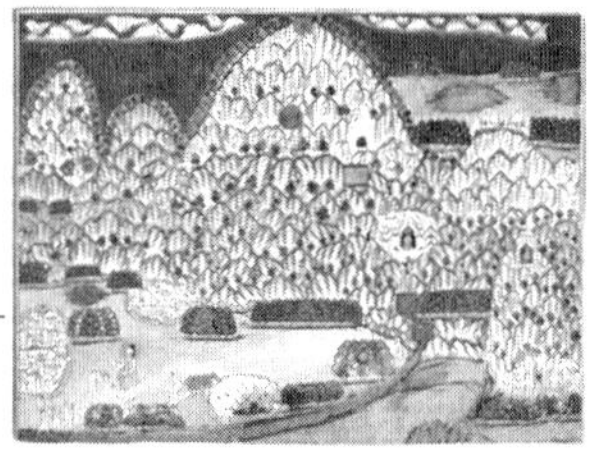

브라마굽타 Brahmagupta

598~670

브라마굽타는 7세기의 인도에서 가장 뛰어난 천문학자 · 수학자로, 중앙 인도에 있는 우자인Ujjain 천문대장으로 근무했다. 그는 25장으로 이루어진 천문학서 《브라마-스푸타 싯단타》[1]를 썼는데, 제12장과 18장에서 수학을 다루고 있다. 또, 수학과 천문학에 관한 《칸다카도야카665》를 썼다.

브라마굽타는 계수가 정수인 일차 부정 방정식의 (정수인) 일반해를 제시한 최초의 수학자였는데, $ax^2 \pm c = y^2$ 꼴의 이차 부정 방정식도 풀었다. 또한 이차 방정식에서 음수 근이 하나 있는 경우를 포함해서 두 근을 구하는 일반적인 해법을 발견했고, 제곱근 풀이 알고리즘도 제시했다. 원주율 π에 대한 근사값으로, 실용적인 값 3과 또 다른 적절한 값 $\sqrt{10}$을 사용했다. 그런데 그의 가장 큰 공헌은 0과 음수에 관한 뛰어난 공헌으로 수 체계의 발달에 기여한 것이었다.

대수학의 축약

인도 사람들은 대수학을 축약시켰다. 디오판토스와 마찬가지로, 덧셈은 일반적으로 병렬로 표시했다. 뺄셈은 빼는 수 위에 점을 찍어 표시하고, 곱셈

[1] Brahmasphuta Siddhānta, 梵天에 의해 계시된 올바른 천문학, '브라마의 개정된 체계' 628.

은 ('곱' 을 뜻하는 단어 *bhavita*로부터) *bha*를 항들 뒤에 써서 나타냈으며, 나눗셈은 나뉨수 밑에 나눗수를 써서 표현했고, 제곱근은 ('무리수' 를 뜻하는 단어 *karana*로부터) *ka*를 그 양의 앞에 써서 나타냈다. 브라마굽타는 미지수를 ('그 만큼 많은' 을 뜻하는 단어 *yāvattāvat*로부터) *yā*로 나타냈다. 이미 알고 있는 정수들은 ('절대적인 수' 를 뜻하는 단어 *rūpa*로부터) *rū*를 앞에 붙여 나타냈다. 그 이외의 미지수는 서로 다른 색깔에 대한 단어들의 첫 음절로 표시했다. 예를 들면, 둘째 미지수를 ('검정' 을 뜻하는 단어 *kālaka*로부터) *kā*로 나타낸다면, $8xy+\sqrt{10}-7$은 다음과 같이 표현했을 것이다.

$$y\bar{a}k\bar{a}8bha\,ka10\,r\bar{u}\dot{7}$$

▣ 삼수법과 금유술

초등 산술의 다른 많은 것과 마찬가지로 '삼수법rule of three' 도 인도에서 유래한 것으로 보이는데, 브라마굽타와 바스카라는 실제로 이 이름을 언급했다. 상인들은 수세기 동안 이 규칙을 애용했었다. 이것을 증명 없이 기계적으로 설명했으며, 비율과의 관계는 14세기 말까지 인식하지 못했었다. 브라마굽타는 이 규칙을 다음과 같이 설명했다. "삼수법에서, 항들의 이름은 전제, 산물, 필요다. 첫째와 셋째 항은 반드시 같은 종류이어야 한다. 필요에 산물을 곱하고 다음에 전제로 나누면 결과가 된다." 명확하게 설명하기 위해서 바스카라가 제시한 다음 문제를 생각해 보자. 사프란 $\frac{5}{2}$팔라pala를 $\frac{3}{7}$니스카niska에 구입했다면, 9니스카로는 몇 팔라를 구입할 수 있는가? 여기에서 $\frac{3}{7}$과 9는 같은 종류로서 전제와 필요다. 그리고 $\frac{5}{2}$는 산물이다. 그러면 답, 즉 결과는 $\dfrac{9\times\frac{5}{2}}{\frac{3}{7}}=52\frac{1}{2}$이다. 오늘날에는 이 문제를 다음과 같은 간단한 비율을 적용해서 풀 것이다.

$$x : 9 = \frac{5}{2} : \frac{3}{7}$$

과거 유럽의 산술 책은 삼수법을 설명하는 데 많은 공간을 할애했는데, 이 규칙을 설명하기 위해 종종 엉터리 시와 도식적인 그림을 사용하기도 했다.

그런데 중국 수학에도 위의 삼수법과 같은 계산 방법이 있었는데, 이미 《구장산술》에 등장하는 금유술今有術이 그것이다. 《구장산술》 제2권 〈속미〉에서는 "속 50粟率五十, 여미 30糲米三十, …"와 같이 속미의 교환 비율粟米之法을 제시한 뒤에 다음과 같이 금유술을 제시하고 있다.

> 금유술에 따르면, 소유수를 소구율에 곱하여 실이라 하고 소유율을 법으로 하여, 실을 법으로 나눈다.
>
> 今有術曰 以所有數乘所求率爲實 以所有率法 實如法而一

여기서 '소유수'는 주어진 수, 즉 주어진 곡물의 양이고, '소구율'은 구하는 비율, 즉 구하는 대상 곡물의 교환 비율이며, '소유율'은 주어진 비율, 즉 주어진 곡물의 교환 비율이다. 위의 방법에 따르면, 소구수所求數, 즉 구하는 수 또는 구하는 곡물의 양을 다음과 같이 계산한다.

$$소구수 = \frac{소구율 \times 소유수}{소유율}$$

금유술을 후세의 《산학계몽》 등에서 '이승동제異乘同除'라고 했다. 소유수를 기준으로 생각하면, 먼저 다른 곡물의 교환 비율을 곱하므로 '이승'이고 같은 곡물의 교환 비율로 나누므로 '동제'이다. 인도에서 유래했다는 삼수법과 통하는 점이 있다. 《구장산술》 제2권 〈속미〉의 제1문은 다음과 같다.

지금 속이 1말 있는데, 여미로 만들려고 한다. 얼마나 얻겠는가?

今有粟一枓 欲爲糲米 問得幾何

답 : 여미 6되

答曰 爲糲米六升

해법 : 속에서 여미를 구하려면, 3을 곱한 뒤에 5로 나눈다.

術曰 以粟求糲米 三之 五而一

속과 여미의 교환 비율에 따라 이 문제에서는 소유수가 속 1말이고 소유율이 50이며 소구율이 30이므로, 소구수, 즉 여미의 양을 다음과 같이 구하고 있다.

$$\text{소구수} = \frac{\text{소구율} \times \text{소유수}}{\text{소유율}} = \frac{30 \times 1}{50} = \frac{3}{5} = 0.6(\text{말}) = 6(\text{되})$$

그러므로 금유술, 즉 이승동제는 다음과 같이 비례식을 세워 소구수를 계산하는 비례법과 일치한다.

소유율 : 소유수 = 소구율 : 소구수

所有率 : 所有數 = 所求率 : 所求數

이런 경우에 소유율을 1률, 소유수를 2율, 소구율을 3률, 소구수를 4율이라고 한다. 비례법에 대해 조선 시대 황윤석(黃胤錫, 1729~1791)의 산학서 《산학

입문算學入門》에서는 다음과 같이 말하고 있다.

> 처음 서양에서 시작되어 「동문산지」나 「수리정온」에서 그것을 일컫는다.
>
> 始自西洋而 同文算指數理精蘊因而名之

한 항이 1인 비례식은 한 번의 곱셈이나 나눗셈으로 해결된다. 《구장산술》에서는 나눗셈으로 환원되는 이런 경우를 경률술經率術이라 부르고 있다.

브라마굽타의 공식

이집트의 수학자 헤론❷은 삼각형의 넓이를 그 세 변의 길이로 구하는 다음과 같은 공식으로 유명하다.

$$S=\sqrt{s(s-a)(s-b)(s-c)}$$

여기서 a, b, c는 각 변의 길이고 s는 둘레의 길이의 반이다.

브라마굽타는 이 헤론의 공식을 일반화시켜서 다음과 같이 사각형의 넓이를 구하는 훌륭한 공식을 얻었다.

$$S=\sqrt{s(s-a)(s-b)(s-c)(s-d)}$$

여기서 a, b, c, d는 각 변의 길이고 s는 둘레의 길이의 반이다. 그런데 이 공식은 원에 내접하는 사각형에 대해서만 정확하다. 임의의 사각형의 넓이는, 마주보는 두 내각의 합의 반이 α인 경우에 다음과 같다.

$$S=\sqrt{s(s-a)(s-b)(s-c)(s-d)-abcd\cos^2\alpha}$$

❷ Heron of Alexandria(10?~75?), 그리스의 과학자 · 수학자로 평면 도형과 공간 도형의 넓이와 부피를 연구한 《측정론》 저술.

▣ 수 0

우리가 현재 사용하고 있는 숫자와 수 체계는 인도에서 유래했다. 이 수 체계에서 수와 숫자로서 0의 존재는 매우 중요하다. 그런데 0이 포함된 나눗셈은 처음에 제대로 확립되지 않았었다.

7세기 인도의 수학자들은 0도 수이기 때문에 0을 포함한 사칙 연산이 언제나 가능하다고 생각했다. 양수와 음수의 계산 규칙을 만든 브라마굽타는 $0 \div 0 = 1$이라고 주장했다. 그러나 그는 0이 아닌 수를 0으로 나눈 값에 대해서는 아무런 말도 할 수 없었다.

여러 세기가 지난 뒤, 바스카라는 $a \neq 0$일 때 $\frac{a}{0}$는 무한대고, $\frac{a}{0} \times 0 = a$라고 주장했다. 사실, 18세기의 오일러도 《대수학1770》에서 $\frac{1}{0}$은 무한대고, $\frac{2}{0}$는 $\frac{1}{0}$의 두 배라고 잘못 생각했다.

▣ 음수의 긴 역사[3]

음수의 개념이 1800년대까지도 몇 명을 제외한 대부분의 수학자를 괴롭혔다는 사실에 매우 놀랄 것이다. 그런데 그 몇 명의 수학자는 아예 음수의 개념을 무시했었다! 인도에서는 빚을 나타내기 위해 음수를 도입했으며, 6세기의 수학자인 브라마굽타는 음수의 사칙 연산에 관한 책도 남겼다. 이와 비슷하게 12세기 이슬람 수학자인 알사마왈이 저술한 《계산에 관한 빛나는 책》에서는 음수의 덧셈과 뺄셈에 대해 다루었는데, 이와 비슷한 시기에 인도의 바스카라는 답이 음수일 경우 이를 '적합하지 않다'고 여겼다. 그런데 중국에서는 이보다 오래 전부터 빨강과 검정 산대를 사용해서 양수와 음수를 각각

❸ 샌더슨 스미스 저/ 황선욱 역, 《수학사 가볍게 읽기》, 한승, 2002, pp. 57-58.

나타냈었고, 3세기경 중국 수학자 유휘는 《구장산술》에 주석을 달면서 계산의 필요에 의해 음수를 사용했다. 반면에, 그리스의 수학자 디오판토스는 $\sqrt{x+3}=0$과 같이 해가 음수인 경우는 풀지 못한다고 생각했다.

유럽의 수학자들은 이슬람 문서를 통해 음수에 대해 알고 있었지만, 수세기 동안 음수는 의미가 없고 실용성도 없다고 생각했다. 15~16세기 수학자인 슈케❹와 슈티펠도 음수를 모순적인 수로 생각했다. 1500년대에 카르다노는 음수를 방정식의 근으로 인정하려 했지만 결국 불가능한 해로 결론을 내렸으며, 비에트는 아예 음수를 취급하지 않으려고 했다. 17세기에 데카르트는 어느 정도 음수를 인정했지만, 음수가 '무' 보다 작기 때문에 잘못된 수로 생각했다.

17세기에 들어와 음수를 사용해야 할 경우가 점점 더 많이 생겼지만, 그 개념이 명확해지기까지는 좀 더 시간이 걸렸다. 일부 수학자들은 여전히 음수를 경계했으며, 심지어 사용하는 것에 저항하기까지 했다. 음수에 관한 흥미로운 논쟁이 신학자이자 수학자이며 파스칼의 친구인 아르노❺에 의해 제기됐다. 그는 $-1:1=1:-1$임을 쉽게 받아들이지 못했다. 그는 -1이 1보다 작다는 전제에서 '작은 것에 대한 큰 것의 비가 어떻게 큰 것에 대한 작은 것의 비와 같을 수 있는가?' 라고 물었다. 거의 한 세기가 지난 뒤 달랑베르는 "답이 음수로 나오는 문제는 틀린 가정을 옳다고 생각했기 때문이다." 라고 말했다.

18세기 최고의 수학 책들에서도 여전히 음수 -6 앞에 붙은 음의 부호와 뺄셈 기호를 혼동했다. 그러나 마침내 오일러가 그의 《대수학 입문》에서 '빚을 갚는 것은 선물을 주는 것과 같다' 는 비유를 들어 $-b$만큼 빼는 것과 b만큼 더하는 것의 뜻을 비교했다.

❹ Nicolas Chuquet(1445~1488), 프랑스의 수학자.
❺ Antoine Arnauld(1612~1694)

수학은 인간이 만든 추상적인 개념으로서 필요에 따라 만들어져서 가치가 있으면 발전된다는 점을 음수의 역사는 보여준다. 긴 세월의 저항에도 불구하고 음수는 현대 사회에서 유용하게 사용되고 있다.

바스카라 Bhaskara

1114~1185

바스카라는 12세기 인도에서 최고의 수학자로서, 인도에서는 바스카라차르야(Bhaskaracharya, 스승 바스카라)로 불리고 있다. 점성가로 이름을 날렸던 아버지Mahesvara로부터 수학을 배웠고, 당시 인도의 주도적인 수학 중심지였던 우자인의 천문대장이 됐다.

바스카라는 수 체계와 방정식 풀이에서 유럽에서는 수세기 뒤에야 도달한 수준까지 이해하고 있었다. 그의 책 여섯 가지가 전해지고 있는데, 고대의 수학과 천문학을 잘 요약했다. 수학에 관한 《릴라바티Lilavati, 아름다움》와 대수학에 관한 《비자가니타Bijaganita, 씨앗 세기 또는 제곱근 풀이》가 있고, 천문학에 관한 책 및 주석서가 있다.

바스카라의 딸

바스카라의 저서 《릴라바티》는 브라마굽타를 비롯해서 여러 수학자로부터 취한 문제와 자신이 얻은 새로운 지식을 집대성했다.

그런데 《릴라바티》에 관한 믿기 어려운 이야기가 전해지고 있다. 그 이야기에 따르면, 바스카라의 외동딸 릴라바티가 어떤 길일의 어떤 시각 이외에 결혼을 하면 무시무시한 불행이 일어날 것이라고 별들이 예언했다고 한다. 바로 그 날, 불안한 신부는 물시계의 수면이 내려가고 있는 것을 바라보고 있었는데, 모르는 사이에 머리 장식에 있던 진주 하나가 떨어져 물 시계의 구멍을 막아버렸고, 물의 흐름은 정지됐다. 유일한 행운의 순간이 지나간 뒤, 너무 늦게야 이 사실이 발견됐다. 그래서 비탄에 잠긴 그 소녀는 독신 생활을 감내해야만 했다. 불행한 딸을 위로해 주기 위해, 바스카라는 그녀의 이름을 책 제목으로 정했다고 한다.

보라!

바스카라는 피타고라스의 정리를 분할하는 방법을 이용해서 증명했다. 아래 그림에 나타낸 대로, 이 증명에서는 빗변에 대응하는 정사각형을 주어진 직각 삼각형과 합동인 네 개의 삼각형과 그 직각 삼각형의 나머지 두 변의 차와 같은 길이를 가진 변으로 이루어진 정사각형으로 나눈다. 이런 도형들을 직각을 끼고 있는 두 변에 대응하는 정사각형들의 합이 되도록 쉽게 재배열할 수 있다. 바스카라는 이 그림을 그린 다음에 '보라!'는 말 이외에는 더 이상의 설명을 제시하지 않았다. 물론, 간단한 대수학으로 이를 증명을 할 수 있다. 왜냐하면 c를 주어진 직각 삼각형의 빗변이라 하고 a와 b를 나머지 두 변의 길이라고 하면, 다음이 성립하기 때문이다.

$$c^2 = 4\frac{ab}{2} + (b-a)^2 = a^2 + b^2$$

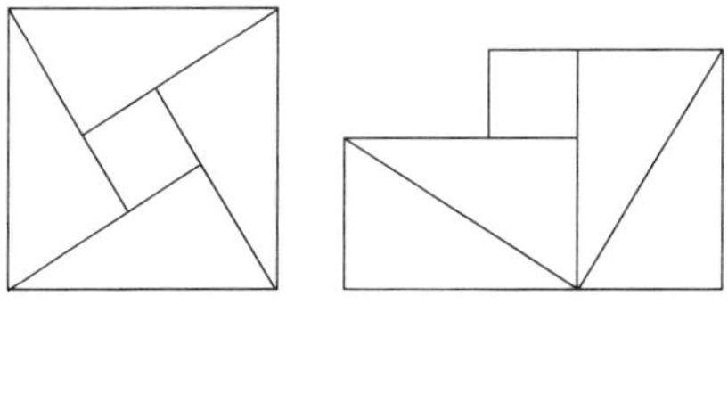

아라비아

주요 인물

알콰리즈미
알하이탐
오마르 카얌

아라비아의 수학

유럽이 중세에 암흑 시기를 보내는 동안, 아라비아 제국이 부흥하고 쇠퇴하는 일련의 극적인 사건들이 나타났다. 모하메드Mohammed가 서기 622년에 메카에서 메디나로 탈출(헤지라hegira)한 뒤 10년 내에, 아라비아 반도에 산재되어 통일되지 않고 있던 부족들은 종교적인 열정을 통해 강력한 국가로 통합됐다. 그리고 한 세기 내에, 회교의 규칙과 영향력을 인도로부터 페르시아, 메소포타미아, 북 아프리카를 거쳐 에스파냐까지 확장시켰다.

아라비아 사람들은 그리스와 인도의 지식을 적극적이고 체계적으로 획득했고, 이를 후세에 전달해서 세계 문화의 많은 부분을 보존하는 데 크게 기여했다. 바그다드의 왕(칼리프)들은 현명하게 다스렸을 뿐만 아니라, 많은 왕은 학문을 후원했고 뛰어난 학자들을 궁정으로 초대했다. 천문학, 의학, 수학 등에 관한 인도와 그리스의 수많은 책을 아라비아어로 부지런히 번역했으며, 그 뒤 유럽의 학자들이 라틴어나 다른 언어로 다시 번역할 때까지 보존했다.

그러나 아라비아 학자들의 노력에도 불구하고, 그리스와 인도 학문의 대단히 많은 부분이 암흑 시대의 긴 시간을 거치면서 유실되어 회복시킬 수 없게 됐다.

▣ 아라비아의 번역

학문 진흥에 힘쓴 알만수르al-Mansûr 왕의 통치 기간(754~785)에 브라마굽타의 저작들이 바그다드에 전해졌고(약 776년), 왕의 후원 아래 곧 아라비아어로 번역됐다. 이것을 통해 인도 숫자가 아라비아에 전해졌다는 말이 있다.

'천일야화' 로 잘 알려진 그 다음 왕 알라시드(Harun al-Rashid, 재위 786~808)의 후원 아래 과학에 관한 그리스의 여러 고전이 아라비아어로 번역됐다. 유클리드의 《원론》도 일부 번역됐다.

알리드의 아들이 알마문(al-Mâmun, 재위 809~833)인데, 그는 알렉산드리아 도서관에 견줄 만한 '지혜의 집Bait al-hikma' 을 바그다드에 세워 학문을 더욱 후원했으며 천문대를 세우고 스스로 천문학을 연구하기도 했다. 그리스의 고전을 충실하게 번역하는 어려운 작업이 계속됐는데, 《알마게스트》가 아라비아어로 번역됐고 《원론》의 번역이 완성됐다. 비잔틴 제국과 맺은 평화 조약의 한 조건으로 그리스 필사본을 확보했으며, 이를 궁정에 초대된 시리아의 기독교 학자가 번역했다.

알마문의 통치 기간에 많은 학자가 수학과 천문학에 관한 책을 저술했다. 그 중 가장 유명한 인물이 다음에 소개할 알콰리즈미다. 그보다 약간 뒤에 코라(Ṭâbit ibn Qorra 또는 Thabit ibn Qurra, 826~901)는 의사, 철학자, 언어학자, 수학자로 이름을 떨쳤는데, 그는 최초로 유클리드의 《원론》을 만족스럽게 번역했다. 그 뒤에 아라비아에서 나온 개정판은 모두 이것으로부터 나왔다. 코라는 아르키메데스, 아폴로니오스, 프톨레마이오스, 테오도시오스의 책들도 훌륭하게 번역했다. 그는 또한 천문학, 원뿔 곡선, 초등 대수, 마방진, 우애수 등에 관한 글을 남겼다.

10세기에 가장 뛰어난 아라비아 수학자 아불 웨파(Abû'l-Wefâ, 940~998)는, 삼각법에 탄젠트 함수를 도입한 디오판토스의 책을 번역했다. 그리고 15′ 간격으로 사인과 탄젠트표를 만들었다.

천문학의 아라비아 용어

오늘날 천문학에서 사용되고 있는 이름과 용어 중에는 아라비아에서 유래한 것이 많이 있다. 예를 들면, 관측 천문학에 관심을 가진 사람은 대단히 많은 별, 특히 희미한 별의 이름이 아라비아어로 불리고 있음을 알고 있을 것이다. 잘 알려진 예로, 밝은 별 중에는 알데바란❶, 베가❷, 리겔❸ 등이 있고, 희미한 별 중에는 알골❹, 알코르❺, 미자르❻ 등이 있다. 많은 별의 이름은 원래 성좌에서 그 별이 차지하는 위치를 표현했다. 이런 묘사적인 표현은 나중에, 프톨레마이오스의 목록이 아라비아어로 번역됐을 때 단 하나의 단어로 축소됐다. 예를 들면, 베텔기우스❼(거인 오리온의 겨드랑이 밑), 포말하우트❽(물고기의 입), 데네브❾(새의 꼬리), 리겔(거인의 다리) 등이 있다.

❶ Aldebaran, 황소좌 중의 오렌지 빛으로 빛나는 1등성
❷ Vega, 직녀성, 거문고좌의 1등성
❸ Rigel, 오리온좌의 β성, 푸른 빛을 띤 1등성으로 그 성좌 중 가장 밝은 별
❹ Algol, 페르세우스(Perseus) 성좌 중의 2등성
❺ Alcor, 대웅좌 중의 작은 별로 북두칠성의 자루 중간의 미자르 바로 옆에 있는 5등성
❻ Mizar, 대웅좌의 중간에 있는 2등성
❼ Betelgeuse, 오리온좌의 동쪽 윗부분에 있는 붉은 색의 큰 1등성
❽ Fomalhaut, 남어좌의 가장 밝은 1등성
❾ Deneb, 백조좌의 으뜸별로서 1등성

알콰리즈미 Mohammed ibn Mûsâ al-Khowârizmî

790?~850?

알콰리즈미는 알마문의 궁정에서 활약한 천문학자 · 수학자였는데, 인도와 그리스의 지식을 융합해서 독보적인 학문의 영역을 구축했고, 인도의 기수법을 아라비아와 유럽에 전달하는 매개체 역할을 했다.

알콰리즈미는 알마문에게 두 가지 책을 저술해서 바쳤는데, 하나는 대수학이고 다른 하나는 천문학에 관한 책이다. 그의 가장 유명하고 중요한 대수학 책 *Hisâb al-jabr w' al-muqâbalah*(825년경)은 현재까지 전해지는 최초의 아라비아 대수학 책으로, 당시 아랍 세계의 일상 생활과 관련된 문제를 다뤘다. 자연수를 소개한 뒤에 일차와 이차 방정식을 다루는데, 문자나 기호를 이용하지 않고 이차 방정식을 완전 제곱에 의한 대수적인 방법과 함께 그에 대응하는 기하학적 방법으로 풀었다. 그 다음에는 원과 같은 도형의 넓이 및 구, 원뿔, 각뿔과 같은 입체의 부피를 구하는 규칙을 다루었다. 마지막 부분에서는 유산에 관한 이슬람의 복잡한 규칙을 다루고 있는데, 일차 방정식 정도의 대수학만을 필요로 한다.

용어 algebra의 기원

대수학에 관한 알콰리즈미의 책 제목 *Hisâb al-jabr w'al-muqâbalah*의 *al-jabr*로부터 수학 용어 algebra(대수학)가 유래했다. 이 책 제목을 글자 뜻 그

대로 '재결합과 반대의 과학' 또는 좀더 자유롭게 '이항과 소거의 과학'으로 번역할 수 있다. 당시 방정식을 두 가지 조작 al-jabr와 al-muqâbalah를 이용해서 계수가 음수가 아닌 표준형으로 바꾸었다. 여기서 al-jabr는 '완성'을 뜻하는데, 방정식에서 계수가 음수인 항을 부호를 바꾸어 다른 변으로 이항하는 조작을 뜻한다. 예를 들면 $x^2=40x-4x^2$을 $5x^2=40x$로 변환한다. 그리고 al-muqâbalah는 '균형'을 뜻하는데, 방정식의 양변에 나타나는 계수가 양수인 동류항들을 소거하는 조작을 뜻한다. 이 두 가지 조작은 초기 대수학의 기본적인 법칙을 형성했다.

현존하고 있는 이 책은 라틴어로 번역된 책을 통해 유럽에 알려졌는데, al-jabr, 즉 algebra라는 단어를 오랫동안 방정식론과 동의어로 만들었다. 19세기 중반 이후, algebra는 물론 훨씬 더 많은 의미를 갖게 됐다.

아라비아 단어 al-jabr는 비수학적인 의미에서, 스페인의 무어인들을 통해 유럽에 들어와 사용됐음을 발견할 수 있다. algebrista는 접골의였는데, 당시의 이발사는 자신을 통상 algebrista라고 불렀다. 왜냐하면 접골과 방혈은 중세 이발사의 부업이었기 때문이다. 이런 이발사의 옛 업무는 오늘날 이발소에서 볼 수 있는 빨강과 하양 줄 무늬의 간판에 반영되어 있다.

용어 알고리즘의 기원

대수학에 관한 책에 덧붙여, 알콰리즈미는 인도 숫자들의 활용에 관한 책을 썼는데, 이 둘째 책이 하나의 수학 용어를 또다시 도입하게 만들었다. 그 책의 원본은 현존하지 않지만, 1857년 라틴 번역서 《인도 셈법에 관한 알콰리즈미의 연구Algoritmi de numero Indorum》가 발간됐다. 이것은 "Algoritmi가 말한 대로, …"라는 구절로 시작한다. 여기에서 이름 al-Khowârizmî는 Algoritmi로 바뀌었으며, 그 뒤 현재 사용되고 있는 단어 '알고리즘algorithm'

이라는 용어가 유래했다. 이 단어는 어떤 특정한 방법으로 계산하는 형식적인 과정을 의미한다.

알하이탐 Abu Ali al-Hasan ibn al-Haytham

965~1040

오늘날 일반적으로 라틴 이름인 알하젠Alhazen으로 불리고 있는 알하이탐은 이라크 남부의 바스라Basra에서 태어났고, 젊은 시절에는 그곳에서 관리로 지냈다. 과학에 흥미를 느낀 그는 카이로로 가서 활동했는데, 의학, 수학, 물리학, 천문학은 물론 신학에까지 관심을 쏟았다. 중세 최고의 아라비아 물리학자로서 특히 광학을 연구했다. 그가 광학 분야에서 이룩한 발견들은 17세기의 과학자들에게도 영향을 미쳤다. 92편 정도의 대단히 많은 책을 저술했는데, 이 중에서 55편 이상이 전해지고 있다. 아리스토텔레스, 유클리드, 프톨레마이오스와 같은 유명한 고대 작가들의 글에 주석을 달았다.

광학 연구[1]

고대와 중세 후반의 광학은 주로 두 가지 분야에 집중됐다. 한 분야는 빛은 어떤 식으로 퍼져 나가는가 라는 문제였고, 다른 하나는 시력의 작동에 관한 문제였다. 특히 후자, 즉 시력의 문제는 눈병을 치료하는 데 중요했다. 고대에는 서로 모순되는 두 가지 시력 이론이 있었다. '방사 이론'은 사람의 눈이 '시선sight ray'을 내보낸다고 주장했다. 그러면 그 시선들이 대상에 부딪쳤

[1] 외르크 마이덴바우어 저/ 박승규 역, 《발견과 발명으로 보는 과학의 역사》, 생각의 나무, 2005, p. 78.

다가 그 대상의 이미지를 다시 눈으로 가져온다는 설명이었다. 반면에 '수신 이론'은 알려지지 않은 어떤 현상이 대상에서 나와서 사람의 눈으로 하여금 그 이미지를 지각하도록 자극한다는 주장을 펼쳤다. 이 두 가지 이론과는 별도로 의학, 물리학, 철학, 수학 등 다양한 학문에 뿌리를 둔 이론도 많았다.

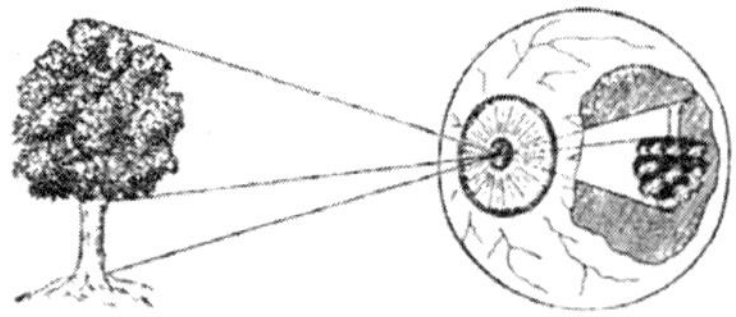

알하젠에 따르면, 시력은 눈에 보이는 대상에 의한 빛의 반사에 바탕을 둔 것이었다.

알하이탐은 광학 분야의 모든 이론을 분석하고 그것을 자신의 견해에 따라 결합하거나 고쳐 써서 자신의 이론으로 만들었다. 그리고 그 결과를 책 《광학의 보고Kitab al-Manazir》라는 책에 담았다. 그는 그 책에서 눈의 해부도를 그렸고, 선임자들과는 달리 광선이나 시선의 일방적인 방사를 믿지 않았다. 그는 사람이 대상을 보는 과정을 대상에 의한 빛의 반사로 설명했다. 그러면 반사된 빛은 즉각 눈으로 돌아갔다. 빛은 또한 눈의 변화를 일으켰다. 예컨대 강력한 빛을 보면 일시적으로 눈이 보이지 않는 현상이 그런 예이다.

알하젠은 특히 반사와 굴절 현상에 관심이 많았다. 광택을 낸 렌즈를 이용하면 대상을 확대할 수 있다는 사실을 처음으로 암시한 인물도 그였다. 이리하여 그의 아이디어는 확대경을 낳는 밑거름이 되었다.

알하젠의 문제

알하젠으로 불리는 알하이탐은 수학에서 이른바 '알하젠의 문제' 와의 관계에서 인용되고 있다. 이 문제는 나중에 유럽에 매우 큰 영향을 끼친 7권으로 이루어진 그의 책 《광학의 보고》 제5권에 나타났는데, 다음과 같다.

광원과 구면 거울이 있는데, 빛이 반사되어 관찰자의 눈으로 향하게 되는 거울 위의 점을 찾아라.

이를 수학적으로 다음과 같이 나타낼 수 있다. "원을 포함하는 평면 위의 두 점으로부터 각각 직선을 그려서 원 위의 한 점에서 만나게 하는데, 그 점에서 원과 만나는 각의 크기가 같도록 하라." 이 문제는 그리스의 방식으로 교차하는 쌍곡선과 원으로 풀리는 사차 방정식을 유도한다. 일반 각의 삼등분과 마찬가지로, 이 문제는 유클리드 도구(자와 컴퍼스)를 사용해서 해결할 수 없다.

윌슨의 정리

알하이탐은 "p가 소수이면 $1+(p-1)!$은 p의 배수다."라는 '윌슨의 정리'를 서술한 최초의 인물이다. 그가 이 결과를 증명하는 방법을 알았는지는 분명하지 않다.

워링[2]은 1770년에 펴낸 책에서 자신의 제자 윌슨John Wilson이 이 결과를 추측했다고 하면서, 자신이나 윌슨은 이의 증명은 알지 못한다고 말했다. 이에 따라 위의 이름이 붙게 됐다. 이 정리는 1771년에 라그랑주가 증명했다.

알하이탐은 또 완전수에 관해 유클리드의 《원론》에 있는 명제 '2^n-1이 소수이면, $2^{n-1}(2^n-1)$은 완전수다.'의 역, 즉 짝수인 모든 완전수가 반드시 이런 꼴이라는 사실을 처음으로 서술했다고 한다. 그러나 증명은 제시하지 못했다.

[2] Edward Waring(1741~1793), 영국의 수학자

광인 알하젠

알하젠은 나일 강의 연례적인 범람을 통제하고 조절할 수 있는 기계를 제작할 수 있다고 허풍을 떤 적이 있었다. 이에 따라 그는 칼리프 알하킴al-Hakim에 의해 이집트로 소환되어, 자신의 생각을 설명하고 증명해야 했다. 알하젠은 자신의 계획이 완전히 비실용적임을 알고 있었으며, 이에 따라 칼리프의 노여움을 몹시 두려워 했다. 그래서 미친 척 가장했다. 왜냐하면 당시에는 미치광이를 특별히 보호했기 때문이었다. 알하젠은 대단히 주의를 기울여 1021년 하킴이 죽을 때까지 이 비밀을 유지했다.

오마르 카얌 Omar Khayyam

1044?~1123?

오마르 카얌[1]은 페르시아의 호라산Khorasan에서 태어났다. 그는 삼차 방정식을 기하학적으로 풀었는데, 이는 아라비아 대수학의 가장 심오하며 가장 독창적인 공헌이었다. 놀랍도록 정교한 달력을 제작했으며, 유클리드의 평행선 공준을 비판적으로 논의했다.

세 제자

카얌과 그의 두 학교 친구에 관한 의미 심장한 이야기가 전해지고 있다. 니잠Nizam al Mulk, 하산Hasan Ibn Sabbah, 오마르 카얌은 젊었을 때, 호라산의 가장 위대한 현인 중 한 사람인 나이샤푸르Naishapur의 이만Imam Mowaffak의 제자로 함께 공부했다. 세 젊은이는 모두 유능한 학자로서 절친하게 지냈다. 이만의 제자 중 한 사람은 큰 행운을 얻을 기회가 반드시 있을 것이라고 믿었기 때문에, 어느 날 하산은 누구에게 행운이 떨어지더라도 그것을 다른 사람과 똑같이 나누어 갖고 혼자 독차지하지 않기로 맹세하자고 친구들에게 제안했다. 여러 해가 지나서, 니잠이 큰 행운을 얻었음이 밝혀졌다. 왜냐하면 그는 군주 알프 아르슬란Alp Arslan의 고관이 됐기 때문이었다. 학교 친구들은 그

[1] 원명: Ghiyath al-Din Abu' l-Fath Umar ibn Ibrahim Al-Nisaburi al-Khayymi

를 찾아가서 그의 행운을 학창 시절의 맹세에 따라 나누자고 주장했다.

하산은 정부의 한 직책을 요구했는데, 니잠의 요청에 따라 군주는 이를 허락했다. 그러나 이기적이고 은혜를 몰랐던 하산은 친구인 니잠을 밀어내려고 애를 썼다. 그래서 결국 신임을 잃고 제거됐다. 반면에, 오마르는 직함이나 직책을 원치 않고, 단지 행운을 얻은 니잠의 보호 아래 과학과 수학을 널리 퍼뜨리고 친구의 장수와 성공을 기원하면서 살게 해달라고 간청했다. 옛 학교 친구의 겸손함과 순수함에 감명 받은 니잠은 오마르에게 연봉을 주기로 했다.

하산은 많은 불운을 겪고 방황의 세월을 보낸 뒤에 어떤 광신자 집단의 두목이 됐다. 1090년 그 집단은 카스피해 남부의 산악 지대에 있던 알라무트 Alamut 성을 탈취했다. 하산과 그의 무리는 이 성을 요새로 삼아서 지나가는 상인들을 습격함으로써, 이슬람 세계를 공포 속에 몰아 넣었다. 하산은 '산의 늙은이' 로 불렸으며, 지금의 단어 'assassin' 은 그들의 지도자 이름이었던 하산 또는 그 집단이 살인적인 습격을 위해 취음으로 사용한 해시시hashish 마취제로부터 유래했다고 생각되고 있다. 그 살인자의 수없이 많은 희생자 중에는 옛 학교 친구인 니잠도 끼어 있었다.

하산의 난폭하고 파괴적인 삶과 비교해서 오마르의 삶은 평온하고 건설적이었다. 그는 평화롭게 살았으며, 당시의 문학과 학문에 주목할 만한 공헌을 했다.

《루바이야트》

카얌은 시인이기도 했다. 거의 600개에 달하는 그의 훌륭한 4행시를 모은 시집 《루바이야트Rubaiyat》를 피츠제럴드[2]가 아름답고 적절하게 번역했는데, 이를 통해 카얌은 서구 세계에 널리 알려지고 사랑을 받았다.

그런데 《루바이야트》에는 완고한 이슬람 경전과 믿음을 비판하는 내용이 있었기 때문에, 권위적이던 성직자들은 이 책을 혐오했다고 한다.

❷ Edward Fitzgerald(1809~1883), 영국의 시인

참고 문헌

경선징 저/ 유인영 · 허민 역, 《묵사집산법》 천 · 지 · 인, 교우사 2006.

김승욱, 《짧게 그러나 완벽하게》, 교우사 2002.

김용운 · 김용국, 《중국수학사》, 대우학술총서 · 자연과학 109, 민음사 1996.

브루스 쉐흐터(Bruce Schechter) 저/ 박영훈 역, 《화성에서 온 수학자》, 지호 1999.

사이먼 싱(Simon Singh) 저/ 박병철 역, 《페르마의 마지막 정리》, 영림카디널 1998.

샌더슨 스미스 저/ 황선욱 역, 《수학사 가볍게 읽기》, 한승 2002.

심괄 저/ 최병규 역, 《몽계필담》 하, 범우사 2008.

에드 레지스 지음/ 과학세대 옮김, 《아인슈타인 방의 사람들 Who Got Einstein's Office?》, 웅진출판 1993.

에릭 템플 벨(Eric Temple Bell) 저/ 안재구 역, 《수학을 만든 사람들》 상 · 하, 미래사 1993.

외르크 마이덴바우어 저/ 박승규 역, 《발견과 발명으로 보는 과학의 역사》, 생각의 나무 2005.

李儼 · 杜石然 저/ 郭樹理 · 倫華祥 역, 《中國 數學/*Chinese Mathematics-A concise history*》, Clarendon Press 1987.

조지 G. 슈피로(George G. Szpiro) 저/ 심재관 역, 《케플러의 추측》, 영림카디널 2004.

최석정 저/ 정해남 · 허민 역, 《구수략》 곤, 교우사 2006.

폴 호프만 저/ 신현용 역, 《우리 수학자 모두는 약간 미친 겁니다》, 승산 1999.

하워드 이브스 저/ 허민 · 오혜영 역, 《수학의 위대한 순간들》 개정판, 경문사 2003.

황윤석 편/ 강신원 · 장혜원 역, 《산학입문》, 교우사 2006.

Carl B. Boyer, *A History of Mathematics*, Princeton University Press 1985.

Dunham, William, *Journey through Genius - The great theorems of mathematics*, John Wiley & Sons Inc. 1990.

Eves, Howard W., *In Mathematical Circles*, Quadrants I and II, PWS-Kent Pub. Com. 1969. Mathematical Association of America 2003.

Eves, Howard W., *In Mathematical Circles*, Quadrants III and IV, PWS-Kent Pub. Com. 1969. Mathematical Association of America 2003.

Eves, Howard W., *Mathematical Circles Revisited*, PWS-Kent Pub. Com. 1971. Mathematical Association of America 2003.

Eves, Howard W., *Mathematical Circles Squared*, PWS-Kent Pub. Com. 1972. Mathematical Association of America 2003.

Eves, Howard W., *Mathematical Circles Adieu*, PWS-Kent Pub. Com. 1977. Mathematical Association of America 2003.

Eves, Howard W., *Return to Mathematical Circles*, PWS-Kent Pub. Com. 1988. Mathematical Association of America 2003.

Halmos, Paul R., *I Want to Be a Mathematician*, MAA 1985.

Hollingdale, Stuart, *Makers of Mathematics*, Penguin Books 1989.

Krantz, Steven G., *Mathematical Apocrypha - Stories and Anecdotes of Mathematicians and the Mathematical*, The Mathematical Association of America 2002.

MacTutor History of Mathematics archive

⟨http://www-groups.dcs.st-and.ac.uk/~history⟩

Wells, David, *The Penguin Book of Curious and Interesting Mathematics*, Penguin Books 1997.

찾아보기 INDEX

인명

가
가우스 5, 18, 172
가필드(미 대통령) 42, 44
가헌 175, 178, 183
가형 198
갈 13
갈루아 17
갈릴레오 16, 17, 69
강희제(청 황제) 211~217
건륭제(청 황제) 217
게미누스 61
견란 124, 151
경선징 173, 174
고종 158
골드만 10
곽수경 124, 196, 198
괴테 4
영 67
그라스만 16
그로스워드 10
글라우코스(왕자) 65

나
네모라리우스 229
네셀만 107
네이피어 16
뉴턴 15, 61, 69, 80, 221
니잠 259

다
다몬 48, 49
달랑베르 16, 242
대진 125, 139, 217
던세이니 83
데데킨트 74
데자르그 16
데카르트 15, 52, 242
도광제 216
도지슨 45
드 모르간 16, 71, 81, 83, 221
드 무아브르 16
드 라 비어 90
디오니시우스(참주) 48, 49
디오판토스 16, 105~109, 242, 250

라
라그니 21
라그랑주 15, 18, 257
라이프니츠 15, 222
라자로 카타네오 205
라플라스 15, 229
란크초스 20
람베르트 16
러셀 80~82
레기오몬타누스 16, 106
레벤시타 228
레온 39
로바체프스키 16
로베르발 16
로오 207, 215

로피탈 17
롱고바르디 205~207
루미스 42
루이스 캐럴 ☞ 도지슨
루카스 69, 70
루피니 182
르장드르 16
리 16
리만 16
릴레 52
링컨(미 대통령) 44, 81

●● 마

마르켈루스 93, 94, 96, 97
마테오 리치 125, 201~203, 206
매곡성 125, 213~216
매문정 211, 213, 215, 216
매콜리 71
매클로린 16
메나이크모스 64, 78
메트로도로스 106
멘델레예프 58
명가 126
명안도 214
모페르튀이 16, 21
모하메드 249
몽주 16
몽투클라 17
묵자 125
므네사르쿠스 40
미노스(왕) 65
밀로 41

●● 바

바셰 106
바스카라 17, 237, 241, 242, 244, 245
바이어슈트라스 16
바흐 18
발로우 54
배로 16
배비지 16
버틀러 87
베르누이(다니엘) 16
베르누이(야곱) 16
베르누이(요한) 16
베르트랑 69, 71
베이컨 19, 71
베토벤 18
베크만 98
벤틀리 90
벨 58
벨트라미 17
보르다 16
보스코비치 16
보애스 11
보에티우스 17
보크너 21
볼차노 74
볼테르 97
부베 212
불 16
브라마굽타 236~241, 244, 249
브렌트 55
브리그스 16
비에트 16, 242

●● 사

사극건 198
샬 16, 69~71
서광계 125, 201~211, 214, 218
서악 151, 200
석가모니 65, 226
아우구스티누스 11
소크라테스 59

솔로몬 32, 33
순치제 211
숭정제 207
슈케 242
슈타이너 17
슈티펠 242
스미스 16
스테빈 16
스토바이오스 78
스튜어트 4
스튀룸 16
시네시우스 117
시저 69
실론 42
실베스터 16
심괄 159~162, 186, 187
심최 205

●● 아

아낙시만드로스 28, 36
아담 샬 206~208
아르노 242
아르키메데스 15, 75, 76, 88~99, 110, 139, 144~146, 230, 250
아르키타스 59, 72, 111
아리스토텔레스 30, 69, 116, 255
아리아바타 232~235
아메스 16
아벨 16
아불 웨파 250
아소카(왕) 226
아이스킬로스 97
아인슈타인 61, 80, 82
아폴로(신) 40, 64
아폴로니오스 16, 101~104, 110, 230, 250
아피아누스 175
안지제 199
알라시드(왕) 250
알렉산드로스(대왕) 69, 78
알마문(왕) 250, 252
알만수르(왕) 249
알사마왈 241
알카시 175
알콰리즈미 16, 226, 250, 252, 253
알프 아르슬란(군주) 259
알하이탐 255~258
알하젠 알하이탐을 보라.
알하킴(왕) 258
앙페르 17
애덤스 79
앨런 포 97
앨퀸 53
야코비 16, 17
양주동 208
양휘 124, 162, 175, 178, 183~191
에드킨스 221
에디슨 19
에라토스테네스 17, 99~102
에르미트 16, 20
에우독소스 64, 72~76
엘 마드쉬리티 51
엠페도클레스 62
오레스테스 117
오마르 카얌 259, 260
오일러 15, 18, 21, 52, 172, 241, 242
오토 145
옹정제(청 황제) 203, 216
와일리 204, 221
완원 217
왕감 141
왕순 196, 198
왕안석 159
왕효통 124, 147, 148, 176
요르다누스 17

워링 257
워싱턴(미 대통령) 44
월리스 16
윌슨 257
유스티니아누스(황제) 59
유익 177, 178
유클리드 15, 74, 77~87, 110, 255
유휘 124, 135~141, 146, 150, 161, 242
유흠 135
이만 259
이브스 6~8
이선란 195, 204, 218~222
이순풍 145, 149
이야 124, 147, 163~168, 172, 216, 218
이지조 125, 202, 203, 207
이천경 207
일스 15

●● 자
장돈인 172
장형 131~135
정거 198
정대위 124, 172, 187, 197~200
제논 17, 126
제르베르 도리아크 16
제르비용 212, 213
제퍼슨(미 대통령) 44
조상 123, 134
조충지 124, 143~146
조훤 144, 146
주밀 172
주세걸 124, 162, 165, 172, 175, 192~196, 216, 228
진구소 124, 165, 169~179, 216
진시황 123
진후요 213

●● 차
최석정 187, 200
측천무후(무조) 156~158
치른하우젠 17

●● 카
카르노 16
카르다노 16, 242
카발리에리 16, 146
칸토어(R.H. Cantor) 10
캘빈 3, 17
케이저 84
케일리 16
케플러 16, 62, 63
코라 250
코발레프스카야 16
코시 16
코테스 16
코펠만 10
코헨 55
콜럼버스 19
크레모나 16
크로네커 17
크리서스 왕 33
크실란더 106
클라비우스 202, 211
클레로 16
클레브쉬 16
클레오파트라 69, 106
키케로 96, 97

●● 타
타르탈리아 16
탈레스 16, 25, 28~36
태종(당 황제) 149, 156~158
테렌츠 206, 207
테아노 41

테아이테토스 62
테오도로스 59
테오도시오스 250
테온 115
테일러(브룩) 16
토리첼리 17
토마 212
톰슨 켈빈을 보라
티마이오스 62

파

파가니니 52
파스칼 16, 69, 70, 242
파촐리 16
파포스 16, 78, 110~115
패러 71
페레이라 212
페르마 16, 51, 106, 220
포 97
폴리크라테스 36
퐁슬레 16, 199
푸리에 16
푸비니 22
푸아송 16
푸앵카레 17
풀레 53
프랜시스 베이컨 19
프로클로스 43, 77, 87, 118
프리시 17
프톨레마이오스 16, 115, 116, 250, 251, 255
프톨레마이오스 1세 77
프톨레마이오스 3세 99
플라톤 17, 59~71, 76, 77, 101, 116
플레이페어 86, 87
플루타르코스 30, 88, 94
플뤼커 16
피보나치 16, 227
피츠제럴드 260
피타고라스 16, 25, 36~58, 62
피타고라스 학파 46~50, 72, 73, 111
핀티아스 48, 49

하

하국종 214
하디 97
하산 259
하원택 200
하이베르크 92
하이페츠 18
한니발 92, 93
해밀턴 16, 97
핼리 17
허셜 221
헤라클레이토스 28, 40
헤론 16, 240
헤세 17
호너 182
호이겐스 16
홉스 81
홍명희 141
홍정하 189
화이트헤드 97
환공 128, 129
황윤석 140, 173
휘웰 221
히스 108
히에로니무스 30
히에론 89, 92
히파르코스 116
히파소스 41, 56, 111
히파티아 115~118
히포크라테스(수학자) 16
히포크라테스(의학자) 66
힐베르트 81

서명

가

≪가장 훌륭한 도박≫(애덤스) 79
≪강희자전≫ 212
≪경국대전≫ 128, 183, 192, 199
≪계산에 관한 빛나는 책≫(알사마왈) 241
≪고금도서집성≫ 142, 212, 216, 217
≪광학의 보고≫(알하이탐) 256
≪구고원방도≫(조상) 123
≪구당서≫ 150
≪구수략≫(최석정) 187, 200
≪구와 원기둥에 대해≫(아르키메데스) 91, 95
≪구일산술≫(장돈인) 172
≪구일집≫(홍정하) 189
≪구장산술≫ 124, 127, 129, 130, 135~140, 144, 145, 147, 150, 151, 175, 193, 197, 203, 218, 238~240, 242
≪구집력≫(레벤시타) 228
≪국가론≫(플라톤) 60, 66
≪그리스 선집≫(메트로도스) 106
≪기하원본≫(마테오 리치, 서광계) 125, 202~204, 208, 211, 213~215, 218
≪기하원본≫(이선란) 221
≪기하학 방법론의 기원과 발달에 대한 역사적 탐구≫(샬) 69
≪기학원본잡의≫(서광계) 204

나

≪뉴잉글랜드 교육잡지≫ 44

다

≪담천≫(이선란) 221
≪당육전≫ 151
≪대미적습급≫(이선란) 221, 222
≪대수탐원≫(이선란) 220
≪대수학 원론≫(드 모르간) 221
≪대수학 입문≫(오일러) 241, 242
≪대수학≫(이선란) 221
≪동문산지≫(이지조, 마테오 리치) 125, 202, 205, 215, 240

라

≪런던 수학회 회보≫ 67
≪루바이야트≫(오마르 카얌) 260, 261
≪릴라바티≫(바스카라) 233, 244

마

≪마르켈루스 전기≫(플루타르코스) 88
≪만인의 길≫(버틀러) 87
≪매씨총서집요≫(매곡성) 215
≪몽계필담≫(심괄) 160
≪묵사집산법≫(경선징) 173, 174
≪묵자≫(묵자) 125
≪문선≫(장형) 132
≪문헌 날조≫(패러) 71

바

≪바자가니타≫(바스카라) 244
≪바크샬리 원고≫ 230
≪방법론≫(아르키메데스) 91, 92
≪방원천유≫(이선란) 220
≪베다≫ 225
≪보필담≫(심괄) 160
≪부체에 대해≫(아르키메데스) 90
≪브라마-스푸타 싯단타≫(브라마굽타) 236

사

≪사고전서≫ 125, 130, 217
≪사원옥감≫(주세걸) 124, 165, 175, 192~196, 217

≪산망론≫(장형) 131
≪산반의 책≫(피보나치) 227
≪산법전능집≫(가형) 198
≪산법통종≫(정대위) 124, 172, 187, 197~200, 203
≪산학≫(디오판토스) 105, 106, 115
≪산학계몽≫(주세걸) 124, 128, 165, 192, 193, 198, 199, 217, 228, 238
≪산학계몽술의≫(왕감) 141
≪산학과예≫(이선란 감수) 218
≪산학입문≫(황윤석) 140, 173, 240
≪삼등수≫ 151, 152
≪상명상법≫(안지제) 128, 199
≪상해구장산법≫(양휘) 175, 183
≪새로운 평행선 이론≫(도지슨) 45
≪성경≫ 80
≪속고적기산법≫(양휘) 184
≪손자산경≫ 124, 126, 128, 151, 170~172, 214
≪수리정온≫(매곡성) 125, 211, 213~217, 240
≪수리철학≫(케이저) 84
≪수서≫ 144, 149
≪수서구장≫(진구소) 124, 169~179, 217
≪수술기유≫(서악) 151, 152, 199, 200
≪수시력≫(곽수경) 124, 196, 198, 206
≪수학대계≫ ☞ 〈알마게스트〉
≪수학집성≫(파포스) 110~114
≪술바수트라스≫ 225
≪숭정역서≫(서광계) 207, 208, 215
≪승제통변본말≫(양휘) 184
≪신당서≫ 151
≪신편직지산법통종≫(정대위) 197
≪실용 산술 개론≫(클라비우스) 203, 211
≪싯단타≫ 225

아

≪아리아바티야≫(아리아바타) 232~234
≪알마게스트≫(프톨레마이오스) 115, 116, 250
≪양휘산법≫(양휘) 124, 128, 172, 183~191, 194, 199, 217
≪에우데무스 요약≫(프로클로스) 77
≪역설모음≫(드 모르간) 71
≪역학 기초론≫(훼웰) 211
≪영헌≫(장형) 134
≪오경산술≫(견란) 124, 151, 152
≪오조산경≫(견란) 124, 151
≪원론≫(유클리드) 44, 54, 61, 74~76, 80~84, 112, 115, 125, 137, 203, 204, 214, 221, 232, 250, 257
≪원뿔 곡선론≫(아폴로니오스) 103, 115, 221
≪유령들≫(던세이니) 83
≪유클리드 주석서 제1권≫(프로클로스) 87
≪율력연원≫(매곡성, 명안도, 하국종) 214
≪의고근원≫(유익) 177
≪익고연단≫(이야) 163~165, 217
≪인도 셈법에 관한 알콰리즈미의 연구≫ 253
≪일용산법≫(양휘) 184
≪임꺽정≫(홍명희) 141

자

≪자연 철학의 수학적 원리≫(뉴턴) 81, 221
≪장구건산경≫ 124, 151, 175, 185
≪전무비류승제첩법≫(양휘) 178, 184
≪정거산법≫(정거) 198
≪정교봉포≫ 212
≪주례≫ 123, 135, 140
≪주비산경≫ 123, 130, 134, 135, 151, 152
≪주인전≫(완원) 217
≪중학≫(이선란) 221
≪지명산법≫(하원택) 200
≪지아당잡초≫(주밀) 172

≪진서≫ 149
≪집고산경≫(왕효통) 124, 147, 148, 151, 152, 176

차

≪천문학 개요≫(허셜) 221
≪천하주현도≫(심괄) 159
≪철경록≫(도종의) 200
≪철술≫(조충지) 124, 143, 144, 151, 152
≪추배도≫(이순풍) 149
≪측량전의≫(로오) 215
≪측원해경≫(이야) 124, 163~166, 216~218
≪측정론≫(헤론) 240
≪칙고석재산학≫(이선란) 219
≪칸다카도야카≫(브라마굽타) 236

타

≪타적비례≫(이선란) 195, 219
≪티마이오스≫(플라톤) 62

파

≪파라문산경≫ 228
≪파라문산법≫ 228
≪파라문음양산력≫ 228
≪피타고라스의 정리≫루미스 42

하

≪하방통의≫(사극건) 198
≪하후양산경≫ 124, 151
≪해도산경≫(유휘) 124, 136, 139, 141, 142, 144, 151, 184
≪해석기하학과 미분적분학 원론≫(루미스) 221
≪현대 수학의 개념≫(스튜어트) 4
≪호시계비≫(이선란) 220
≪혼천의주≫(장형) 134
≪황여전람도≫ 212

용어

가

개방법 176
개방작법본원 175, 183, 198
개천설 134
결핍수 53, 54
고등 학술 연구소 5, 22
과잉수 53, 54
구구법 128, 129
그리스 수학 25
극적술 160~162, 186, 187
금유술 137, 238~240
기하 평균 111
기하학 208~210

나

낙서 184, 187, 188

다

대명력 143, 144
대수학 222, 251, 252
대수학의 축약 107~109
대연구일술 169~172
대통력 206
데네브 251
델로스 섬 문제 64
동문관 219, 221

라

리겔 251
리라 47

마

마방진 187~191, 250
망해도법 142

INDEX

메르센 소수 54
메소포타미아 26
메타폰탐 42
무리수 56, 57, 72, 73, 135
미자르 251
밀레투스 28, 36

●● 바
바빌로니아 수학 25
반얀나무 65
방사이론 255
배적 문제 64, 65, 83
백계문 185
베가 251
베텔기우스 251
부력의 법칙 89, 90
비유클리드 기하학 85

●● 사
사모스 36
사원술 165, 193, 194, 197
산가지 ☞ 산대
산경십서 124, 147, 149~152, 203, 216, 217
산대 126~128, 199, 200
산목 ☞ 산대
산반 199
산술 평균 111
삼수법 237~239
삼각 함수 234, 235, 250
새색시의 의자 83, 84
선야설 134
수 신비주의 50~58, 66~68
실진법 74~76, 88, 91, 92

●● 아
아르키메데스의 스크루 89, 90
아르키메데스의 정리 75
아편전쟁 216
알고리즘 253
알골 251
알데바란 251
알코르 251
옥타브 37
올림픽 39
완전수 53~56
영(0) 241
우애수 40, 51~53, 250
우애수의 사슬 53
원가력 143
원소론 62, 63
원주율 88, 138, 139, 145, 225, 236
음계(순정률) 37
음수 241~243
이오니아 학파 28
이집트 26
인덕력 149
인도.아리비아 수 체계 225~229, 250
임시 위치법 230

●● 자
적분법 88
정다면체 61~63
조화 평균 111
주식 숫자 127
주인 130
주판 199, 200
중국인의 나머지 정리 169~174
중차 140, 141
증승개방법 165, 169, 175~183, 196, 198
진약수 40

●● 차
차근법 216
착출법 실진법을 보라.

천원술 124, 147, 163~168, 192, 196~198, 203
친화수 ☞ 우애수
카발리에리의 원리 146
쿼트 측정기 40
크로토나 36, 41
탈레스의 막대기 30
탈레스의 수수께끼 30
퇴타술 162, 186, 187, 194~196

파

파스칼의 삼각형 175
페니키아 25, 40
평행선 공준 84~87, 259
포말하우트 251
포산 126
피라미드 30
피타고라스의 정리 42~46, 83, 84, 112, 113, 225, 245

하

하도 184, 187, 188
할리스 강 33
할원술 138, 139
헬레니즘 시대 25
현대수학의 개념(스튜어트) 4
혼천설 133, 134
황도대 63
후풍지동의 132, 133